Excel

古澤登志美 [著]

JN051584

パ　ット

で極める
一歩先の
集計・分析

インプレス

ご購入・ご利用の前に必ずお読みください

本書は、2023年11月現在の情報をもとにWindows版の「Microsoft 365 Personal」の「Excel」の操作方法について解説しています。本書の発行後に「Excel」の機能や操作方法、画面などが変更された場合、本書の掲載内容通りに操作できなくなる可能性があります。本書発行後の情報については、弊社のWebページ（https://book.impress.co.jp/）などで可能な限りお知らせいたしますが、すべての情報の即時掲載ならびに、確実な解決をお約束することはできかねます。また本書の運用により生じる、直接的、または間接的な損害について、著者ならびに弊社では一切の責任を負いかねます。あらかじめご理解、ご了承ください。

本書で紹介している内容のご質問につきましては、巻末をご参照のうえ、お問い合わせフォームかメールにて問い合わせください。電話やFAX等でのご質問には対応しておりません。また、本書の発行後に発生した利用手順やサービスの変更に関しては、お答えしかねる場合があることをご了承ください。

■用語の使い方

本文中では、「Microsoft 365 Personal」の「Excel」のことを、「Excel」と記述しています。また、本文中で使用している用語は、基本的に実際の画面に表示される名称に則っています。

■本書の前提

本書では、「Windows 11」に「Microsoft 365 Personal」の「Excel」がインストールされているパソコンで、インターネットに常時接続されている環境を前提に画面を再現しています。

はじめに

　この本の企画をお受けした時から、「この本を手に取ってくださっている方は
どんな方だろう……」と考え続けてきました。「もっとデータを理解したい。その
ために身近なアプリである Excel を活用したい。だからパワーピボットを学びた
い」、そんな風に考えられているのかなと想像しています。

　パワーピボットは Excel の機能の中でも比較的新しいものでもあり、学ぶため
の機会や情報が豊富にあるとは言い難い状況です。そのような環境にもめげずパ
ワーピボットを学びたいと思われる方はきっと、仕事にもスキルアップにも前向
きに取り組まれているのではないでしょうか。そんな方に、「パワーピボットを
できるだけわかりやすくお伝えし、仕事を楽にしていただきたい、そして喜んで
いただきたい」と考えながら執筆を続けてきました。

　パワーピボットは、Excel 活用の幅を劇的に広げる可能性を秘めたツールです。
このスキルを身に付けることができれば、Excel との向き合い方も、社内にある様々
なデータの見方も、これまでとは全く違ってくるはずです。特に前著で解説した
パワークエリと合わせて活用すると、社内の業務そのものを改善できるかもしれ
ません。

　本書ではパワーピボットを活用する際の肝となる、DAX 関数とメジャーの解
説に特に注力しています。ただそれを学ぶにはピボットテーブルやデータモデル
についての理解が欠かせません。本書ではそこから丁寧に解説していますので、
初めてパワーピボットを扱う方にも不安なく先に進んでいただけるはずです。

　私はプログラミングやデータベースのエンジニアではないので、私自身がパ
ワーピボットを理解することに苦労をしました。本書を執筆しながらも、「この
表現でわかりやすいだろうか」「この表現で正しいのだろうか」と迷うことも沢山
ありました。そうやって何度も迷ったからこそ、Excel で大量のデータを集計す
る経験が少ない方にも、わかりやすい本になったのではないかと思っています。

　私のモットーは「IT で仕事を楽に楽しく」です。できるだけ多くの皆様にこの
本を手に取っていただいて、明日からの仕事を「楽に楽しく」していただけるこ
とを願っています。

2023 年 11 月　古澤登志美

本書の読み方

本書は、初めての人でも迷わず読み進められ、操作をしながら必要な知識や操作を学べるように構成されています。紙面を追って読むだけでパワーピボットを使った集計・分析のノウハウが身に付きます。

レッスンタイトル

このLESSONでやることや目的を表しています。

練習用ファイル

LESSONで使用する練習用ファイルの名前です。
ダウンロード方法などは6ページをご参照ください。

LESSON
12

メジャーならではの計算をしてみよう

列同士の計算など、これまでもExcelワークシート上の計算とは一味違った計算を学んできましたが、LESSON12ではさらに一歩進んだ計算を学びます。ピボットテーブルで合計することを前提に、列同士の計算を行うSUMX関数を使用します。

●練習用ファイル L012_売上集計用.xlsx

01 列同士の計算結果を集計できるSUMX関数

ここでは各テーブルの列の値を基に販売額の合計を求めていきますが、これまでと異なるのは途中に計算列を使わないことです。これにより余分な列を作成することなく集計結果を求められるようになります。SUMX関数を使って[販売額]列を使わずに、[T_売上データ]テーブルの[数量]列と[M_商品]テーブルの[売価]列を掛けた値を合計するメジャーを作成してみましょう。リレーションシップがどう設定されていたか、データモデルを意識しながら操作してください。

販売額集計:=SUMX('T_売上データ','T_売上データ'[数量]
*RELATED('M_商品'[売価]))

意味 [T売上データ]テーブルの[数量]と[M_商品]テーブルの[売価]を掛け、その合計を表示する

fx	販売額集計:=SUMX('T_売上データ','T_売上データ'[数量]*RELATED('M_商品'[売価]))

販売日	担当者コード	顧客コード	商品コード
2023/07/04 0:00:...	S-001	C-005	M-010
2023/07/04 0:00:...	S-002	C-001	M-007
2023/07/05 0:00:...	S-002	C-002	M-001
2023/07/05 0:00:...	S-002	C-002	M-002
2023/07/05 0:00:...	S-001	C-005	M-003
2023/07/06 0:00:...	S-002	C-001	M-004
2023/07/... 0:00:...			M-0...
2023/07/13 0:00:...	S-001	C-005	M-001
2023/07/13 0:00:...	S-003	C-003	M-001

アドバイス

筆者からのワンポイントアドバイスや豆知識です。

データモデルに追加されたそれぞれのテーブルにはどんな列があってどんなデータを扱っているか、しっかりイメージをしておくことが大切です。

※ここに掲載している紙面はイメージです。実際のページとは異なります。

92

操作を進める上で役に
立つヒントや補足説明
を掲載しています。

 LESSONに関連する一
歩進んだテクニックを
紹介しています。

 筆者の経験を基にした
現場で役立つノウハウ
を解説しています。

02 販売額を集計するためのメジャーを作成する

オートコンプリートを積極的に使って、ミスのない入力を心掛けましょう。また、これまで同じテーブル内の列を参照する時はテーブル名を省略することもありましたが、**テーブル名がある方が分かりやすいため、できるかぎりテーブル名も含めて参照しましょう。** SUMX関数の1つ目の引数はテーブル、2つ目の引数は式を指定します。1つ目の引数には [T_売上データ] をルール通り「'」で囲み、2つ目の引数にはLESSON10で作成したものと同じ式を入力しましょう。SUMX関数の詳細はLESSON20で説明するので、ここでは手順通りに作成することを優先してください。

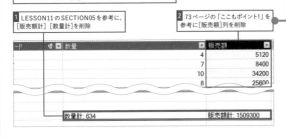

Power Pivot画面で[T_売上データ]テーブルを表示しておく

1 LESSON11のSECTION05を参考に、
[販売額計][数量計]を削除

2 73ページの「ここもポイント!」を
参考に[販売額]列を削除

─ド	数量		販売額	
		4		5120
		7		8400
		10		34200
		8		25600
数量計: 634			販売額計: 1509300	

基本編 第2章 計算が劇的に効率化! DAXの基本を知る

操作手順

実際の画面でどのように操作するか解説しています。
番号順に読み進めてください。

エラーが無いか確認しながら編集しよう

ダイアログボックスを使ってメジャーを作成することのメリットの一つに、[数式の確認]ボタンが使えることがあります。Power Pivot画面でメジャーを作成すると、数式が正しいかどうかは入〔…〕ませんが、[メジャー]ダイアログボックスではリックして確認できます。また、エラーの場合には〔…〕ミスを見つけやすくなります。

手元のパソコンで練習用ファイル
を使って手を動かしながら読み進
めてください!

練習用ファイルの使い方

本書では、無料の練習用ファイルを用意しています。ダウンロードした練習用ファイルは必ず展開して使ってください。練習用ファイルは章ごとにフォルダーを分けており、ファイル先頭の「L」に続く数字がLESSON番号を表します。ここではMicrosoft Edgeを使ったダウンロードの方法を紹介します。

練習用ファイルがある項目には、練習用ファイルの名前を記載しています。

練習用ファイル L003_データモデル_設定済み.xlsx

01 初めてPower Pivotを起動する時は

練習用ファイルのダウンロード方法

▼練習用ファイルのダウンロードページ
https://book.impress.co.jp/books/1123101073

1 上記のURLを入力して
ダウンロードページを表示

2 [ダウンロード]を
クリック

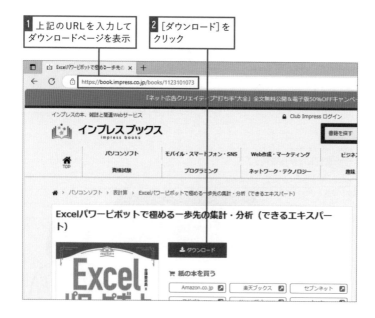

3 圧縮ファイルのリンクを
クリック

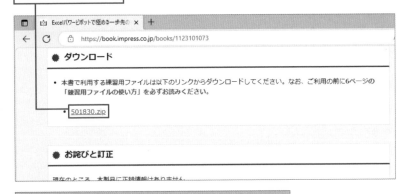

4 [フォルダーに表示]を
クリック

5 ファイルを選択し[すべ
て]展開をクリック

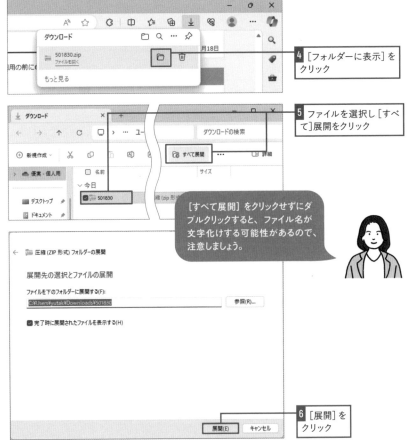

[すべて展開]をクリックせずにダ
ブルクリックすると、ファイル名が
文字化けする可能性があるので、
注意しましょう。

6 [展開]を
クリック

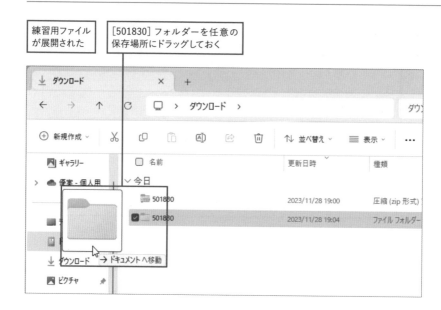

練習用ファイル
が展開された

［501830］フォルダーを任意の
保存場所にドラッグしておく

［第9章］フォルダーの保存場所について

第9章で使用する練習用ファイルが保存された［第9章］フォルダーは、システムドライブの直下に保存してお使いください。第9章で使用する練習用ファイルは、ブック内に保存されたクエリによってデータモデルを作成しています。クエリで取得する外部ファイルは、ファイルパスが変わってしまうと、PowerQueryエディター上で以下のエラーが表示されます。289ページで詳しく解説していますが、第9章のLESSONを行う場合は注意しましょう。

クエリで取得する元データのファイル名や保存場所が変わると、
データを取得できなくなるため、エラーが表示される

保護ビューやセキュリティの警告が表示された場合

ウイルスやスパイウェアなど、セキュリティ上問題があるファイルをすぐに開いてしまわないようにするため、インターネットを経由してダウンロードしたファイルを開くと、保護ビューで表示されます。本書の練習用ファイルは安全ですので、[編集を有効にする]をクリックしてください。また、ブックを開いた際に「セキュリティの警告」のメッセージが表示されることもあります。セキュリティの警告を解除するには[コンテンツの有効化]をクリックしましょう。

なお、保護ビューや「セキュリティの警告」は安全性の観点から表示されるもののため、ファイルの入手時に配布元をよく確認して、安全と判断できた場合のみ表示の解除操作を行ってください。

■保護ビューを解除する

[編集を有効にする]をクリックする

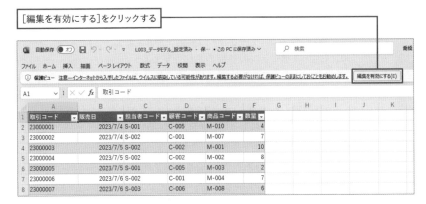

■「セキュリティの警告」を解除する

[コンテンツの有効化]をクリックする

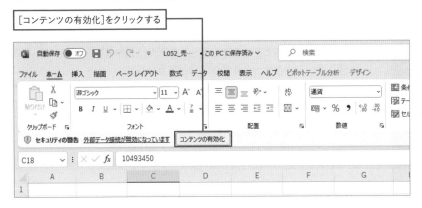

CONTENTS

基本編

第1章

パワーピボットを使った集計の流れをつかもう

第2章

計算が劇的に効率化!　DAXの基本を知る

活用編

第**3**章

効率的な操作とミスの防止に役立つ機能

活用編

第4章

まずはここから！
集計によく使われるDAX関数

第5章

DAX活用に必須!
データを自在に抽出・整形する

第6章

日付テーブルとDAX関数を
利用して時系列の分析をする

第7章

集計の切り口を深めるピボットテーブルのテクニック

第8章

多角的に分析するピボットグラフの便利技

応用編

第**9**章

月次試算表を基に販売管理費を可視化する

DAX関数インデックス

本書に掲載しているDAX関数を関数名のアルファベット順で探せる索引です。
引数も掲載しています。

本書の構成

本書は「基本編」「活用編」「応用編」の3部構成となっており、パワーピボットの基礎から実践的なテクニックまできちんとまんべんなく習得できます。

基本編
第1章～第2章

「基本編」ではパワーピボットを使う上で必須の「データモデル」「メジャー」「DAX」について解説しています。簡単な集計表を作成しながら操作や機能が学べるようになっており、基本編を読むことで実務で活用するための最低限の知識が身に付きます。

活用編
第3章～第8章

「活用編」はDAX関数の使用例や、パワーピボットを使って作成したグラフやテーブルの便利なテクニックを厳選して解説しています。活用編を読むことで、パワーピボットならではの深い集計を求めるためのノウハウが身に付きます。

応用編
第9章

これまで学んだことを踏まえ、残高試算表を基に前期比や予算消化率を求めるなど、さまざまな切り口でデータを可視化します。実務を例に操作を行うことで、各機能の使い所や組み合わせ方がよりイメージでき、業務への応用もスムーズになります。

おすすめの学習方法

STEP **1**
まずは基礎の徹底理解からスタート！
第1章～第2章でパワーピボットの基本と必須機能を覚えましょう。

STEP **2**
活用編にある知りたい項目から学習してみましょう。各LESSONは数ページのコンパクトな構成で収録しているので、LESSONの順番通りでなくてOKです。

STEP **3**
使い方が一通り身に付いたら応用編にチャレンジ！ データを可視化するためにどんな操作や機能が必要か考えながら読み進めると、応用力がより鍛えられます。

第 1 章

パワーピボットを使った
集計の流れをつかもう

パワーピボットを使えると、ピボットテーブルをより
強力な分析ツールとして利用できるようになります。
パワーピボットは高機能であるために難しい概念も
ありますが、まず本章でパワーピボットの概要を理
解し、一連の集計の流れをつかんでおきましょう。

パワーピボットとは？
どんな時に便利なの？

パワーピボットとは、ピボットテーブルの機能を強化するための仕組みです。パワーピボットを使うと「データモデル」と呼ばれるデータの集合体を作成し、より大量で複雑なデータを基にピボットテーブル機能を利用できるようになります。

01 | 従来のピボットテーブルとパワーピボットの違い

　Excelで大量のデータを集計する際に使われるピボットテーブルは非常に便利な機能ですが、基となる表、つまりテーブルを作成するのに苦労した経験のある方も多いのではないでしょうか。通常、ピボットテーブルは1つのテーブルを基にデータを集計・分析します。集計元のテーブルを1つにするために、別のテーブルの値をコピー＆ペーストする、VLOOKUP関数で参照する、といった操作を繰り返すことはよくあるでしょう。

　また、ピボットテーブルの基となるテーブルは、Excelのシート上に作成されている必要があり、シートで扱えるデータの最大数を超えることはできません。

■従来のピボットテーブルの場合

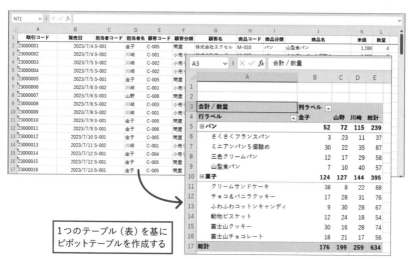

1つのテーブル（表）を基に
ピボットテーブルを作成する

いわゆる、「104万行の壁」問題に直面してしまうわけです。加えて、大量のデータをExcelシートで集計しようとすると、データ量の増大とともにどんどん動作が遅くなってきます。先ほど104万行の壁について触れましたが、実際はそれより少ないデータでも極端に動作が遅くなったりパソコンがフリーズしたりと、扱いが困難になることはよくあります。

　パワーピボットを活用すると、ピボットテーブルのこれらの課題を一気に解決できます。「データモデル」と呼ばれる、ピボットテーブルで集計するための元データを作成・編集できるようになるからです。**データモデルには「テーブル」や「クエリ」を追加でき、それぞれが独立したデータでありながら、お互いに関係性を持って1つの元データとして集計できるようになります。**

■ パワーピボットの場合

パワーピボットを使えば複数のテーブル（表）や、クエリを基にピボットテーブルが作成できる

複数の表やクエリで構成される「データモデル」からピボットテーブルを作成するのがパワーピボットです。

■パワーピボットの主なメリット

1. 処理速度が上がる

　データモデルに追加されたテーブルやクエリのデータは圧縮されるため、処理速度が向上する

2. 元データの表を作成する手間が省ける

　複数のテーブルを含むことができるので、ピボットテーブルを利用する事前準備として行っていた、複数の表を1つにまとめる手間を省ける

3. 104万行を超えるデータを扱える

　クエリでは104万行を超えるデータをソース（元データ）として指定することができるため、大量のデータが解析できる

4.DAXによる数式を扱える

　DAX（Data Analysis Expressions）と呼ばれる数式表現言語を用いた計算により、通常のピボットテーブルでは難しかった、時系列での複雑な集計結果などを簡単に求められる

 ## データモデルに追加できる「クエリ」とは？

　「クエリ」は、ブック内またはブック外のデータを読み込んで整形する一連の操作を記録したものです。Excelには「Power Queryエディター」という機能が搭載されており、Power Queryエディターで行った操作はクエリとしてブック内に保存されます。ユーザーは必要なときにボタン1つでクエリを実行できるため、毎月・毎週同じデータを取得して整形するような繰り返し作業を効率化できます。また、クエリをデータモデルに追加することで、外部ファイルのデータをピボットテーブルの元データとして扱えるようになります。パワーピボットはパワークエリと合わせて使用することでより力を発揮します。詳しく知りたい方は、書籍『Excelパワークエリではじめるデータ集計の自動化（できるエキスパート）』（インプレス刊）をぜひご参照ください。

◆Power Queryエディター

Power Queryエディターで行った
操作はクエリに記録される

02 パワーピボットを使う場合は元データが肝となる

　パワーピボットを利用するにはいくつかの決まりごとがあるので確認しておきましょう。**以下の2.のルールに則った表がピボットテーブルの元データとして、またデータモデルに追加できるテーブルとして利用されます。**Excelには「テーブル」という機能もあり、この機能が設定された表は自動的に集計結果を表示させたり、並べ替えやフィルターが容易に行えたりなど集計データとして扱いやすくなります。パワーピボットでは**データモデルに追加されるデータは、テーブルに設定されている必要があります。**操作の方法はLESSON04で説明しています。

1. ブック内にデータモデルで使用するすべてのテーブル、クエリがあること

　データモデルに追加されるテーブルやクエリは、そのデータモデルを使用するブックの中にすべて収められていなければならない。別のファイルなどにあるデータを利用したい場合には、あらかじめそのデータを取得する操作をクエリに記録しておく必要がある

2. テーブルはルールに則って整えられていること

　データモデルに追加するテーブルは、まず1行目に各列の値の内容を示す項目名があり、各列には同じ種類の値が入力されており、そして2行目以降には1行に1件のデータが入力されている必要がある

◆テーブル
集計元となる表

1行目は列の項目名が入力されている必要がある

	A	B	C	D	E	F	G
1	取引コード	販売日	担当者コード	担当者名	顧客コード	顧客分類	顧客名
2	23000001	2023/7/4	S-001	金子	C-005	問屋	株式会社エクセル
3	23000002	2023/7/4	S-002	川崎	C-001	小売り	株式会社ワード
4	23000003	2023/7/5	S-002	川崎	C-002	小売り	オフィス有限会社
5	23000004	2023/7/5	S-002	川崎	C-002	小売り	オフィス有限会社
6	23000005	2023/7/5	S-001	金子	C-005	問屋	株式会社エクセル
7	23000006	2023/7/6	S-002	川崎	C-001	小売り	株式会社ワード
8	23000007	2023/7/6	S-003	山野	C-006	問屋	アクセス有限会社
9	23000008	2023/7/6	S-002	川崎	C-003	小売り	ワン株式会社
10	23000009	2023/7/6	S-002	川崎	C-001	小売り	株式会社ワード

1行につき1件のデータが入力されている必要がある

この他、次のようなデータを元データとして使うと、正しい結果を得られなくなります。もし集計に用いたいデータがルールを満たしていない場合には、パワークエリなどを使用して事前に整形しておきましょう。

■正しい集計結果が得られない表の例

セルが結合
されている

表記が統一されていない
データがある

数値が入力されているべき列にところ
どころに文字列が入力されている

	A	B	C	D	E	F	G
1	販売日	担当者コード	商品コード	商品分類	商品名	数量	備考
2	2023/7/4	S-001	M-010	パン	山型食パン	4	
3	2023/7/4	S-002	M-007	パン	ミニアンパン5個詰め	7	CP特価
4	2023/7/5		M-001	菓子	ふわふわコットンキャンディ	10	
5	2023/7/5	S-002	M-002	菓子	動物ビスケット	8	
6	2023/7/5	S-001	M-003	菓子	富士山クッキー	2個	
7	2023/7/6	S-002	M-004	菓子	クリームサンドケーキ	7	
8	2023/7/6	S-003	M-008	パン	さくさくフランスパン	6	
9	2023/7/6	S-002	M-009	パン	3色クリームパン	5	
10	2023/7/8		M-005	菓子	富士山チョコレート	1個	
11	2023/7/9	S-001	M-010	パン	山型食パン	1	
12	2023/7/9		M-007	パン	ミニアンパン5個詰め	10	
13	2023/7/10		M-002	菓子	動物ビスケット	1	
14	2023/7/11	S-002	M-006	菓子	チョコ&バニラクッキー	8	
15	2023/7/12	S-001	M-003	菓子	富士山クッキー	8	
16	2023/7/12	S-001	M-009	パン	三色クリームパン	6	
17	2023/7/13	S-001	M-001	菓子		5	
18	2023/7/13	S-002	M-001	菓子	ふわふわコットンキャンディ	2	
19	2023/7/14	S-003	M-005	菓子	富士山チョコレート	9	
20	2023/7/15	S-003	M-004	菓子		8	
21							
22							

レコード内に空白の
セルがある

［備考］列など集計に
関係の無い列がある

パワーピボットに限らず、Excelで大量のデータを集計する機能を使用したい場合は、いつでも「きれいな表」が必要です。「きれいな表」のルールをここで理解しておきましょう。

ピボットテーブルを
おさらいしておこう

パワーピボットを学ぶ前に、まず前提となるピボットテーブルの概要と基本操作を、練習用ファイルを使って手を動かしながら確認しておきましょう。特に集計・分析についての考え方はDAXを学ぶ時のポイントとなります。

01 ピボットテーブルを使うとどんなことができるの？

　ピボットテーブルを使うと簡単にクロス集計表を作成できます。ピボットテーブルを使っていると「フィールドのアイテムごとに集計して、それを合計した表が作られている」というイメージになりがちです。それは決して間違いではないのですが、パワーピボットの特徴の一つでもある**DAXを使う時には「大きなデータの塊を集計し、その中から見たいフィールドをアイテムごとに抽出して小計も求めている機能」**だと考えた方が分かりやすいです。

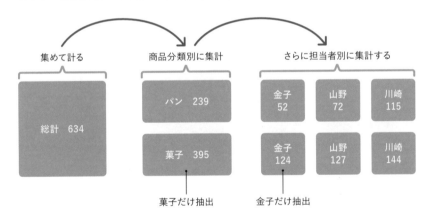

ピボットテーブルの行ラベルや列ラベルにフィールドを追加する時に、このイメージを思い出しながら操作してみましょう。

例えば、このLESSONでは7〜9月までの売上データを基にピボットテーブルを作成するために、最初にこの期間に売れた商品全体の数を求めます。その後、商品分類や商品名ごとの売上を求めます。これは、商品分類や商品名の各アイテムがフィルターとなりデータを抽出しているようなイメージで、商品分類や商品名といった切り口ごとに、最初に求めた全体の個数を分割しているともいえます。さらに、担当者名で列方向にデータを分けていきます。こうして考えると、クロス集計表は、前のページの図のように元の値を縦横に分解したものと捉えることができます。この考え方を意識しておくと、列やテーブルを計算の値として使用するDAXが理解しやすくなります。

◆[売上データ]シート
7〜9月までの売上が入力されている

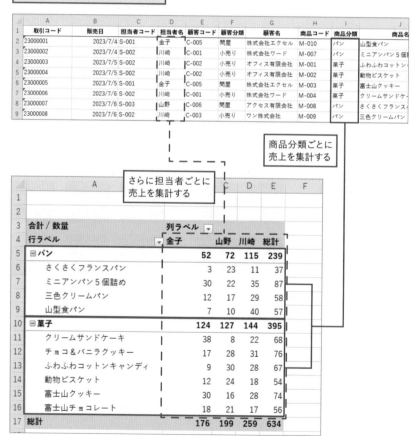

02 集計元となる「テーブル」の要素を押さえよう

　LESSON01でも学んだように、ピボットテーブルでデータを集計するには、集計元のテーブルが必要です。テーブルの1行目にはフィールド名、2行目以降にはレコード、そして列方向にはフィールドがあります。**特に重要なのはフィールドです。このフィールドが、データを分析する際の切り口になります。**例えば、販売管理システムから出力した売上データに［顧客名］列があっても、その顧客の所在地に関する情報は顧客管理システムにしかないとします。この場合、エリア別に売上を分析するには、売上データに顧客管理システムのデータを参照させて［エリア］列を追加する必要があります。このように必要なフィールドがテーブルにあることがピボットテーブルを使いこなす際のポイントです。

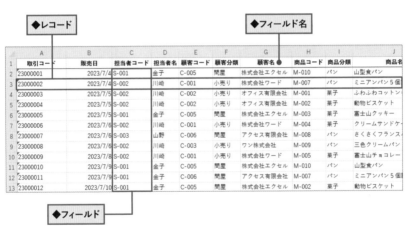

◆レコード　　　◆フィールド名　　　◆フィールド

用語	説明
レコード	1件のデータを1行に表したもの。例えば売上データであれば、1件の売上に伴う、売上日、販売商品、商品単価、販売数、売上額など。顧客データであれば、顧客名、住所、生年月日、メールアドレスなどの値が横1行に並んでいるものを表す
フィールド名	各列にどんな項目が入力されているのか、判別するための項目名。ピボットテーブルではこのフィールド名を使って分析を進めるため、分かりやすい名前が付いていることが望ましい
フィールド	テーブルの列方向に並ぶ値。同じフィールドには数値、文字列、日付など同じ種類のデータが入力されている必要がある

03 ピボットテーブルの各部の名称を覚えよう

　必要なデータがテーブルに揃ったらピボットテーブルをシートに挿入します。その操作画面を事前に確認しておきましょう。

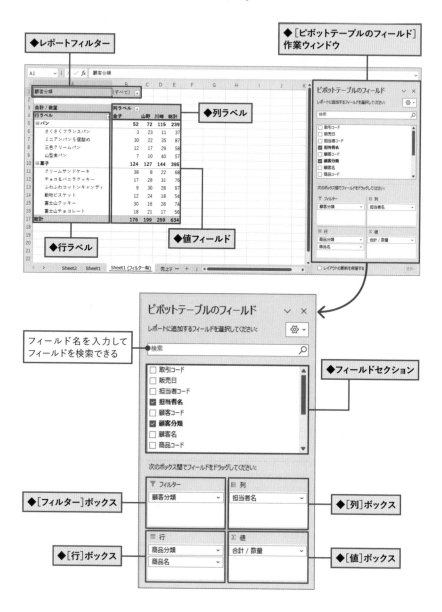

◆レポートフィルター

◆[ピボットテーブルのフィールド]作業ウィンドウ

◆列ラベル

◆値フィールド

◆行ラベル

フィールド名を入力してフィールドを検索できる

◆フィールドセクション

◆[フィルター]ボックス

◆[列]ボックス

◆[行]ボックス

◆[値]ボックス

用語	説明
フィールドセクション	集計元のデータのフィールド名が表示される領域。この中から集計・分析したいフィールドを「[値]ボックス」「[行]ボックス」「[列]ボックス」「[フィルター]ボックス」の各エリアにドラッグすることで、ピボットテーブルを作成する
[値]ボックス	集計するフィールドを投入する領域。数値のフィールドを使うことが多いが、文字列のフィールドでも個数を数えることなどができる。同じフィールドを2回投入し、それぞれ別の集計をさせることも可能
[行]ボックス	データを分割する領域として最もよく用いられる。複数のフィールドを投入した場合、上にあるフィールドが下にあるフィールドをネストする
[列]ボックス	クロス集計する際、列方向にデータを分割するために用いられる。こちらも複数のフィールドを投入した場合、上にあるフィールドが下にあるフィールドをネストする
[フィルター]ボックス	作成したピボットテーブル全体をさらに絞り込む際に使用される領域
[ピボットテーブルのフィールド]作業ウィンドウ	ピボットテーブルが選択されている時のみ表示される作業ウィンドウ。ピボットテーブルのフィールドを追加・削除・変更する操作はすべてこの中で行う。ピボットグラフを追加・選択した際は[ピボットグラフのフィールド]作業ウィンドウに切り替わるが、操作方法は同じ
値フィールド	集計結果が表示される範囲
行ラベル	行として抽出するフィールドが表示される範囲
列ラベル	列として抽出するフィールドが表示される範囲
レポートフィルター	テーブル全体をフィルターできる。[フィルター]ボックスに抽出に使用するフィールドを追加した時のみ表示される

練習用ファイル L002_ピボットテーブル.xlsx

04 ピボットテーブルで大量のデータを集計する

　ここからは練習用ファイルを使ってピボットテーブルの機能を確認していきます。[売上データ]シートにあるテーブルのフィールド名と、そこにどんな値が入力されているかなどを確認して、集計するイメージをつかんでおきましょう。

　ピボットテーブルが挿入されたら、フィールドセクションから[数量]フィールドを選択し、[値]ボックスにドラッグします。集計元となるテーブルすべての行の[数量]列の値を合計した結果「634」が求められたことが確認できます。

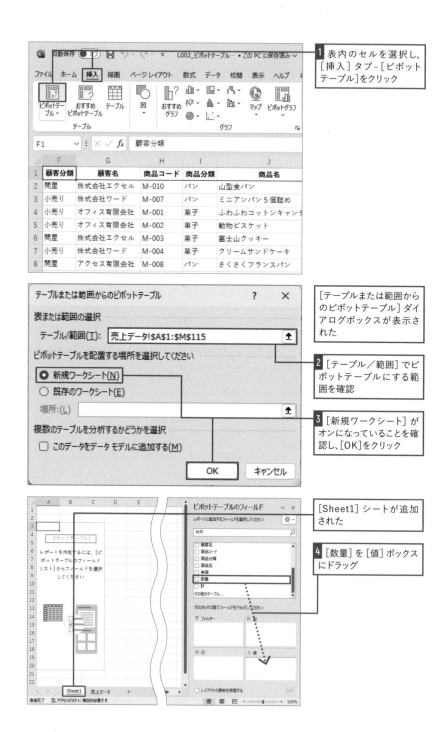

1 表内のセルを選択し、[挿入] タブ - [ピボットテーブル]をクリック

[テーブルまたは範囲からのピボットテーブル] ダイアログボックスが表示された

2 [テーブル／範囲] でピボットテーブルにする範囲を確認

3 [新規ワークシート] がオンになっていることを確認し、[OK]をクリック

[Sheet1] シートが追加された

4 [数量] を [値] ボックスにドラッグ

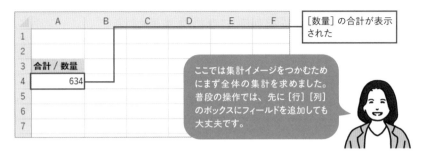

[数量] の合計が表示された

合計 / 数量
634

ここでは集計イメージをつかむためにまず全体の集計を求めました。普段の操作では、先に [行] [列] のボックスにフィールドを追加しても大丈夫です。

ここもポイント！

「オートカルク」で簡単に合計を確認する

　ピボットテーブルで集計を行っていると、本当に答えが正しいのか確認したくなる場合があります。その時は、Excelウィンドウのステータスバーにある「オートカルク」を使うと便利です。オートカルクは選択されたセルの合計や平均などを簡易的に表示する機能です。[売上データ] シートのL列を選択するとステータスバーに「合計：634」と表示され、ピボットテーブルの集計結果が正しいことを確認できます。もし表示が無い場合には、ステータスバーを右クリックし、メニュー内の [合計] にチェックを付けることで表示できます。また、オートカルクの計算結果はクリックすることでその値をコピーできるので、複雑な検算をしたい場合にも別のシートに貼り付けて使えます。

[売上データ] シートのセルL2 〜 L115を選択するとステータスバーに「合計：634」と表示される

	J	K	L	M	N	O
	商品名	単価	数量	計		
	山型食パン	1,280	4	5,120		
	ミニアンパン5個詰め	1,200	7	8,400		
	ふわふわコットンキャンディ	3,420	10	34,200		
	動物ビスケット	3,200	8	25,600		
	富士山クッキー	2,800	2	5,600		
	クリームサンドケーキ	3,420	7	23,940		
	さくさくフランスパン	1,600	6	9,600		
	三色クリームパン	1,100	5	5,500		

9: 5.561403509　データの個数: 115　合計: 634　⊞　▣　凹　−　■　＋　102%

05 分析する軸を追加してクロス集計する

　集計したデータを分析したい軸で分けていきましょう。[商品分類] フィールド
を [行] ボックスにドラッグすることで、[商品分類] にある一意の値である「パン」
と「食品」のレコードが抽出され、その [数量] 列の値を合計した結果が表示され
ます。さらに [商品名] フィールドを [行] ボックスに追加するとネストされた形
で行が拡張され、アイテムごとの集計結果が表示されます。さらに [列] ボック
スにフィールドを追加することで、縦横にデータが分割されるイメージでクロス
集計となることも確認しておきましょう。不要なフィールドは各ボックスからシー
ト上にドラッグすると削除できます。

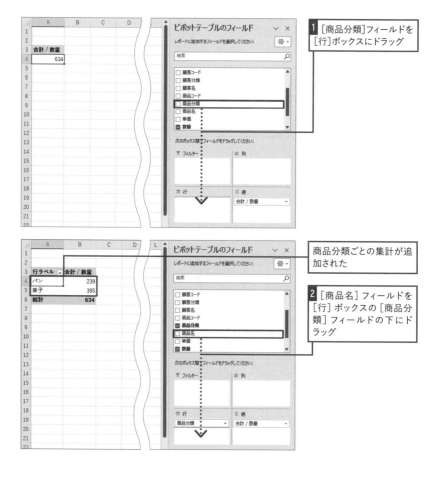

1 [商品分類]フィールドを
[行]ボックスにドラッグ

商品分類ごとの集計が追
加された

2 [商品名] フィールドを
[行] ボックスの [商品分
類] フィールドの下にド
ラッグ

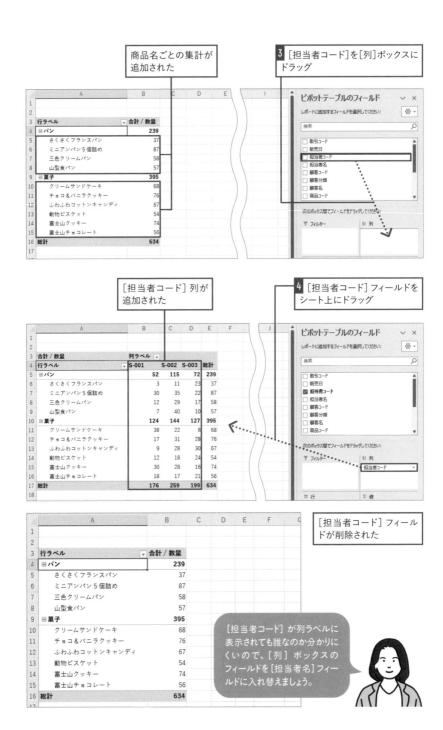

商品名ごとの集計が
追加された

3 [担当者コード]を[列]ボックスに
　ドラッグ

ピボットテーブルのフィールド

	A	B	C	D	E	I
1						
2						
3	行ラベル	合計 / 数量				
4	⊟パン	239				
5	さくさくフランスパン	37				
6	ミニアンパン5個詰め	87				
7	三色クリームパン	58				
8	山型食パン	57				
9	⊟菓子	395				
10	クリームサンドケーキ	68				
11	チョコ＆バニラクッキー	76				
12	ふわふわコットンキャンディ	67				
13	動物ビスケット	54				
14	富士山クッキー	74				
15	富士山チョコレート	56				
16	総計	634				
17						

[担当者コード]列が
追加された

4 [担当者コード]フィールドを
　シート上にドラッグ

ピボットテーブルのフィールド

	A	B	C	D	E	F	J
1							
2							
3	合計 / 数量	列ラベル					
4	行ラベル	S-001	S-002	S-003	総計		
5	⊟パン	52	115	72	239		
6	さくさくフランスパン	3	11	23	37		
7	ミニアンパン5個詰め	30	35	22	87		
8	三色クリームパン	12	29	17	58		
9	山型食パン	7	40	10	57		
10	⊟菓子	124	144	127	395		
11	クリームサンドケーキ	38	22	8	68		
12	チョコ＆バニラクッキー	17	31	28	76		
13	ふわふわコットンキャンディ	9	28	30	67		
14	動物ビスケット	12	18	24	54		
15	富士山クッキー	30	28	16	74		
16	富士山チョコレート	18	17	21	56		
17	総計	176	259	199	634		
18							

[担当者コード]フィール
ドが削除された

	A	B	C	D	E	F
1						
2						
3	行ラベル	合計 / 数量				
4	⊟パン	239				
5	さくさくフランスパン	37				
6	ミニアンパン5個詰め	87				
7	三色クリームパン	58				
8	山型食パン	57				
9	⊟菓子	395				
10	クリームサンドケーキ	68				
11	チョコ＆バニラクッキー	76				
12	ふわふわコットンキャンディ	67				
13	動物ビスケット	54				
14	富士山クッキー	74				
15	富士山チョコレート	56				
16	総計	634				
17						

[担当者コード]が列ラベルに
表示されても誰なのか分かりに
くいので、[列]ボックスの
フィールドを[担当者名]フィー
ルドに入れ替えましょう。

[担当者名]フィールドを[列]ボックスにドラッグすると、商品別に
担当者ごとの売上がクロス集計された表になる

 ここもポイント！

フィールドの表示／非表示を切り替える

［行ラベル］［列ラベル］に複数のフィールドを追加すると、上にあるフィー
ルド名の前に［−］［＋］が表示され、それぞれクリックするごとに下のレ
ベルのフィールドの表示と非表示を切り替えられます。［ピボットテーブ
ル分析］タブの［アクティブなフィールド］グループにある［フィールドの
展開］と［フィールドの折りたたみ］ボタンから操作することも可能です。

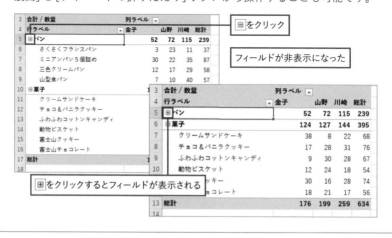

さらに上達！

［フィルター］ボックスを使えば3つ目の軸で分析できる

　［フィルター］ボックスにフィールドを追加することで、そのフィールドの項目ごとにピボットテーブル全体の集計結果を絞り込むことができます。本書ではこれ以降、この機能は扱いませんが、集計しているシートそのものを特定のフィールドで絞り込んだ結果にする時に有効です。

［顧客分類］フィールドを［フィルター］ボックスにドラッグして、
レポートフィルターを追加しておく

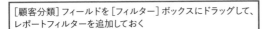

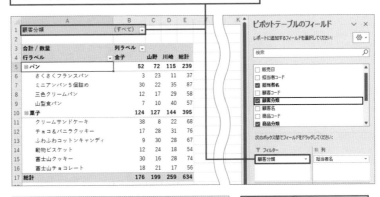

［フィルターボタン］-［小売り］-
［OK］をクリック

［顧客分類］が「小売り」の集計
結果を抽出できた

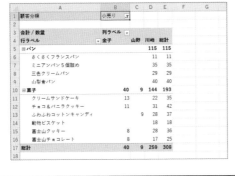

06 ドリリングで気になるデータを抽出する

　ピボットテーブルでデータを分析していると、「なぜこのデータはこの集計結果なのだろう？」と疑問に思う場面もあります。その際は、その集計結果が表示されているセルをダブルクリックすることで、新たにシートが追加され、元のテーブルから該当の値を構成しているレコードだけが抽出されたテーブルを作成できます。これでどんなレコードが基になってその集計結果となったのか、簡単に確認できます。

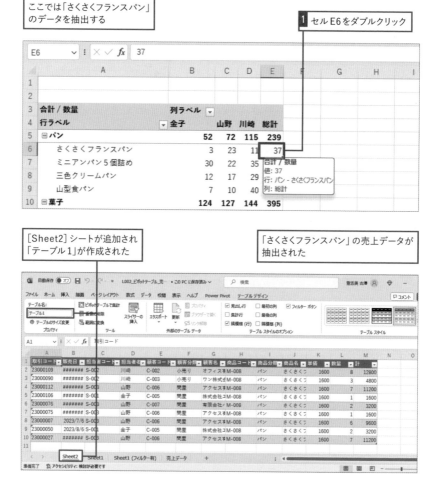

ここでは「さくさくフランスパン」
のデータを抽出する

1 セル E6 をダブルクリック

[Sheet2] シートが追加され
「テーブル1」が作成された

「さくさくフランスパン」の売上データが
抽出された

07 合計以外の集計に変更してみよう

[値]ボックスに数値が入力されたフィールドを投入すると、フィールド名が[合計／（フィールド名）]に変化して、「合計」が集計結果として求められるのが基本です。ただ、集計には合計以外にも「平均」「最大値」「最小値」など、いくつもの計算方法が用意されており、簡単に変更できます。ここでは「個数」に変更しており、結果を元のテーブルのレコード数と比較すると、正しく集計されていることが確認できます。また、[値]ボックス内のフィールド名も[個数／（元のフィールド名）]に変化していることを合わせて確認しておきましょう。作成されたピボットテーブル左上のセルにも同じものが表示されます。

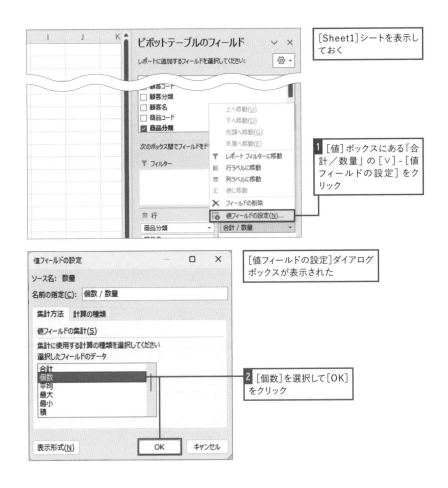

[Sheet1]シートを表示しておく

1 [値]ボックスにある「合計／数量」の[∨]-[値フィールドの設定]をクリック

[値フィールドの設定]ダイアログボックスが表示された

2 [個数]を選択して[OK]をクリック

[数量]フィールドのデータの個数が集計された

個数 / 数量	列ラベル			
行ラベル	金子	山野	川崎	総計
⊟パン	11	13	19	43
さくさくフランスパン	2	5	2	9
ミニアンパン5個詰め	4	4	5	13
三色クリームパン	2	3	6	11
山型食パン	3	1	6	10
⊟菓子	20	22	29	71
クリームサンドケーキ	5	1	5	11
チョコ＆バニラクッキー	3	4	5	12
ふわふわコットンキャンディ	2	5	5	12
動物ビスケット	3	4	3	10
富士山クッキー	5	3	4	12
富士山チョコレート	2	5	7	14
総計	31	35	48	114

[総計]に[数量]フィールドのデータの総個数「114」が表示された

ピボットテーブルの基本的な操作とともに、ピボットテーブルによる集計の考え方を理解しておくことがパワーピボットを使いこなすための基礎になります。自分のイメージする集計結果を迷わず作れるようになっておきましょう。

ここもポイント！

💡 ピボットテーブルの集計機能を理解しておこう

　このようにフィールドを各ボックスに自在にドラッグするだけで、見たい形の表を簡単に構築できるのがピボットテーブルの大きな特徴です。マウス操作で次々と切り口を変えた分析を行うことで、大量のデータからその傾向や推移、その要因などを読み取ることができるため、誰でも簡単に社内のデータをビジネスに有効活用できます。ピボットテーブルでは、大量のデータを集めて様々な計算ができること、[行ラベル][列ラベル]にフィールドを追加することで、そのフィールドにあるアイテムで元のテーブルのレコードを抽出し、その中の対象列を集計した結果が求めていることも、ここでしっかりイメージしてこの後のDAX活用につなげていきましょう。

LESSON 03
Power Pivot for Excelを起動する

パワーピボットを活用するためには、「Power Pivot for Excel」というツールを利用します。LESSON03ではPower Pivot for Excelを起動する方法やその画面構成など、活用に備えて基礎知識を確認します。初めて起動する方はアドインの操作も必要です。

練習用ファイル L003_データモデル_設定済み.xlsx

01 初めてPower Pivotを起動する時は

パワーピボットでデータモデルを利用するためのツールとして、Excelには「Power Pivot for Excel」が搭載されており、[データ]タブの[データモデルの管理]ボタンからExcelシートの画面とは別の画面で起動します。ただしExcelの基本機能とは別にアドインとして提供されているため、初回のみアドインを有効にする操作が必要です。

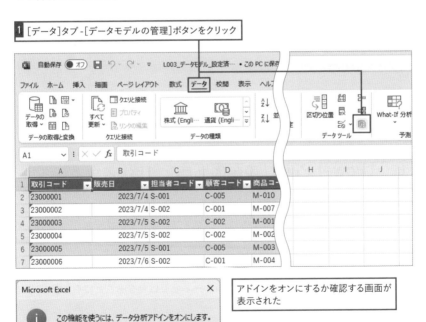

1 [データ]タブ-[データモデルの管理]ボタンをクリック

アドインをオンにするか確認する画面が表示された

2 [有効化]をクリック

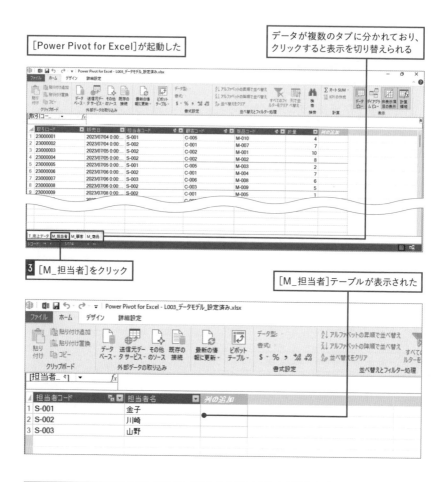

[Power Pivot for Excel]が起動した

データが複数のタブに分かれており、クリックすると表示を切り替えられる

3 [M_担当者]をクリック

[M_担当者]テーブルが表示された

02 [Power Pivot]の画面構成を確認しよう

このLESSONで起動した[Power Pivot for Excel]（以降、Power Pivot画面）では、通常のExcelシートと同じように、画面下部に複数のタブがあり、クリックすると画面が切り替わります。これは元のExcelブックにある4つのシート上のテーブルを事前に「データモデル」に追加したものです。**タブには、それぞれのテーブル名が表示されており、元のブックのシート名とは異なることにも注目しておきましょう。**また、Power Pivot画面では、Excelシートにある列番号はありません。データモデルの中ではセルを指定した計算は行わないのでセル番号が不要であることと、各列はフィールド名で呼ばれるためです。

■Power Pivot画面の各部の名称と機能

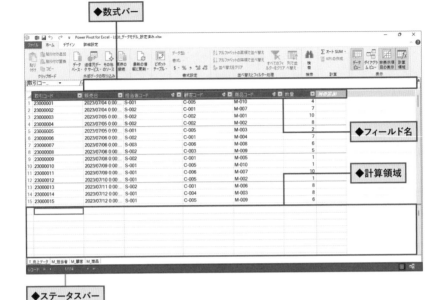

◆数式バー

◆フィールド名

◆計算領域

◆ステータスバー

Power Pivot画面はこれからどんどん使っていくので、各部の名称と機能をここで覚えておきましょう。Excelシートの画面と似たところもありますが、セルではなく列を対象として操作を行えるように特化されています。

名称	説明
数式バー	数式を作成・編集する際に使用する。下端の境界線を下にドラッグすることで高さを拡張できる
フィールド名	各フィールドの名前。[列名]とも呼ばれる。境界線をドラッグして幅の調整ができる
計算領域	メジャーを格納する場所。[ホーム]タブ-[計算領域]ボタンで表示／非表示を切り替えられる
ステータスバー	選択されているテーブルの状態を確認できる

データビューとダイアグラムビューを切り替える

Power Pivot画面では、状況に応じてテーブルの見せ方を[データビュー]と[ダイアグラムビュー]のいずれかに切り替えて使用します。通常は[データビュー]で操作をしますが、データモデルの関連性である[リレーション]を設定・確認する際には[ダイアグラムビュー]に切り替えます。主にリボンのボタンで切り替えますが、ステータスバー右端にある2つのボタンをそれぞれクリックすることでも切り替えられます。

◆データビュー

1 [ホーム]タブ-[ダイアグラムビュー]をクリック

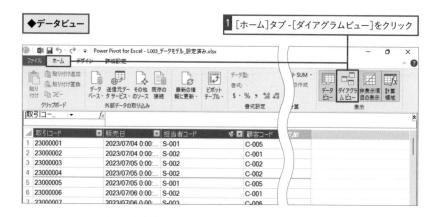

ダイアグラムビューに切り替わった

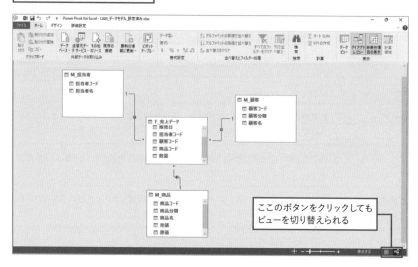

ここのボタンをクリックしても
ビューを切り替えられる

04 Excelシートの画面と行き来をするには

　パワーピボットを利用する際、頻繁にPower Pivot画面とExcelシートの画面を切り替えます。Excelシートの画面へ切り替える場合には、**クイックアクセスツールバーにあるExcelアイコンをクリックするのが速い**でしょう。逆にExcelシートの画面からPower Pivot画面に切り替える際は、起動時に使った[データ]タブの他、アドインを有効にした際に追加された[Power Pivot]タブの[管理]ボタンを使うことができます。また、それぞれ独立したウィンドウなので、タスクバーからのウィンドウ切り替えや、ウィンドウを並べて表示しながら使用することも可能です。

1 [ブックに切り替え]をクリック

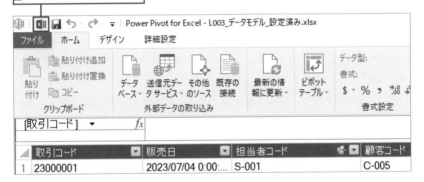

Excelシートの画面が表示された

[Power Pivot]タブ-[管理]をクリックすると
[Power Pivot]ウィンドウが起動する

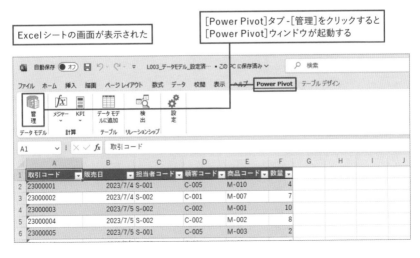

LESSON

04

テーブルをデータモデルに
追加してみよう

LESSON03ではデータモデルを作成済みのブックを開きましたが、LESSON04では自分でデータモデルを作成していきます。合わせて、Excelの機能としてのテーブル作成操作や、テーブル名の付け方なども確認しておきましょう。

練習用ファイル L004_データモデル_未設定.xlsx

01 | 売上データと各マスタをデータモデルに追加する

練習用ファイル「L004_データモデル_未設定.xlsx」には「売上データ」「担当者マスタ」「顧客マスタ」「商品マスタ」の4つのシートがあります。それぞれのシートには、シート名に表されるようなデータがテーブルとして用意されています。このLESSONではそれぞれのシートにあるテーブルをデータモデルに追加していきます。また、テーブル内のセルをアクティブにすると[テーブルデザイン]タブが表示され、このテーブルがExcelの機能としての「テーブル」に設定されていることも分かります。**データモデルに追加するには、Excel機能のテーブルになっている必要があります。**

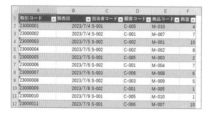

[売上データ]シート

	A	B	C	D	E	F
1	取引コード	販売日	担当者コード	顧客コード	商品コード	数量
2	23000001	2023/7/4	S-001	C-005	M-010	4
3	23000002	2023/7/4	S-002	C-001	M-007	7
4	23000003	2023/7/5	S-002	C-002	M-001	10
5	23000004	2023/7/5	S-002	C-002	M-002	8
6	23000005	2023/7/5	S-001	C-005	M-003	2
7	23000006	2023/7/6	S-002	C-001	M-004	7
8	23000007	2023/7/6	S-003	C-006	M-008	6
9	23000008	2023/7/6	S-003	C-003	M-009	5
10	23000009	2023/7/8	S-002	C-001	M-005	1
11	23000010	2023/7/9	S-001	C-005	M-010	1
12	23000011	2023/7/9	S-001	C-006	M-007	10

[担当者マスタ]シート

	A	B	C	D
1	担当者コー	担当者		
2	S-001	金子		
3	S-002	川崎		
4	S-003	山野		
5				
6				
7				

[顧客マスタ]シート

	A	B	C	D	E
1	顧客コー	顧客分	顧客名		
2	C-005	問屋	株式会社エクセル		
3	C-001	小売り	株式会社ワード		
4	C-002	小売り	オフィス有限会社		
5	C-006	問屋	アクセス有限会社		
6	C-003	小売り	ワン株式会社		
7	C-004	小売り	シェア株式会社		
8	C-007	問屋	有限会社パワポ		
9					

[商品マスタ]シート

	A	B	C	D	E
1	商品コー	商品分	商品名	売価	原価
2	M-001	菓子	ふわふわコットンキャンディ	3,420	1,850
3	M-002	菓子	動物ビスケット	3,200	1,660
4	M-003	菓子	富士山クッキー	2,800	1,250
5	M-004	菓子	クリームサンドケーキ	3,420	1,700
6	M-005	菓子	富士山チョコレート	2,500	1,200
7	M-006	菓子	チョコ＆バニラクッキー	2,990	1,500
8	M-007	パン	ミニアンパン5個詰め	1,200	790
9	M-008	パン	さくさくフランスパン	1,600	1,050
10	M-009	パン	三色クリームパン	1,100	730
11	M-010	パン	小型食パン	1,280	850

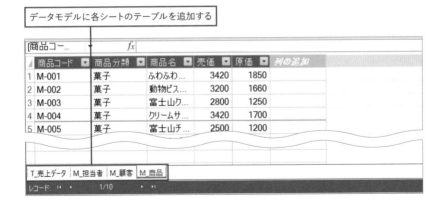

データモデルに各シートのテーブルを追加する

02 テーブルをデータモデルに追加するには

　[売上データ]シートを開き、テーブル内にアクティブセルがあることを確認しましょう。[テーブルデザイン]タブの[プロパティ]グループにある[テーブル名]欄で、今選択されているテーブル名を確認しておきます。データモデルに追加の操作を行った後、Power Pivot画面に追加されるテーブル名が、確認したテーブル名と同じになっていることに注目しましょう。このテーブル名を今後様々な場面で使うことになるので、テーブル名の確認は重要です。

◆[T_売上データ]テーブル

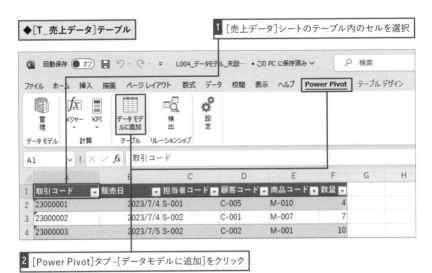

1 [売上データ]シートのテーブル内のセルを選択

2 [Power Pivot]タブ -[データモデルに追加]をクリック

Power Pivot画面が起動し、テーブル名が付いたタブが作成された

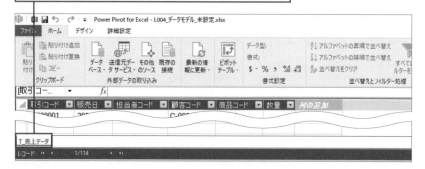

表をテーブルに変換するには

　データモデルにデータを追加する際は、表の範囲が「テーブル」であることが必要です。そのためには以下の手順の他、[挿入] タブ - [テーブル] グループの [テーブル] ボタンをクリックしても [テーブルの作成] ダイアログボックスを開けます。指定されている範囲が正しいこと、また、1行目に項目名が入力されていることを前提に [先頭行をテーブルの見出しとして使用する] にチェックがあることを確認して [OK] をクリックすれば、表の範囲をテーブルに変換できます。作成直後はテーブル名が自動的に割り当てられ [テーブル1] などになっているので、[テーブルデザイン] タブの [プロパティ] グループにある [テーブル名] 欄で分かりやすい名前に変更しておきましょう。

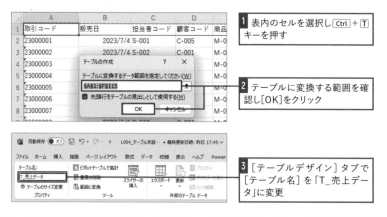

1 表内のセルを選択し Ctrl + T キーを押す

2 テーブルに変換する範囲を確認し[OK]をクリック

3 [テーブルデザイン] タブで [テーブル名] を「T_売上データ」に変更

03 各マスタをデータモデルに追加しよう

Power Pivot画面とExcelシートの画面を切り替えながら、[担当者マスタ][顧客マスタ][商品マスタ]にあるテーブルも、それぞれデータモデルに追加していきましょう。全部で4つのテーブルがPower Pivot画面に表示されれば完了です。テーブル名の確認は忘れずに行いましょう。ここではシート名とテーブル名は異なったものにしていますが、操作する上では同じでも問題はありません。

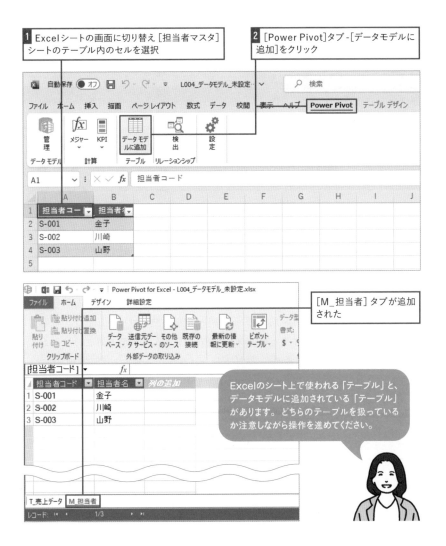

1 Excelシートの画面に切り替え[担当者マスタ]シートのテーブル内のセルを選択

2 [Power Pivot]タブ-[データモデルに追加]をクリック

[M_担当者]タブが追加された

Excelのシート上で使われる「テーブル」と、データモデルに追加されている「テーブル」があります。どちらのテーブルを扱っているか注意しながら操作を進めてください。

	商品コード ▼	商品分類 ▼	商品名 ▼	売価 ▼	原価 ▼	列の追加
1	M-001	菓子	ふわふわ...	3420	1850	
2	M-002	菓子	動物ビス...	3200	1660	
3	M-003	菓子	富士山ク...	2800	1250	
4	M-004	菓子	クリームサ...	3420	1700	
5	M-005	菓子	富士山チ...	2500	1200	
6	M-006	菓子	チョコ&バ...	2990	1500	

[商品コー... ▼] f_x

T_売上データ | M_担当者 | M_顧客 | M_商品

レコード: ◄ ◄ 1/10 ► ►

データモデルに追加されたそれぞれのテーブルにはどんな
列があってどんなデータを扱っているか、しっかりイメージ
をしておくことが大切です。

達人のノウハウ　テーブル名の前に付く「T」や「M」の意味は？

　テーブル名はデータモデルの中で関係性を設定する際やDAXによる数
式を作成する際、またピボットテーブルで集計を行う際に重要な役割を持
つので、できるだけシンプルかつ分かりやすい名前を付けましょう。この
練習用ファイルでは、「売上データ」は毎日の業務の中で積み重なっていく
データです。このようなデータは「トランザクションデータ」「実績データ」
「ファクトテーブル」などと呼ばれます。そのため、テーブル名に「T」や「F」
を付けて管理すると分かりやすいです。それに対して「担当者マスタ」「顧
客マスタ」「商品マスタ」は、システムの中で利用されるデータだとすれば、
そのシステムが稼働する瞬間にはすでにあるべきデータであり、日々の業
務の中では基本的に変わらないデータということになります。これらのデー
タは「マスタデータ」「基本データ」「ディメンションテーブル」などと呼ば
れるため、本書ではテーブル名として「M」を付けて管理しています。

事前に［テーブル］にしていないとどうなるの？

　テーブルにするのを忘れてデータモデルに追加しようとすると、自動的に［テーブルの作成］ダイアログボックスが表示され、対象と判定された範囲をテーブルにしてくれます。ただし、テーブル名が自動付与されるため、Power Pivot画面でも「テーブル1」「テーブル2」といった名前になってしまいます。タブの部分を右クリックすることで各テーブル名を変更することはできますが、Excelシート上にある読み込み元のテーブル名が連動して変わることはないので不便です。できるだけ事前にテーブル化して適切な名前に変更してからデータモデルに追加しましょう。

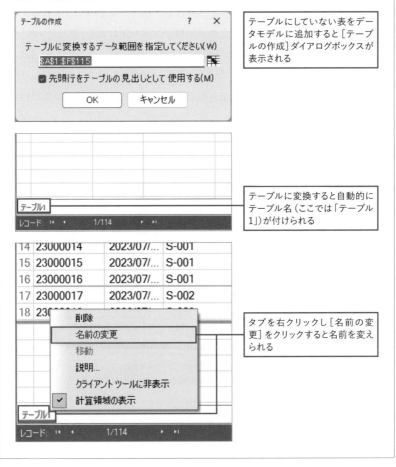

テーブルにしていない表をデータモデルに追加すると［テーブルの作成］ダイアログボックスが表示される

テーブルに変換すると自動的にテーブル名（ここでは「テーブル1」）が付けられる

タブを右クリックし［名前の変更］をクリックすると名前を変えられる

リレーションシップを
作成してみよう

LESSON05では、データモデルに追加した各テーブルをつなぐ「リレーションシップ」
を設定していきます。リレーションシップとは何かを理解しながら、複数のテーブルで
1つのピボットテーブルを作成するためのポイントとなる操作を習得しましょう。

練習用ファイル L005_データモデル_設定済み.xlsx

01 「リレーションシップ」と「主キー」「外部キー」とは?

「リレーションシップ」は、「キー」と呼ばれるフィールドを基に、複数のテーブ
ルに関係性を持たせる機能です。この練習用ファイルでは、[T_売上データ]テー
ブルには、[担当者コード]の列はありますが、[担当者名]列はありません。もし[T_
売上データ]テーブルのみを使ってピボットテーブルを作成すると、担当者別の
売上集計を求めた時に担当者の名前が分からず、非常に分かりにくい集計結果に
なってしまいます。

◆[T_売上データ]テーブル

[担当者コード]列はあるが[担当者名]列はない

	取引コード	販売日	担当者コード	顧客コード	商品コード	数量	列の追加
1	23000001	2023/07/...	S-001	C-005	M-010	4	
2	23000002	2023/07/...	S-002	C-001	M-007	7	
3	23000003	2023/07/...	S-002	C-002	M-001	10	
4	23000004	2023/07/...	S-002	C-002	M-002	8	
5	23000005	2023/07/...	S-001	C-005	M-003	2	
6	23000006	2023/07/...	S-002	C-001	M-004	7	
7	23000007	2023/07/...	S-003	C-006	M-008	6	
8	23000008	2023/07/...	S-002	C-003	M-009	5	
9	23000009	2023/07/...	S-002	C-001	M-005	1	

◆[M_担当者]テーブル　[担当者名]列がある

共通する[担当者コード]をキーに
リレーションシップが設定できる

	担当者コード	担当者名	列の追加
1	S-001	金子	
2	S-002	川崎	
3	S-003	山野	

一般的なピボットテーブルでは、それを防ぐためにVLOOKUP関数などを使って [担当者名] の列をテーブルに追加するところですが、パワーピボットを使えばこの [T_売上データ] テーブルと [M_担当者] テーブルに**リレーションシップを設定し、あたかも1つの表にあるデータのように扱ってピボットテーブルを作成できます。**この時に2つのテーブルをつなぐ基準になるキーを「主キー」「外部キー」と呼びます。主キーはマスタテーブルにある一意の値を持つフィールドです。この例では[M_担当者]テーブルの[担当者コード]がそれにあたります。「外部キー」はトランザクションテーブルにある値で、一般的にはそのテーブルの中に複数回、繰り返し現れるものです。このLESSONの例では[T_売上データ]テーブルの[担当者コード]が外部キーとなります。

　また、このLESSONで作成するようなデータモデルを「スタースキーマ」と呼びます。これは、それぞれのテーブルがトランザクションテーブルを中心とした放射状に広がっている様子を星に見立てた言葉です。リレーションが正しく設定されていないと集計時にエラーが発生することや、正しく集計されないなどのトラブルになることがあります。

共通のフィールドを関連付けしてリレーションシップが設定する

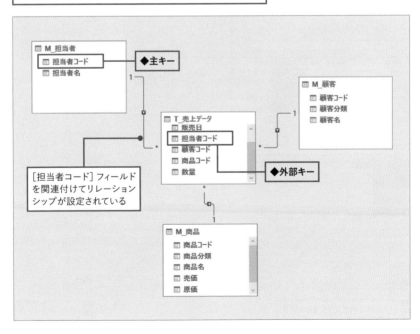

02 | メニューを使ってリレーションシップを作成する

Power Pivot画面でリレーションシップを設定する方法は主に2種類あります
が、まず［リレーションシップの作成］ダイアログを使って設定する方法を紹介
します。ダイアログボックス内にリレーションシップを設定したい2つのテーブ
ルを呼び出し、それぞれのキーとなる列を選択して［OK］をクリックすると、「主
キー」「外部キー」を自動的に判断しながらリレーションシップが設定されます。

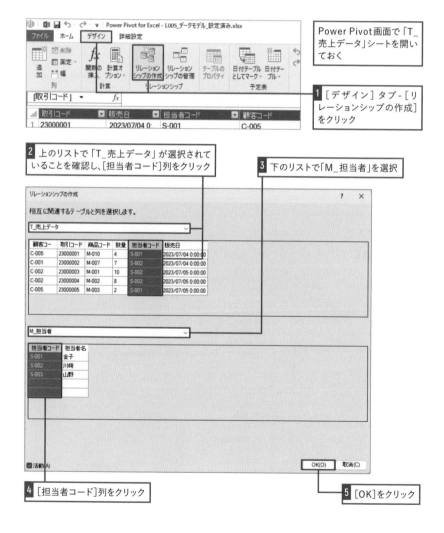

54

03 ダイアグラムビューでリレーションシップを作成する

[ダイアグラムビュー]では直感的に操作できるため、慣れないうちはこの方法でリレーションシップを設定するのが良いでしょう。設定操作は非常に簡単で、それぞれのテーブルのキーとなるフィールドをドラッグして線でつなぐだけです。事前にそれぞれのテーブルをドラッグして移動し、トランザクションテーブルを中心にしてから操作すると楽に接続できます。この場合のドラッグの方向は、主キーから、外部キーから、どちらでも自動的に判断されます。

Power Pivot画面を[ダイアグラムビュー]に切り替えておく

[T_売上データ]と[M_担当者]テーブルにリレーションシップが設定されている

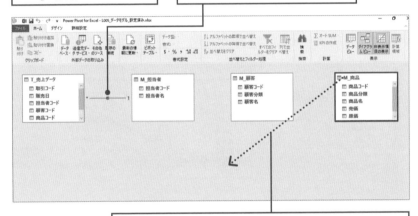

[M_商品]テーブルのタイトルバーにマウスポインターを合わせてドラッグ

[M_商品]テーブルのフィールドリストが移動した

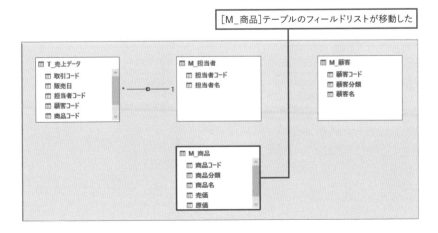

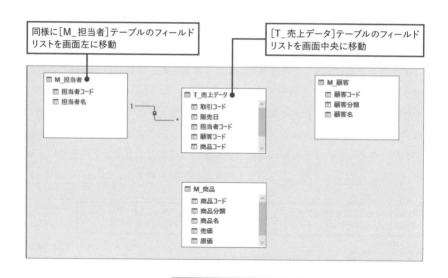

同様に[M_担当者]テーブルのフィールド
リストを画面左に移動

[T_売上データ]テーブルのフィールド
リストを画面中央に移動

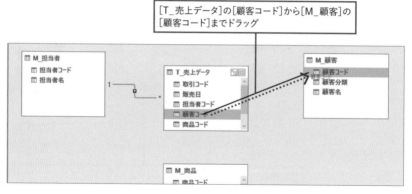

[T_売上データ]の[顧客コード]から[M_顧客]の
[顧客コード]までドラッグ

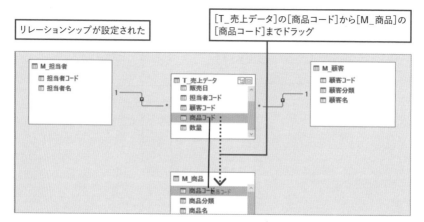

リレーションシップが設定された

[T_売上データ]の[商品コード]から[M_商品]の
[商品コード]までドラッグ

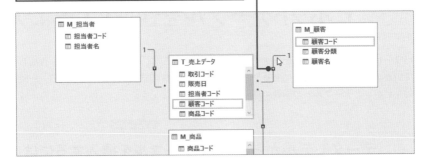

結合線にマウスポインターを合わせると関連付けされた
フィールドが枠で囲まれる

ここもポイント!

💡 表示されるアイコンの意味って?

　つないだ線にマウスポインターを合わせると、関連付けられたフィールドがそれぞれ緑の枠で囲まれ、正しく設定されているかどうかを確認できます。もし間違っていた場合、線を右クリックすることで[削除]や[リレーションシップの編集]を選ぶことができ、簡単に修正できます。また、線の両端や中央にはアイコンが表示され、それぞれのフィールドの関係性が分かるようになっています。

アイコン	説明
＊	テーブル内にキーが多数あることを示す。トランザクションテーブル側に表示される
1	テーブル内にキーが1つだけあることを示す。マスタテーブル側に表示される
▽	関連付けの向きを表しており、プライマリーキーから外部キーに▽が向いている
¦	繋いだ線が点線で表示されている場合、そのリレーションシップが「非アクティブ」であることを表している。一時的に関連付けを停止したい場合などに使用するが、再度アクティブにするには右クリックから[アクティブとしてマーク]を選択する

リレーションシップが非アクティブに設定されると結合線が点線になる

LESSON 06

データモデルを使って
ピボットテーブルを作成してみよう

パワーピボットで作成したデータモデルを元データとして、ピボットテーブルを作成していきます。別のテーブルにあるフィールドを使って集計結果を分析する手順や、一般的なピボットテーブルとの挙動の違いなどを確認しましょう。

練習用ファイル L006_パワーピボット.xlsx

01 データモデルからピボットテーブルを挿入するには

　一般的なピボットテーブルは、集計元のテーブルを選択した状態で［挿入］タブの［ピボットテーブル］ボタンから挿入しますが、データモデルはExcelシートの画面では選択できません。そこで、［ピボットテーブル］ボタンの［▼］から呼び出します。Power Pivot画面からも作成でき［ホーム］タブ - [ピボットテーブル]ボタンをクリックすると配置場所を選ぶダイアログボックスが表示されます。

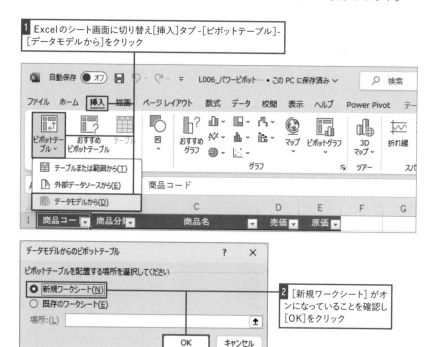

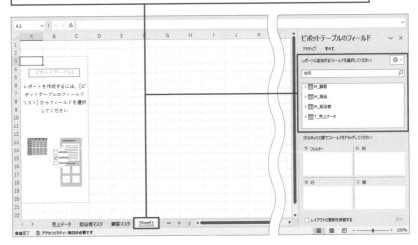

02 フィールドリストの表示と使い方に注目しよう

アクティブセルが［ピボットテーブル］の枠内にあると、［ピボットテーブルの
フィールド］作業ウィンドウが表示され、**フィールドセクション］内にデータモ
デルに追加した4つのテーブル名が表示されます。**それぞれのテーブルは折りた
たまれた状態になっているので、各テーブルアイコンの左にある「>」記号をクリッ
クし、テーブル内のフィールドが表示されることを確認しましょう。集計したい
フィールドを［値］ボックスにドラッグすれば集計結果がシート上に表示されます。

データモデルに追加した
テーブルがフィールドセク
ションに表示されている

1 「T_売上データ」の「>」
をクリック

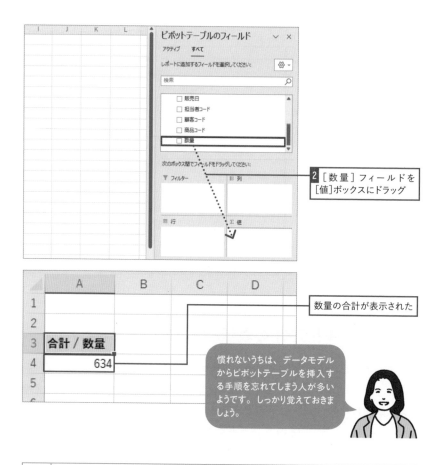

数量の合計が表示された

慣れないうちは、データモデルからピボットテーブルを挿入する手順を忘れてしまう人が多いようです。しっかり覚えておきましょう。

03 別のテーブルにあるフィールドを軸にしてみよう

　一般的なピボットテーブルでは1つのテーブルにあるフィールドしか扱うことができません。[T_売上データ]テーブルには[商品ID]列はありますが、[商品分類][商品名]はないので、商品分類ごとの集計や、商品名を表示した集計は行えませんでした。それに対しデータモデルを基にしたピボットテーブルでは複数のテーブルとそのフィールドを基に集計することができます。[M_商品]テーブルの「商品分類」フィールドを[行]ボックスへドラッグすると、正しく商品分類ごとの集計結果が表示されます。もちろん、複数のフィールドを追加することも可能です。**リレーションシップが設定されているため、それぞれのキーを基に複数のテーブルが連携して1つの集計元データを構成している**ことが分かります。

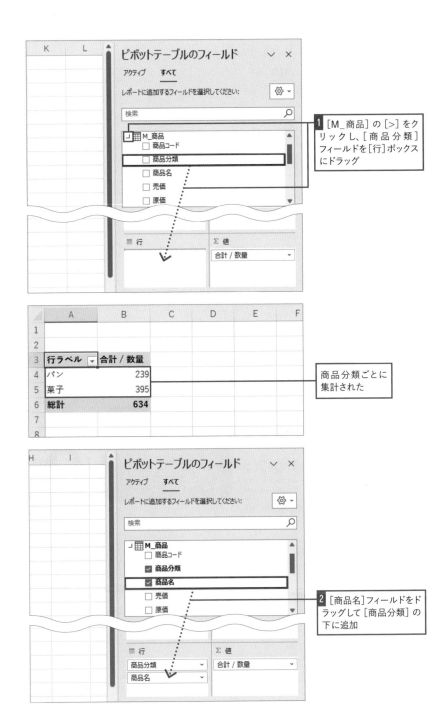

1 [M_商品] の [>] をク
リックし、[商品分類]
フィールドを [行] ボックス
にドラッグ

商品分類ごとに
集計された

2 [商品名] フィールドをド
ラッグして [商品分類] の
下に追加

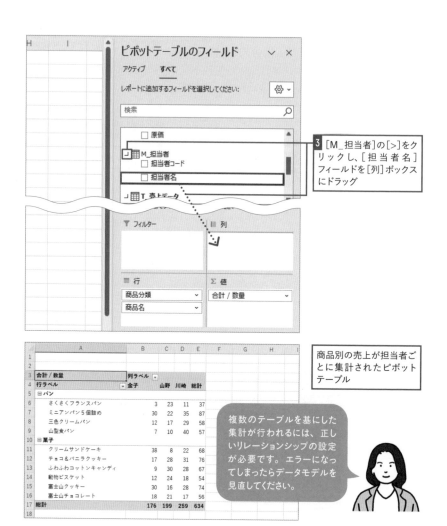

3 [M_担当者]の[>]をクリックし、[担当者名]フィールドを[列]ボックスにドラッグ

商品別の売上が担当者ごとに集計されたピボットテーブル

複数のテーブルを基にした集計が行われるには、正しいリレーションシップの設定が必要です。エラーになってしまったらデータモデルを見直してください。

データモデルを使ったピボットテーブルをドリリングすると?

　データモデルから作成された集計結果も、値をダブルクリックすることでドリリングができ、元テーブルからの抽出結果が新たなシートとして追加されます。ただし、リレーションシップが設定されていても、元テーブルには関連先の列は表示されないため、一般的なピボットテーブルに比べると判読しにくい結果となります。

LESSON 07 元データが更新された時は どうしたら良い?

集計・分析するデータは日々更新されていくものです。データが更新された場合のピボットテーブルの変化や、更新結果の反映方法などを確認しましょう。LESSON07で、作成したデータモデルを基にピボットテーブルでデータを集計するまでの一連の流れが完了します。

練習用ファイル L007_パワーピボット更新.xlsx

01 売上データに新たなレコードを追加してみよう

まずデータ追加後と比較するために集計結果を確認しておきます。今回は総計の「634」と「さくさくフランスパン」の「37」に注目します。その後、日々の業務結果を反映する[売上データ]シートにレコードを追加し、ピボットテーブルにどのように反映されるかを確認してみましょう。その際、**追加するのはExcelシート上のテーブルであり、データモデルであるPower Pivot画面の中のテーブルではないことに注意**しましょう。基となるテーブルのデータを追加しただけではピポットテーブルの集計結果は変わらないことが確認できます。

1 [売上データ]シートを表示し、セルA115～F115を選択 **2** Ctrl + C キーを押す

	取引コード	販売日	担当者コード	顧客コード	商品コード	数量	G
	1R x 6C	fx	23000114				
112	23000111	2023/9/30	S-002	C-001	M-006	8	
113	23000112	2023/9/30	S-003	C-006	M-001	4	
114	23000113	2023/9/30	S-001	C-004	M-005	8	
115	23000114	2023/9/30	S-003	C-006	M-008	7	

3 セルA116を選択し、Ctrl + V キーを押す

データが貼り付けられ、テーブルの範囲が自動的に拡張した

	取引コード	販売日	担当者コード	顧客コード	商品コード	数量	G
	A116	fx	23000114				
112	23000111	2023/9/30	S-002	C-001	M-006	8	
113	23000112	2023/9/30	S-003	C-006	M-001	4	
114	23000113	2023/9/30	S-001	C-004	M-005	8	
115	23000114	2023/9/30	S-003	C-006	M-008	7	
116	23000114	2023/9/30	S-003	C-006	M-008	7	

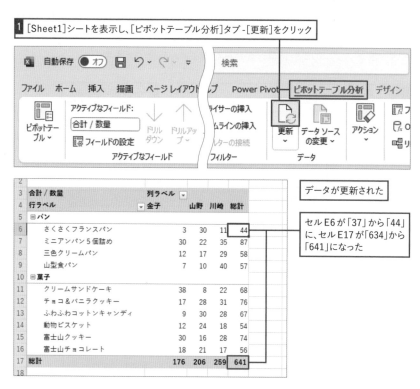

4 取引コードを「23000115」に変更して表示形式を「文字列」に、販売日を「2023/10/1」に変更

	取引コード	販売日	担当者コード	顧客コード	商品コード	数量
112	23000111	2023/9/30	S-002	C-001	M-006	
113	23000112	2023/9/30	S-003	C-006	M-001	
114	23000113	2023/9/30	S-001	C-004	M-005	
115	23000114	2023/9/30	S-003	C-006	M-008	
116	23000115	2023/10/1	S-003	C-006	M-008	

02 作成されたピボットテーブルを更新するには

　ピボットテーブルは関数などの数式で作られた表と違い、元データが変更に
なってもその結果が自動的に反映れることはありません。変更を反映させるには、
Excelシートの画面［更新］ボタンをクリックする必要があります。［更新］は
Alt + F5 キーでも実行できるので、覚えておくと良いでしょう。

1 ［Sheet1］シートを表示し、［ピボットテーブル分析］タブ-［更新］をクリック

データが更新された

セルE6が「37」から「44」に、セルE17が「634」から「641」になった

3	合計 / 数量		列ラベル			
4	行ラベル		金子	山野	川崎	総計
5	⊟パン					
6		さくさくフランスパン	3	30	11	44
7		ミニアンパン5個詰め	30	22	35	87
8		三色クリームパン	12	17	29	58
9		山型食パン	7	10	40	57
10	⊟菓子					
11		クリームサンドケーキ	38	8	22	68
12		チョコ＆バニラクッキー	17	28	31	76
13		ふわふわコットンキャンディ	9	30	28	67
14		動物ビスケット	12	24	18	54
15		富士山クッキー	30	16	28	74
16		富士山チョコレート	18	21	17	56
17	総計		176	206	259	641

第 2 章

計算が劇的に効率化！
DAXの基本を知る

パワーピボットではデータモデルを基に効率良く集計結果を得るために、DAXを使った数式を使用できます。本章ではDAXとは何か、どのように数式を作成するか、作成した数式の活用方法など、DAXの基礎知識と基本的な操作方法を学びます。

DAXとは？
その使い方の基本を知ろう

DAXを使うとデータモデル内のリレーションされた複数のテーブルから効率的に集計結果を得ることができます。パワーピボットの他、Power BIでも利用されています。LESSON08ではパワーピボットでDAXを利用するための基礎知識を学びましょう。

01 DAXの使い方2種類を理解しよう

　DAXとは、Data Analysis Expressionsの略で、Microsoft社が開発した数式表現言語です。DAXはデータモデル内の列やテーブルを参照して数式を作成します。Excelのシートと同様、各種演算子の他、DAX関数と呼ばれる独自の関数を利用できます。**数式は「計算列」として使用する方法と、「メジャー」を作成する方法の2種類があります。**計算列はPower Pivot画面のテーブルに新たな列を追加するもので、指定された列から各行の値を参照し、1行ずつ計算結果を求めます。例えば、[T_売上データ]テーブルに、[数量]列と[M_商品]テーブルの[売価]列を乗算して[販売額]列を作成することができます。

■計算列で使用する

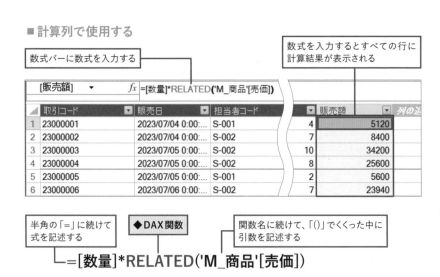

数式を入力するとすべての行に
計算結果が表示される

数式バーに数式を入力する

	取引コード	販売日	担当者コード		販売額	
1	23000001	2023/07/04 0:00:...	S-001	4	5120	
2	23000002	2023/07/04 0:00:...	S-002	7	8400	
3	23000003	2023/07/05 0:00:...	S-002	10	34200	
4	23000004	2023/07/05 0:00:...	S-002	8	25600	
5	23000005	2023/07/05 0:00:...	S-001	2	5600	
6	23000006	2023/07/06 0:00:...	S-002	7	23940	

[販売額] f_x =[数量]*RELATED('M_商品'[売価])

半角の「=」に続けて
式を記述する

◆DAX関数

関数名に続けて、「()」でくくった中に
引数を記述する

=[数量]*RELATED('M_商品'[売価])

このとき、別のテーブルにある [数量] 列と [売価] 列の値を正しく結び付けるためにリレーションシップの情報が使用されます。作成された列の各行には計算結果が常に表示されます。すべての行に値が保持されるのでデータモデルのサイズも増大し、集計時の動作速度に影響する可能性があります。また、列として機能するため、ピボットテーブルのフィールドセクションにも他の列と同じように追加され、集計に利用できます。

一方、**メジャーはテーブル内に保持される数式です。**主にピボットテーブル内で値を求めるために使用され、計算列よりも多様な計算が行えます。ピボットテーブルで集計する時だけ計算結果を求めるのでデータモデルのサイズを増大させません。また、計算列とは異なり行ラベルや列ラベルとして使用することはできません。

■ メジャーで使用する

◆計算領域

計算領域のセルを選択し、数式を入力する

[販売額]　▼　　*fx* 販売額計:=SUM('T_売上データ'[販売額])

	販売日	担当者コード	顧客コード		販売額	列c
1	2023/07/04 0:00:....	S-001	C-005	4	5120	
2	2023/07/04 0:00:....	S-002	C-001	7	8400	
3	2023/07/05 0:00:....	S-002	C-002	10	34200	
4	2023/07/05 0:00:....	S-002	C-002	8	25600	
5	2023/07/05 0:00:....	S-001	C-005	2	5600	
6	2023/07/06 0:00:....	S-002	C-001	7	23940	
7	2023/07/06 0:00:....	S-003	C-006	6	9600	
8	2023/07/06 0:00:....	S-002	C-003	5	5500	
9	2023/07/08 0:00:....	S-002	C-001	1	2500	
10	2023/07/09 0:00:....	S-001	C-005	1	1280	
11	2023/07/09 0:00:....	S-001	C-006	10	12000	
12	2023/07/10 0:00:....	S-001	C-005	1	3200	
13	2023/07/11 0:00:....	S-002	C-001	8	23920	
14	2023/07/12 0:00:....	S-001	C-004	8	22400	
15	2023/07/12 0:00:....	S-001	C-005	6	6600	

販売額計: 1509300

「:」の前にメジャー名を記述する　　◆DAX関数

販売額計:=SUM('T_売上データ' [販売額])

作成したメジャーはフィールドリストに表示される。
メジャーにはリスト名の前に「fx」と表示される

*fx*販売額計

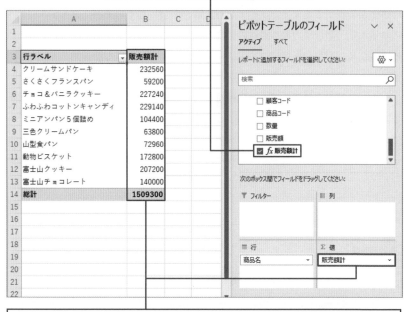

メジャーを[値]ボックスにドラッグすると、ピボットテーブルの値フィールドに集計結果が表示される

DAXを使った数式にテーブルや列を参照するには

　DAXを使った数式ではテーブルや列を計算の対象として指定する際、テーブル名は「'」（シングルクォーテーション）、列名は「 [] 」（角かっこ）で囲みます。計算列やメジャーを作成しているテーブル内の列を参照する際は、テーブル名を省略できますが、別のテーブルにある列を参照する際はテーブル名を列名の前に表記しなければなりません。また、メジャーはデータモデル内のどのテーブルに作成しても計算結果に影響はありませんが、テーブル名を省略した数式を作成している場合、別のテーブルにそのメジャーを移動するとエラーになるので注意しましょう。

=[数量]*RELATED('M_商品'[売価])

「'」で囲まれているのがテーブル名　　　　　「[]」で囲まれているのが列名

DAX関数とワークシート関数の違い

　Excelのワークシート関数とDAX関数の最も大きな違いは、計算対象です。ワークシート関数ではシート上のセルを参照して計算を行いますが、**DAX関数はデータモデル内のテーブルや列を参照して計算を行います。**また使用目的も異なり、ワークシート関数はシート上のセルに結果を返しますが、DAX関数はピボットテーブル等の動的な環境で集計結果を求めるために使用されます。そのため「SUM関数」のように同じ名称の関数であっても、ワークシート関数とDAX関数では記述の仕方も、求められる結果も異なります。ワークシート関数はその計算対象も計算結果も同一シート上に持つことができるため比較的理解しやすいですが、全体を一覧することが難しいデータモデルを計算対象として、集計結果を別の場所に返すDAX関数は難しく感じられるかもしれません。DAXを扱う際は、データモデルの概要と、ピボットテーブルでどんな集計結果が欲しいのかをイメージしながら操作をすることで理解が深まります。

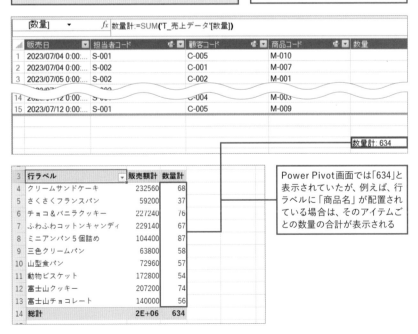

数量計:=SUM('T_売上データ'[数量])
意味 [T_売上データ]テーブルの[数量]を合計する

SUM関数の場合、データモデル内のテーブルの列を引数に指定する

Power Pivot画面では「634」と表示されていたが、例えば、行ラベルに「商品名」が配置されている場合は、そのアイテムごとの数量の合計が表示される

[数量]	▼	f_x 数量計:=SUM('T_売上データ'[数量])

	販売日	担当者コード	顧客コード	商品コード	数量
1	2023/07/04 0:00:...	S-001	C-005	M-010	
2	2023/07/04 0:00:...	S-002	C-001	M-007	
3	2023/07/05 0:00:...	S-002	C-002	M-001	
14	2023/07/12 0:00:...	S-002	C-004	M-003	
15	2023/07/12 0:00:...	S-001	C-005	M-009	

数量計: 634

3	行ラベル	販売額計	数量計
4	クリームサンドケーキ	232560	68
5	さくさくフランスパン	59200	37
6	チョコ＆バニラクッキー	227240	76
7	ふわふわコットンキャンディ	229140	67
8	ミニアンパン5個詰め	104400	87
9	三色クリームパン	63800	58
10	山型食パン	72960	57
11	動物ビスケット	172800	54
12	富士山クッキー	207200	74
13	富士山チョコレート	140000	56
14	総計	2E+06	634

今ある列を基に新たな列を作成する「計算列」

DAXによる計算には2つの使い方があることを学びました。LESSON09ではそのうちの一つである計算列の作成について練習用ファイルを操作しながら学びます。同じテーブル内の列同士でシンプルな計算をしながら、操作のポイントを確認しましょう。

練習用ファイル L009_売上集計用.xlsx

01 売価から原価を引いて利益を求める列を作成する

このLESSONでは、[M_商品]テーブルをさらに充実させるために、各商品の[粗利]を求める列を作成します。粗利は[売価]から[原価]を引くことで求められるので、計算列に式を入力していきましょう。また、作成された列がピボットテーブルで使用できることも確認しましょう。

◆[M_商品]テーブル

売価から原価を引いた結果が表示される

	商品コード	商品分類	商品名	売価	原価	粗利
1	M-001	菓子	ふわふわコットンキ...	3420	1850	1570
2	M-002	菓子	動物ビスケット	3200	1660	1540
3	M-003	菓子	富士山クッキー	2800	1250	1550
4	M-004	菓子	クリームサンドケーキ	3420	1700	1720
5	M-005	菓子	富士山チョコレート	2500	1200	1300
6	M-006	菓子	チョコ＆バニラクッキー	2990	1500	1490
7	M-007	パン	ミニアンパン5個詰め	1200	790	410
8	M-008	パン	さくさくフランスパン	1600	1050	550

[粗利] ▼ f_x =[売価]-[原価]

=[売価]-[原価]
意味 [売価]から[原価]を引く

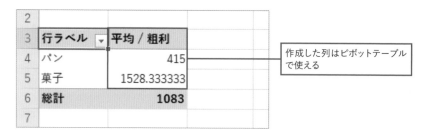

	行ラベル ▼	平均 / 粗利
2		
3		
4	パン	415
5	菓子	1528.333333
6	総計	1083
7		

作成した列はピボットテーブルで使える

02 同じテーブル内の列を参照しながら計算する

　まずPower Pivot画面で計算列を追加するためのテーブルを開きます。[列の追加]をダブルクリックして新たな列の名前を付けられますが、同一テーブル上にある列と同じ名前は付けられません。また、列名を確定するために [Enter] キーを押した後、データモデルを変更する操作が行われます。パソコンのスペックによっては画面がチラつくことがありますが、操作できるようになるまで少し待ってください。数式バーの「＝」の後ろに「[」を入力するとオートコンプリート機能が働きます。上下の [↑][↓] キーで選択し、[Tab] キーで確定できます。ミスを避けるためにもオートコンプリートは積極的に使用しましょう。四則演算はワークシートと同様に演算子を入力することで行えます。数式入力の最後に [Enter] キーで確定して、計算結果が列の値としてすべての行に表示されたことを確認しましょう。

Power Pivot画面を表示しておく

1 [M_商品] テーブルを表示し、[列の追加]をダブルクリック

2 「粗利」と入力し、[Enter] キーを押す

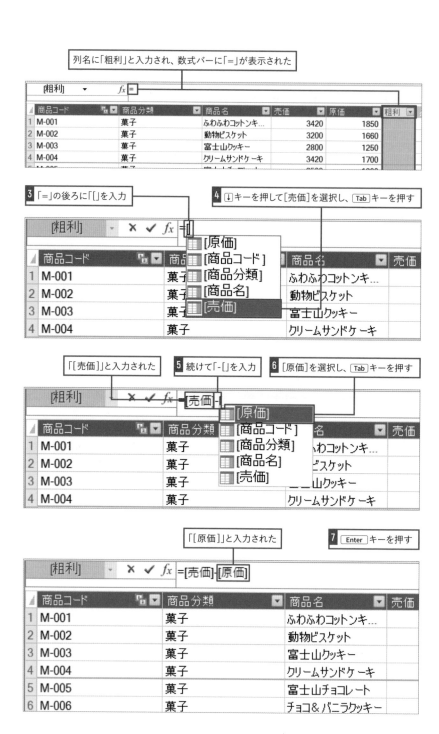

列名に「粗利」と入力され、数式バーに「=」が表示された

| 粗利 ▼ | *fx* = |

	商品コード 🖳▼	商品分類 ▼	商品名 ▼	売価 ▼	原価 ▼	粗利 ▼
1	M-001	菓子	ふわふわコットンキ...	3420	1850	
2	M-002	菓子	動物ビスケット	3200	1660	
3	M-003	菓子	富士山クッキー	2800	1250	
4	M-004	菓子	クリームサンドケーキ	3420	1700	

3 「=」の後ろに「[」を入力

4 ↓キーを押して[売価]を選択し、Tabキーを押す

| 粗利 ▼ | × ✓ *fx* =[|

| [原価] |
| [商品コード] |
| [商品分類] |
| [商品名] |
| [売価] |

	商品コード 🖳▼	商品分		商品名 ▼	売価
1	M-001	菓子		ふわふわコットンキ...	
2	M-002	菓子		動物ビスケット	
3	M-003	菓子		富士山クッキー	
4	M-004	菓子		クリームサンドケーキ	

「[売価]」と入力された

5 続けて「-[」を入力

6 [原価]を選択し、Tabキーを押す

| 粗利 ▼ | × ✓ *fx* [売価]- |

| [原価] |
| [商品コード] |
| [商品分類] |
| [商品名] |
| [売価] |

	商品コード 🖳▼	商品分類		名 ▼	売価
1	M-001	菓子		わコットンキ...	
2	M-002	菓子		ビスケット	
3	M-003	菓子		山クッキー	
4	M-004	菓子		クリームサンドケーキ	

「[原価]」と入力された

7 Enterキーを押す

| 粗利 ▼ | × ✓ *fx* =[売価]-[原価] |

	商品コード 🖳▼	商品分類 ▼	商品名 ▼	売価
1	M-001	菓子	ふわふわコットンキ...	
2	M-002	菓子	動物ビスケット	
3	M-003	菓子	富士山クッキー	
4	M-004	菓子	クリームサンドケーキ	
5	M-005	菓子	富士山チョコレート	
6	M-006	菓子	チョコ＆バニラクッキー	

					粗利			=[売価]-[原価]

	商品コード		商品分類		商品名		売価	原価	粗利
1	M-001		菓子		ふわふわコットンキ…		3420	1850	1570
2	M-002		菓子		動物ビスケット		3200	1660	1540
3	M-003		菓子		富士山クッキー		2800	1250	1550
4	M-004		菓子		クリームサンドケーキ		3420	1700	1720
5	M-005		菓子		富士山チョコレート		2500	1200	1300

他の列を選択すると、追加された列は列名の背景が黒く表示される

	売価	原価	粗利	列の追加
コットンキ…	3420	1850	1570	
ケット	3200	1660	1540	
ッキー	2800	1250	1550	
ンドケーキ	3420	1700	1720	
ョコレート	2500	1200	1300	

追加した列が不要になったら削除できる

　計算列として作成した列に限らず、テーブル内の不要な列は列名を右ク
リックすることで簡単に削除できます。大量のデータを扱う場合、データ
モデルのサイズが増大するのはできるだけ避けたほうが良いため、集計に
不要な列は削除しましょう。ただし、ピボットテーブルで直接使用しなく
ても、他の計算列やメジャーで使用されている列を削除してしまうとエラー
になるので注意してください。

列を右クリックし、[列の削除]をクリックすると列が削除される

	商品名	売価	原価	粗利	列の追加
	ふわふわコットンキ…	3420	1850		リレーションシップの作成(T)...
	動物ビスケット	3200	1660		関連テーブルに移動(N)
	富士山クッキー	2800	1250		コピー(C)
	クリームサンドケーキ	3420	1700		列の挿入(I)
	富士山チョコレート	2500	1200		列の削除(D)
	チョコ＆バニラクッキー	2990	1500		列名の変更(R)
	ミニアンパン5個詰め	1200	790		列の固定(Z)

03 | 作成した列をフィールドとして利用する

　作成した計算列がピボットテーブルでフィールドとして利用できることを確認します。フィールドセクションでは、元からある列と同じように［粗利］フィールドが表示されており、［値］ボックスにドラッグすることで集計が行われます。集計方法の切り替えも他の列と同様に行えます。また［商品分類］フィールドを［行ラベル］として利用することでアイテムごとの集計結果も表示します。

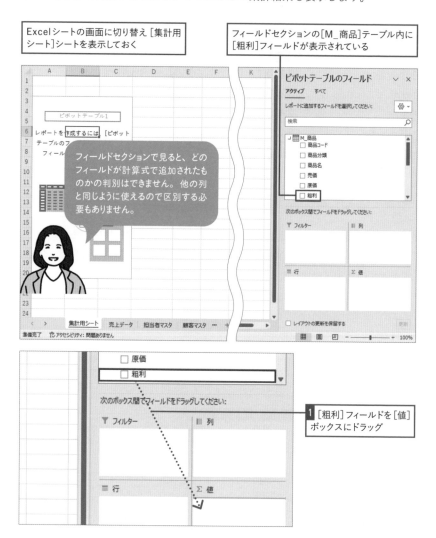

Excelシートの画面に切り替え［集計用シート］シートを表示しておく

フィールドセクションの［M_商品］テーブル内に［粗利］フィールドが表示されている

フィールドセクションで見ると、どのフィールドが計算式で追加されたものかの判別はできません。他の列と同じように使えるので区別する必要もありません。

1 ［粗利］フィールドを［値］ボックスにドラッグ

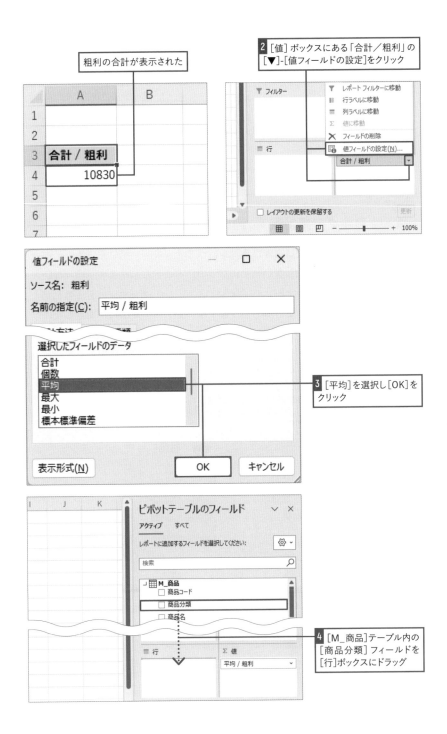

粗利の合計が表示された

2 [値]ボックスにある「合計／粗利」の[▼]-[値フィールドの設定]をクリック

3 [平均]を選択し[OK]をクリック

4 [M_商品]テーブル内の[商品分類]フィールドを[行]ボックスにドラッグ

2			
3	**行ラベル** ▼	**平均 / 粗利**	
4	パン	415	
5	菓子	1528.333333	
6	**総計**	**1083**	
7			

商品分類ごとの粗利の平均が求められた

オートカルクで集計結果が正しいか確認してみる

　ピボットテーブルでは複雑な集計を行うことが多く、特に平均を求めるような場合には、意図しない結果になっていることもあります。慣れないうちはオートカルクを使用して検算を行いましょう。Excelシート上のテーブルのデータを利用する方法もありますが、今回の例であれば集計したのはマスタテーブルなので、[商品] フィールドを [行] ラベルに追加することで、各商品の粗利がそのまま表示されます。それを範囲選択し、ステータスバーで平均の値を確認しましょう。

[M_商品]テーブル内にある[商品名]フィールドを
[行]ボックスの[商品分類]の下にドラッグしておく

1 セル B5 ～ B8 を選択

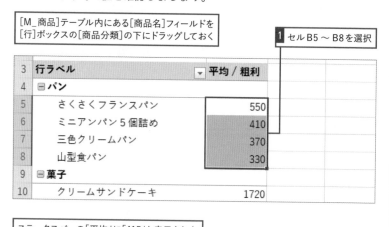

	行ラベル	▼ 平均 / 粗利	
3			
4	⊟ **パン**		
5	さくさくフランスパン	550	
6	ミニアンパン 5 個詰め	410	
7	三色クリームパン	370	
8	山型食パン	330	
9	⊟ **菓子**		
10	クリームサンドケーキ	1720	

ステータスバーの「平均」に「415」と表示された

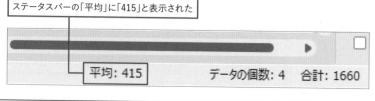

平均: 415　　　　データの個数: 4　合計: 1660

LESSON 10

計算列の中で他のテーブルにある列を参照する

LESSON10では他のテーブルにある列を参照しながら計算列を作成します。リレーションシップが設定されているからこそできる計算方法であることを理解していきましょう。また、最もよく使われるDAX関数の一つ、RELATED関数の使い方を学びます。

練習用ファイル L010_売上集計用.xlsx

01 | 商品マスタにある「売価」を参照して販売額を求める

　この練習用ファイルの [T_売上データ] テーブルと [M_商品] テーブルには、それぞれの[商品コード]列をキーとしてリレーションシップが設定されています。ピボットテーブルで売上金額を集計するには、[T_売上データ] テーブルに [販売額] 列が必要です。[数量] 列に [M_商品] テーブルの [売価] 列の値を参照して掛ける計算列を作成しましょう。

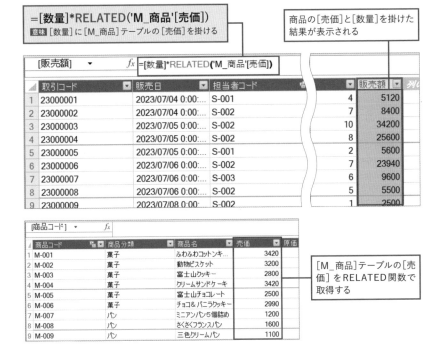

=[数量]*RELATED('M_商品'[売価])
意味 [数量]に[M_商品]テーブルの[売価]を掛ける

商品の[売価]と[数量]を掛けた結果が表示される

[M_商品]テーブルの[売価]をRELATED関数で取得する

基本編　第2章　計算が劇的に効率化！　DAXの基本を知る

別のテーブルにある列を参照する「RELATED関数」

[販売額] 列は、トランザクションテーブルである [T_売上データ] テーブルに作成する必要があります。**主キーを持つ [M_商品] テーブルに作成することはできないので注意してください。**数式バーで式を入力する際、「[」を入力すると同じテーブルにある列だけが表示されます。他のテーブルの列を指定するために「'」を入力してみても ['M_商品' [売価]] は参照されません。**DAX を使った数式の中では原則として他のテーブルの値を参照する場合には RELATED 関数を使用する必要がある**からです。慣れないうちはオートコンプリートを参考に、使用したい列名が表示されない場合には RELATED 関数を入力してみましょう。なお、一部の関数の引数では他のテーブルの列などを参照することが前提になっており、RELATED 関数を使わなくて記述できます。

Power Pivot画面で[T_売上データ]テーブルを表示しておく

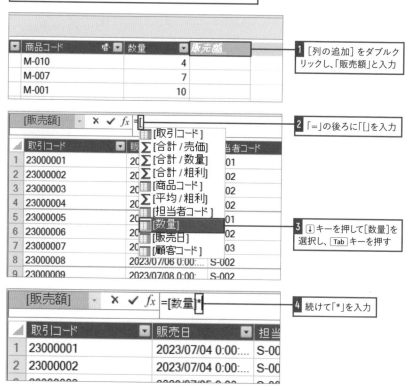

1 [列の追加] をダブルクリックし、「販売額」と入力

2 「=」の後ろに「[」を入力

3 ↓キーを押して[数量]を選択し、Tab キーを押す

4 続けて「*」を入力

5 続けて「re」を入力

6 [RELATED]を選択し、Tab キーを押す

[販売額] ✕ ✓ fx =[数量]re

	取引コード	販売日		顧客コ
1	23000001	2023/07/		C-005
2	23000002	2023/07/		C-001
3	23000003	2023/07/		C-002
4	23000004	2023/07/		C-002
5	23000005	2023/07/		C-005
6	23000006	2023/07/		C-001
7	23000007	2023/07/		C-006
8	23000008	2023/07/	別のテーブルから関連	
9	23000009	2023/07/08 0:00:	S-002	C-001

fx CURRENCY
fx DEGREES
fx IGNORE
fx ISCROSSFILTERED
fx ISFILTERED
fx PATHITEMREVERSE
fx PREVIOUSDAY
fx PREVIOUSMONTH
fx PREVIOUSQUARTER
fx PREVIOUSYEAR
fx RELATED

7 ['M_商品'[売価]]を選択しTab キーを押す

8 「)」を入力し、Enter キーを押す

[販売額] ✕ ✓ fx =[数量]*RELATED(
RELATED(ColumnName)

	取引コード	販売日		コ
1	23000001	2023/07/04 0:00:...		05
2	23000002	2023/07/04 0:00:...		01
3	23000003	2023/07/05 0:00:...		02
4	23000004	2023/07/05 0:00:...		02
5	23000005	2023/07/05 0:00:...		05

'M_商品'[原価]
'M_商品'[商品コード]
'M_商品'[商品分類]
'M_商品'[商品名]
'M_商品'[売価]
'M_商品'[粗利]
'M_担当者'[担当者コード]

[売価]と[数量]を掛けた結果が表示された

[販売額] fx =[数量]*RELATED('M_商品'[売価])

	取引コード	販売日	担当者コード		販売額
1	23000001	2023/07/04 0:00:...	S-001	4	5120
2	23000002	2023/07/04 0:00:...	S-002	7	8400
3	23000		S-002	10	34200
4	23000		S-002	8	25600
5	23000		S-001	2	5600
6	23000		S-002	7	23940
7	230000		S-003	6	9600
8	008	2023/07/06 0:00:...	S-002	5	5500
9	09	2023/07/08 0:00:...	S-002	1	2500
10	10	2023/07/09 0:00:...	S-001	1	1280
		2023/07/09 0:00:...	S-001	10	12000

各行に求められた結果が間違っていたり、エラーになったりする場合は、参照している列名に誤りが無いか確認し、数式バーで修正しましょう。

03 作成した［販売額］列を集計する

作成された［販売額］列の各行には、それぞれの行の［数量］列の値と、別のテーブルにある［売価］列のキーを基に参照した値とを掛け合わせた結果が表示されました。ピボットテーブルでは、この各行の値を基に集計を行っています。2つのテーブルのリレーションシップと、計算列で求められた各行の値、そしてピボットテーブルで集計された結果、それぞれの関係性を意識しておくことでパワーピボットとDAXへの理解が深まります。

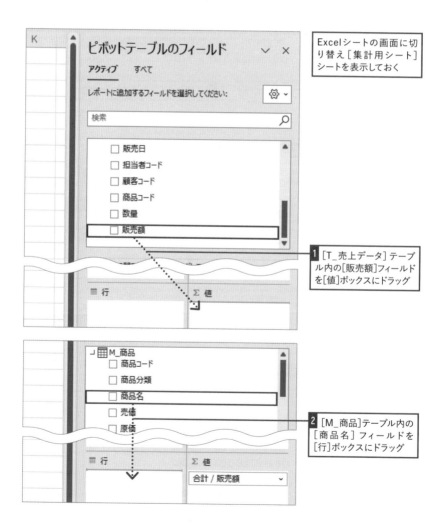

Excelシートの画面に切り替え［集計用シート］シートを表示しておく

1 ［T_売上データ］テーブル内の［販売額］フィールドを［値］ボックスにドラッグ

2 ［M_商品］テーブル内の［商品名］フィールドを［行］ボックスにドラッグ

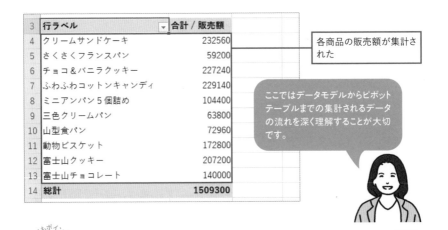

3	行ラベル	▼	合計 / 販売額
4	クリームサンドケーキ		232560
5	さくさくフランスパン		59200
6	チョコ＆バニラクッキー		227240
7	ふわふわコットンキャンディ		229140
8	ミニアンパン5個詰め		104400
9	三色クリームパン		63800
10	山型食パン		72960
11	動物ビスケット		172800
12	富士山クッキー		207200
13	富士山チョコレート		140000
14	総計		1509300

各商品の販売額が集計された

ここではデータモデルからピボットテーブルまでの集計されるデータの流れを深く理解することが大切です。

RELATED関数で［売価］列を作成することもできる

このLESSONでは［T_売上データ］列に直接［販売額］を求める列を作成しましたが、一度［売価］列を作成し、同じテーブル同士の［数量］列と掛け合わせる形で［販売額］列を作成することもできます。［売価］列を作成するためにはRELATED関数を直接数式として利用します。計算過程が一覧できるのでDAXに慣れない人にも分かりやすいですが、データサイズが大きくなることには留意しましょう。

```
=RELATED('M_商品'[売価])
```
意味 ［M_商品］テーブルの［売価］を取得する

［売価］ ▼　　　fx =RELATED('M_商品'[売価])

	取引コード	▼	販売日	▼	担当者コ▼		販売額	▼	売価 ▼
1	23000001		2023/07/04 0:00:...		S-001	4	5120		1280
2	23000002		2023/07/04 0:00:...		S-002	7	8400		1200
3	23000003		2023/07/05 0:00:...		S-002	0	34200		3420
4	23000004		2023/07/05 0:00:...		S-002	8	25600		3200
5	23000005		2023/07/05 0:00:...		S-001	2	5600		2800
6	23000006		2023/07/06 0:00:...		S-002	7	23940		3420
7	23000007		2023/07/06 0:00:...		S-003	6	9600		1600
8	23000008		2023/07/06 0:00:...		S-002	5	5500		1100
9	23000009		2023/07/08 0:00:...		S-002	1	2500		2500
10	23000010		2023/07/09 0:00:...		S-001	1	1280		1280
11	23000011		2023/07/09 0:00:...		S-001	0	12000		1200
12	23000012		2023/07/10 0:00:...		S-001	1	3200		3200

11

簡単なメジャーを
作成してみよう

DAXを活用するための2つ目の方法「メジャー」は、大量のデータで複雑な集計を瞬時に行える便利なツールです。しかし、いきなり複雑な集計をしようとすると理解するのが難しいかもしれません。まずシンプルなメジャーを作成し、扱い方や操作方法を学びましょう。

練習用ファイル L011_売上集計用.xlsx

01 メジャーを理解してピボットテーブルをもっと活用しよう

メジャーはデータモデルのテーブルに追加できる数式で、「メジャー名:=数式」の形式で記述します。ピボットテーブルが次々に集計の形を変えられるのは、メジャーがその計算を担っているからです。**メジャーは数式の中のフィルターや、ピボットテーブルのラベル、スライサー等から与えられた条件により、その結果を変えられます。**例えば[販売額]列を合計するためのメジャーが1つあれば、行ラベルや列ラベルに置くフィールドによって、結果を変えることができます。このLESSONでは[販売額]列や[数量]列の合計を求めるメジャーを作成しながら、メジャーの操作を学びます。

数量計:=SUM('T_売上データ'[数量])
意味 [T_売上データ]テーブルの[数量]を合計する

顧客コード	商品コード	数量	販売額	列
C-005	M-010	4	5120	
C-001	M-007	7	8400	
C-002	M-001	10	34200	
C-002	M-002	8	25600	
C-005	M-003	2	5600	
C-001	M-004	7	23940	
	M-0			

数量計: 634　販売額計: 1509300

販売額計:=SUM('T_売上データ'[販売額])
意味 [T_売上データ]テーブルの[販売額]を合計する

自動的に作られるメジャーを表示してみよう

　ピボットテーブルで集計を行うと、実はユーザーの目に見えないところでメジャーが自動的に作成されています。Power Pivot画面の[暗黙のメジャーの表示]をオンにすると計算領域に見えなかったメジャーが表示されます。練習用ファイルでは[販売額]列を[値]ボックスにドラッグして自動的に合計が行われたため、[合計／販売額]というメジャーが作成されています。このメジャー名は[値]ボックスに表示されるものと同じです。列を広げるか、メジャーが表示されたセルを選択して数式バーを見ると、メジャーの全体を確認できます。

Power Pivot画面で[T_売上データ]テーブルを表示しておく

◆計算領域

計算領域が表示されていない場合は
[計算領域]をクリックする

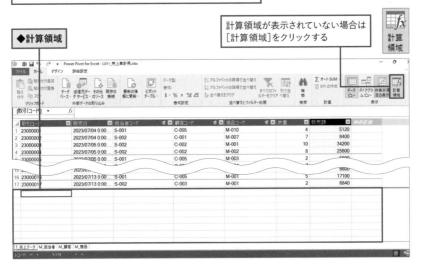

1 [詳細設定]タブ-[暗黙のメジャー]をクリック

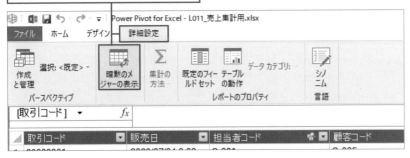

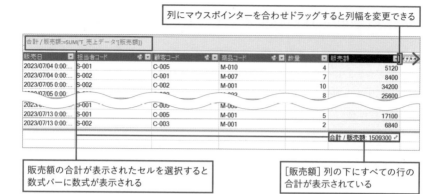

列にマウスポインターを合わせドラッグすると列幅を変更できる

合計／販売額:=SUM('T_売上データ'[販売額])

販売日	担当者コード	顧客コード	商品コード	数量	販売額
2023/07/04 0:00:...	S-001	C-005	M-010	4	5120
2023/07/04 0:00:...	S-002	C-001	M-007	7	8400
2023/07/05 0:00:...	S-002	C-002	M-001	10	34200
2023/07/05 0:00:...				8	25600
2023/...	S-001	C-00...	M-0...		
2023/07/13 0:00:...	S-001	C-005	M-001	5	17100
2023/07/13 0:00:...	S-002	C-003	M-001	2	6840
					合計／販売額: 1509300

販売額の合計が表示されたセルを選択すると数式バーに数式が表示される

[販売額] 列の下にすべての行の合計が表示されている

03 オートSUMボタンを使ってメジャーを作成する

　同じ結果を求めるメジャーを自分でも作ってみましょう。Power Pivot画面にも [オート SUM] ボタンがあり、合計や平均、最大値などを求めるメジャーを簡単に作成できます。メジャーは原則として計算領域であればどのテーブルのどのセルに作成しても良いのですが、**[オート SUM] ボタンを使う場合には計算対象となる列の下のセルを選択する必要があります**。メジャー名はその列名や値に応じて自動的に付与されます。ユーザーが作成したメジャーは、ピボットテーブルのフィールドセクションで [fx] の記号がメジャー名の前に表示されます。

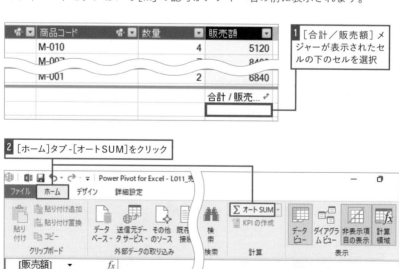

商品コード	数量	販売額
M-010	4	5120
M-00?	?	84??
M-001	2	6840
		合計／販売...

1 [合計／販売額] メジャーが表示されたセルの下のセルを選択

2 [ホーム]タブ‐[オートSUM]をクリック

Power Pivot for Excel - L011_売...

ファイル　ホーム　デザイン　詳細設定

貼り付け｜貼り付け追加｜貼り付け置換｜コピー｜クリップボード

データベース｜送信元データサービスのソース｜その他のソース｜既存接続｜外部データの取り込み

検索｜検索

Σ オート SUM｜KPI の作成｜計算

データビュー｜ダイアグラムビュー｜非表示項目の表示｜計算領域｜表示

fx

[販売額]　▼　fx

09	6	6600
01	5	17100
01	2	6840
		合計 / 販売額: 1509300
		販売額 の合計: 1509300

[販売額の合計] メジャーが作成された

[販売額] ▼	fx	販売額 の合計:=SUM([販売額])

	取引コード	販売日	担当者コード
1	23000001	2023/07/04 0:00:...	S-001
2	23000002	2023/07/04 0:00:...	S-002
3	23000003	2023/07/05 0:00:...	S-002
4	23000004	2023/07/05 0:00:...	S-002

セルを選択すると数式バーに数式が表示される

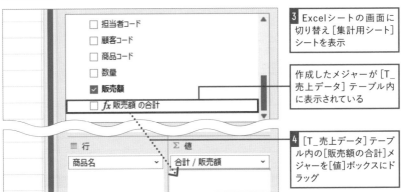

□ 担当者コード
□ 顧客コード
□ 商品コード
□ 数量
☑ 販売額
□ fx 販売額 の合計

≡ 行
商品名 ▼

Σ 値
合計 / 販売額 ▼

3 Excelシートの画面に切り替え [集計用シート] シートを表示

作成したメジャーが [T_売上データ] テーブル内に表示されている

4 [T_売上データ] テーブル内の [販売額の合計] メジャーを [値] ボックスにドラッグ

ピボットテーブルに集計列 [販売額の合計] が追加され、[合計／販売額] と同じ結果が表示されている

3	行ラベル	▼	合計 / 販売額	販売額 の合計	
4	クリームサンドケーキ		232560	232560	
5	さくさくフランスパン		59200	59200	
6	チョコ＆バニラクッキー		227240	227240	
7	ふわふわコットンキャンディ		229140	229140	
8	ミニアンパン5個詰め		104400	104400	
9	三色クリームパン		63800	63800	
10	山型食パン		72960	72960	
11	動物ビスケット		172800	172800	
12	富士山クッキー		207200	207200	
13	富士山チョコレート		140000	140000	
14	総計		1509300	1509300	

04 合計を求めるメジャーを手入力で作成してみよう

シンプルなメジャーを作成する時によく使われるのが、計算領域に手入力する方法です。セルを選択し数式バーを使って入力します。メジャーは分かりやすい名前にする必要がありますが、同じデータモデル内の他の列やメジャーと同じ名前は付けられません。また、メジャー名の後ろの「:=」も半角でなければエラーになるので注意しましょう。

Power Pivot画面で[T_売上データ]テーブルを表示しておく

	6	6600
	5	17100
	2	6840
		合計 / 販売額: 1509300 ↗
		販売額の合計: 1509300

1 [計算領域] の [販売額の合計] メジャーの下のセルを選択

2 数式バーに「販売額計：=SUM(」と入力

3 ↓キーを押して ['T_売上データ'[販売額]] を選択し、Tab キーを押す

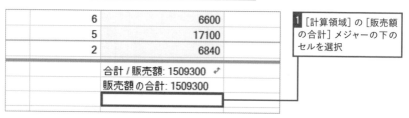

[販売額] ▼ × ✓ ƒx 販売額計:=SUM(
　　　　　　　　　　　　SUM(ColumnName)

▲	取引コード ▼	販売日 ▼
1	23000001	2023/07/04 0:00:...
2	22	...0:00:
3		...0:00:
4		...0:00:
5		...0:00:
6		...0:00:
7	23000007	2023/07/0? 0:00:
8	...08	2023/07/06 0:00:...
9		2023/07/08 0:00:...

> オートコンプリートに表示されるリストが長くて目的の項目を見つけにくい時は、何文字か入力すると絞り込めます。

- 📋 'T_売上データ'[取引コード]
- 📋 'T_売上データ'[商品コード]
- 📋 'T_売上データ'[担当者コード]
- 📋 'T_売上データ'[数量]
- 📋 'T_売上データ'[販売日]
- 📋 'T_売上データ'[販売額]
- 📋 'T_売上データ'[顧客コード]
- 📋 [取引コード]
- 📋 [商品コード]
- 📋 [担当者コード]
- 📋 [数量]

4 「)」を入力し、Enter キーを押す

[販売額] ▼ × ✓ ƒx 販売額計:=SUM('T_売上データ'[販売額])

▲	販売日 ▼	担当者コード 🔢▼	顧客コード 🔢▼	商品コード
1	2023/07/04 0:00:...	S-001	C-005	M-010
2	2023/07/04 0:00:...	S-002	C-001	M-007
3	2023/07/05 0:00:...	S-002	C-002	M-001
4	2023/07/05 0:00:...	S-002	C-002	M-002

新たに[販売額計]メジャーが作成された

	M-006	8	23920
	M-003	8	22400
	M-009	6	6600
	M-001	5	17100
	M-001	2	6840

合計 / 販売額: 1509300
販売額 の合計: 1509300
販売額計: 1509300

5 Excelシートの画面に切り替え[集計用シート]シートを表示

作成した[販売額計]メジャーを[値]ボックスにドラッグすると、ピボットテーブルに[販売額計]列が追加される

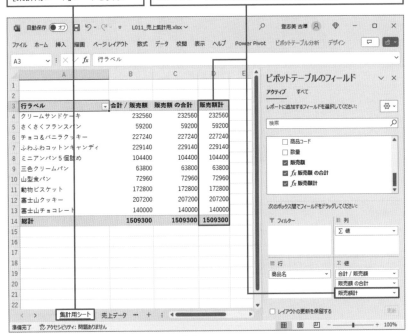

自動的に作られたものも、自分で作ったものも同じ数式ならメジャーが求める結果は同じです。ピボットテーブルがどのように集計結果を求めているかを理解して次に進みましょう。

メジャーを編集・コピー・削除してみよう

　作成したメジャーが不要になった場合や、修正したい時には削除・編集できます。また、作成済みのメジャーに似たメジャーを作成する場合には、既存のメジャーをコピーして利用することもできます。いずれの場合にも、ピボットテーブルで該当のメジャーを利用している場合や、他のメジャーで参照している場合には、集計結果に影響を及ぼす可能性があるので注意しましょう。

■ メジャーを削除する

Power Pivot画面で[T_売上データ]テーブルを表示しておく

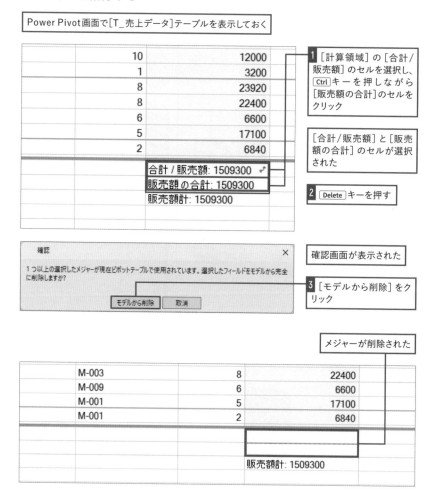

1 [計算領域] の [合計／販売額] のセルを選択し、Ctrl キーを押しながら [販売額の合計] のセルをクリック

[合計／販売額] と [販売額の合計] のセルが選択された

2 Delete キーを押す

確認画面が表示された

3 [モデルから削除] をクリック

メジャーが削除された

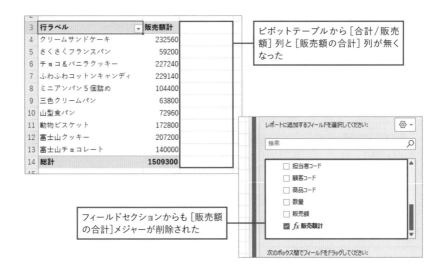

ピボットテーブルから［合計／販売額］列と［販売額の合計］列が無くなった

フィールドセクションからも［販売額の合計］メジャーが削除された

■ メジャーをコピーする

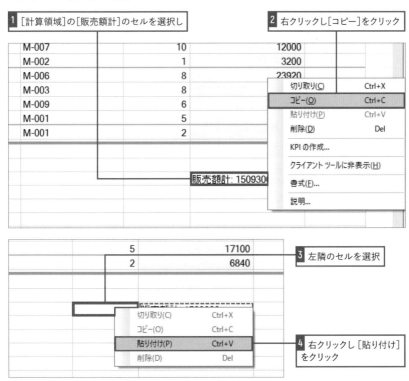

1 ［計算領域］の［販売額計］のセルを選択し

2 右クリックし［コピー］をクリック

3 左隣のセルを選択

4 右クリックし［貼り付け］をクリック

コピーしたメジャーが貼り付けられた

		2	6840
	販売額計 の...	販売額計: 1509300	

[数量] ▼	fx	販売額計 のコピー:=SUM('T_売上データ'[販売額])

	取引コード	販売日	担当者コード		顧客コード
1	23000001	2023/07/04 0:00:...	S-001		C-005
2	23000002	2023/07/04 0:00:...	S-002		C-001
3	23000003	2023/07/05 0:00:...	S-002		C-002
4	23000004	2023/07/05 0:00:...	S-002		C-002

■ メジャーを編集する

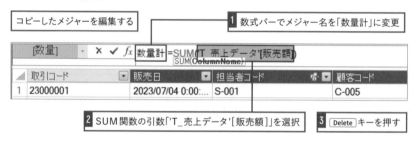

コピーしたメジャーを編集する

1 数式バーでメジャー名を「数量計」に変更

[数量] ▼	✕ ✓ fx	数量計:=SUM('T_売上データ'[販売額])
		SUM(ColumnName)

	取引コード	販売日	担当者コード		顧客コード
1	23000001	2023/07/04 0:00:...	S-001		C-005

2 SUM関数の引数「'T_売上データ'[販売額]」を選択 　**3** Delete キーを押す

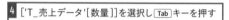

4 ['T_売上データ'[数量]]を選択し Tab キーを押す

[数量] ▼	✕ ✓ fx	数量計:=SUM()
		SUM(ColumnName)

	取引コード	販売日			コード
1	23000001	2023/07/04 0:00	'M_顧客'[顧客名]		5
2	23000002	2023/07/04 0:00	'T_売上データ'[取引コード]		1
3	23000003	2023/07/05 0:00	'T_売上データ'[商品コード]		2
4	23000004	2023/07/05 0:00	'T_売上データ'[担当者コード]		2
5	23000005	2023/07/05 0:00	'T_売上データ'[数量]		
6	23000006	2023/07/06 0:00	'T_売上データ'[販売日]		
7	23000007	2023/07/06 0:00	'T_売上データ'[販売額]		6
			'T_売上データ'[顧客コード]		
			[取引コード]		

5 Enter キーを押す 　　[数量計]メジャーが作成された

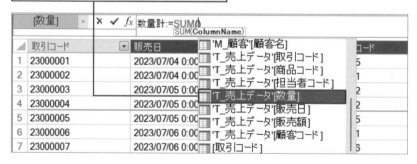

[数量] ▼	✕ ✓ fx	数量計:=SUM('T_売上データ'[数量])
		SUM(ColumnName)

	取引コード	販売日	担当者コード		顧客コード
1	23000001	2023/07/04 0:00:...	S-001		C-005
2	23000002	2023/07/04 0:00:...	S-002		C-001

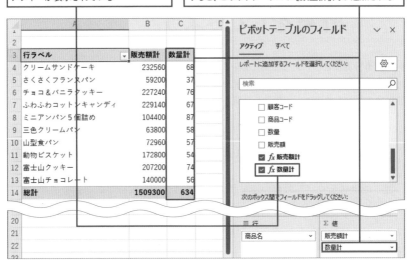

フィールドセクションに作成した[数量計]メジャーが表示されている

作成した[数量計]メジャーを[値]ボックスにドラッグすると、ピボットテーブルに[数量計]列が追加される

行ラベル	販売額計	数量計
クリームサンドケーキ	232560	68
さくさくフランスパン	59200	37
チョコ＆バニラクッキー	227240	76
ふわふわコットンキャンディ	229140	67
ミニアンパン5個詰め	104400	87
三色クリームパン	63800	58
山型食パン	72960	57
動物ビスケット	172800	54
富士山クッキー	207200	74
富士山チョコレート	140000	56
総計	1509300	634

💡 メジャーを作成、管理するその他の方法

ここまではPower Pivot画面でのメジャーの作成や管理の仕方を紹介しましたが、Excelシートの画面からもメジャーを管理できます。[メジャーの管理]ダイアログボックスを開くと、そのブックのデータモデルに含まれるすべてのメジャーを一覧できます。またメジャーの編集や、新規に作成することもできます。ダイアログボックスを使ってメジャーを作成する方法はLESSON13で詳しく説明します。

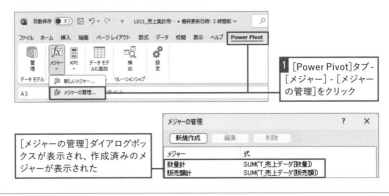

1 [Power Pivot]タブ - [メジャー] - [メジャーの管理]をクリック

[メジャーの管理]ダイアログボックスが表示され、作成済みのメジャーが表示された

メジャー	式
数量計	SUM('T_売上データ'[数量])
販売額計	SUM('T_売上データ'[販売額])

メジャーならではの
計算をしてみよう

列同士の計算など、これまでもExcelワークシート上の計算とは一味違った計算を学んできましたが、LESSON12ではさらに一歩進んだ計算を学びます。ピボットテーブルで合計することを前提に、列同士の計算を行うSUMX関数を使用します。

練習用ファイル L012_売上集計用.xlsx

01 列同士の計算結果を集計できるSUMX関数

　ここでは各テーブルの列の値を基に販売額の合計を求めていきますが、これまでと異なるのは途中に計算列を使わないことです。これにより余計な列を作成することなく集計結果を求められるようになります。SUMX関数を使って[販売額]列を使わずに、[T_売上データ]テーブルの[数量]列と[M_商品]テーブルの[売価]列を掛けた値を合計するメジャーを作成してみましょう。リレーションシップがどう設定されていたか、データモデルを意識しながら操作してください。

販売額集計:=SUMX('T_売上データ','T_売上データ'[数量]
　　　*RELATED('M_商品'[売価]))

意味 [T売上データ]テーブルの[数量]と[M_商品]テーブルの[売価]を掛け、その合計を表示する

---

fx 販売額集計:=SUMX('T_売上データ','T_売上データ'[数量]*RELATED('M_商品'[売価]))

販売日	担当者コード	顧客コード	商品コード
2023/07/04 0:00:...	S-001	C-005	M-010
2023/07/04 0:00:...	S-002	C-001	M-007
2023/07/05 0:00:...	S-002	C-002	M-001
2023/07/05 0:00:...	S-002	C-002	M-002
2023/07/05 0:00:...	S-001	C-005	M-003
2023/07/06 0:00:...	S-002	C-001	M-004
~~2 0:0~~			~~M-0~~
2023/07/13 0:00:...	S-001	C-005	M-001
2023/07/13 0:00:...	S-002	C-003	M-001
	販売額集計: 1509300		

商品の売上の合計が表示される

02 | 販売額を集計するためのメジャーを作成する

　最初にこれまで作成してきたメジャーや、不要な列を削除します。これで途中まで計算した結果を使うことはできなくなりました。新しく作成するメジャー[販売額集計]は、[T_売上データ]テーブルの計算領域の中であればどこに作成しても構いません。オートコンプリートを積極的に使って、ミスのない入力を心掛けましょう。また、これまで同じテーブル内の列を参照する時はテーブル名を省略することもありましたが、**テーブル名がある方が分かりやすいため、できるかぎりテーブル名も含めて参照しましょう**。SUMX関数の1つ目の引数はテーブル、2つ目の引数は式を指定します。1つ目の引数には[T_売上データ]をルール通り「'」で囲み、2つ目の引数にはLESSON10で作成したものと同じ式を入力しましょう。SUMX関数の詳細はLESSON20で説明するので、ここでは手順通りに作成することを優先してください。

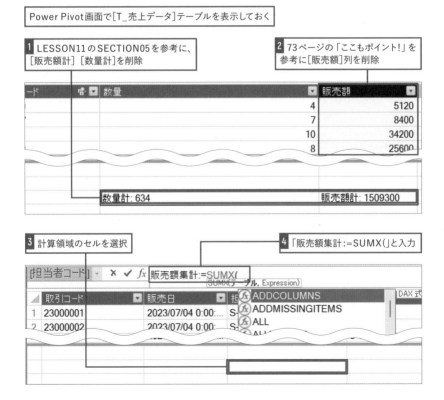

Power Pivot画面で[T_売上データ]テーブルを表示しておく

1 LESSON11のSECTION05を参考に、[販売額計][数量計]を削除

2 73ページの「ここもポイント!」を参考に[販売額]列を削除

ード	数量		販売額	
		4		5120
		7		8400
		10		34200
		8		25600

数量計: 634　　　　　　　　　　　　　販売額計: 1509300

3 計算領域のセルを選択

4 「販売額集計:=SUMX(」と入力

[担当者コード] ▾　✕ ✓ fx 販売額集計:=SUMX(
SUMX(テーブル, Expression)

取引コード	販売日	担
1	23000001	2023/07/04 0:00:...	S
2	23000002	2023/07/04 0:00:...	S

ADDCOLUMNS
ADDMISSINGITEMS
ALL

DAX式

5 続けて「t」と入力

6 ['T_売上データ']を選択し、Tabキーを押す

[担当者コード] ▼ × ✓ *fx* 販売額集計:=SUMX('t|
 　　　　　　　　　　　　SUMX(テーブル, Expression)

	取引コード		販売日		担
1	23000001		2023/07/04 0:00:...	S-	
2	23000002		2023/07/04 0:00:...	S-	
3	23000003		2023/07/05 0:00:...	S-	
4	23000004		2023/07/05 0:00:...	S-	
5	23000005		2023/07/05 0:00:...	S-	
6	23000006		2023/07/06 0:00:...	S-002	C-001
7	23000007		2023/07/06 0:00:...	S-003	C-006
8	23000008		2023/07/06 0:00:...	S-002	C-003

'T_売上データ'
'T_売上データ'[取引コード]
'T_売上データ'[商品コード]
'T_売上データ'[担当者コード]
'T_売上データ'[数量]
'T_売上データ'[販売日]
'T_売上データ'[顧客コード]

7 「,」を入力して引数を区切り、続けて「t」と入力

8 ['T_売上データ'[数量]]を選択しTabキーを押す

× ✓ *fx* 販売額集計:=SUMX('T_売上データ','t|
 　　　　　　　　　　　SUMX(テーブル, **Expression**)

販売日	担当者コード		商品コード
2023/07/04 0:00:...	S-001		M-010
2023/07/04 0:00:...	S-002		M-007
2023/07/05 0:00:...	S-002		M-001
2023/07/05 0:00:...	S-002		M-002
2023/07/05 0:00:...	S-001		M-003
2023/07/06 0:00:...	S-002	C-001	M-004
2023/07/06 0:00:...	S-003	C-006	M-008

'T_売上データ'
'T_売上データ'[取引コード]
'T_売上データ'[商品コード]
'T_売上データ'[担当者コード]
'T_売上データ'[数量]
'T_売上データ'[販売日]
'T_売上データ'[顧客コード]

9 「*re」と入力

fx 販売額集計:=SUMX('T_売上データ' 'T_売上データ'[数量]*re|
 　　　　　　　　　SUMX(テーブル, Expression)

販売日	担当者コード		顧客コード
2023/07/04 0:00:...	S-001		C-005
2023/07/04 0:00:...	S-002		C-001
2023/07/05 0:00:...	S-002		C-002
2023/07/05 0:00:...	S-002		C-002
2023/07/05 0:00:...	S-001		C-005
2023/07/06 0:00:...	S-002		C-001
2023/07/06 0:00:...	S-003		C-006
2023/07/06 0:00:...	S-002		C-003
2023/07/08 0:00:...	S-002		C-001
2023/07/09 0:00:...	S-001		C-005	M-010

fx CURRENCY
fx DEGREES
fx IGNORE
fx ISCROSSFILTERED
fx ISFILTERED
fx PATHITEMREVERSE
fx PREVIOUSDAY
fx PREVIOUSMONTH
fx PREVIOUSQUARTER
fx PREVIOUSYEAR
fx RELATED

10 [RELATED]を選択しTabキーを押す

11 [`'M_商品'[売価]`]を選択し Tab キーを押す

```
販売額集計:=SUMX('T_売上データ', 'T_売上データ'[数量]*RELATED(
                                              RELATED(ColumnName)
```

販売日	担当者コード	顧客コード	
2023/07/04 0:00:...	S-001	C-005	'M_商品'[原価]
2023/07/04 0:00:...	S-002	C-001	'M_商品'[商品コード]
2023/07/05 0:00:...	S-002	C-002	'M_商品'[商品分類]
2023/07/05 0:00:...	S-002	C-002	'M_商品'[商品名]
2023/07/05 0:00:...	S-001	C-005	'M_商品'[売価]
2023/07/06 0:00:...	S-002	C-001	'M_商品'[粗利]
2023/07/06 0:00:...	S-003	C-006	'M_担当者'[担当者コード]
2023/07/06 0:00:...	S-002	C-003	'M_担当者'[担当者名]
2023/07/08 0:00:...	S-002	C-001	'M_顧客'[顧客コード]
2023/07/09 0:00:...	S-001	C-005	'M_顧客'[顧客分類]
			'M_顧客'[顧客名]
			M-010

12 「))」を入力して Enter キーを押す

fx 販売額集計:=SUMX('T_売上データ','T_売上データ'[数量]*RELATED('M_商品'[売価]))

販売日	担当者コード	顧客コード	商品コード
2023/07/04 0:00:...	S-001	C-005	M-010
2023/07/04 0:00:...	S-002	C-001	M-007
2023/07/05 0:00:...	S-002	C-002	M-001
2023/07/05 0:00:...	S-002	C-002	M-002
2023/07/05 0:00:...	S-001	C-005	M-003
2023/07/06 0:00:...	S-002	C-001	M-004
2023/07/06 0:00:...	S-003	C-006	M-008
2023/07/06 0:00:...	S-002	C-003	M-009
2023/07/08 0:00:...	S-002	C-001	M-005

計算領域に「販売額集計：1509300」と表示された

15	23000015	2023/07/12 0:00:...	S-001		C-005
16	23000016	2023/07/13 0:00:...	S-001		C-005
17	23000017	2023/07/13 0:00:...	S-002		C-003
			販売額集計: 1509300		

長い数式を作成する時は、関数とその引数の意味と役割を1つずつ考えながら入力しましょう。エラーになった時も落ち着いて修正箇所を探せるようになります。

03 ピボットテーブルで集計結果を確認しよう

作成したメジャーをピボットテーブルで集計に利用してみましょう。これまで作成してきた計算列やメジャーと同じように集計されたことが分かります。計算途中の列を作成せずに集計結果を求めることができました。

Excelシートの画面に切り替え [集計用シート]シートを表示しておく

フィールドセクションに作成した [販売額集計] メジャーが表示されている

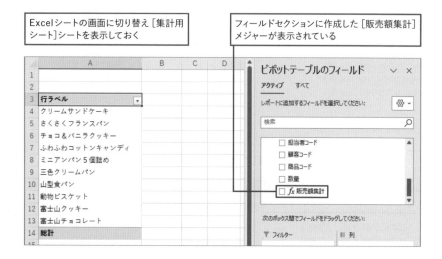

作成した[販売額集計]メジャーを[値]ボックスにドラッグすると、ピボットテーブルに[販売額集計]列が追加される

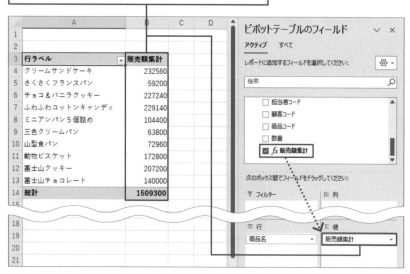

メジャーで集計結果を求めるメリット

　メジャーを上手に使えば、計算経過となる列を作成せずに済むため、データモデルのサイズが増えません。数万行にも及ぶ大量のデータを扱う際には、列が1つ増えるごとにその行の数の分、データが追加されるのでその効果は絶大です。メジャーを使って集計された値は、[値] ボックスにある [販売額集計] をクリックして [値フィールドの設定] ダイアログボックスを開いても [集計方法] を変更することができません。なぜならSUM関数やSUMX関数を使って、この集計方法は「合計」だ、ということが明示されているからです。LESSON09では平均を求めるために集計方法を変更しましたが、メジャーを使って平均を求めていれば、この変更操作を都度行う必要は無くなります。その他、LESSON13で紹介するように、他のメジャーの中にメジャーを参照できるのも大きなメリットの一つです。

メジャーの修正箇所を早く見つけるには

　作成したメジャーがエラーになると、気持ちばかりが焦ってしまいなかなか修正箇所を見つけられない場合があります。よく出るエラーメッセージにはいくつかのパターンがありますので、その見方を覚えておきましょう。

エラーメッセージ	原因
メジャーの式は等号で始める必要があります。	最初のイコールを入力し忘れている、あるいは全角で入力している場合に表示される
式が有効でないか、不完全である可能性があります。式を確認して訂正してください。入力の最後に到達しました。	数式の最後の閉じカッコ「)」を入力し忘れている可能性が高い
式が有効でないか、不完全である可能性があります。式を確認して訂正してください。解析中に次の構文エラーが発生しました: 無効なトークン、行 4、オフセット 1、)。	末尾にある「行4」「オフセット1」というのは、記述した式の4行目の1文字目を表し、それが誤りである可能性が高いと伝えている
式が有効でないか、不完全である可能性があります。式を確認して訂正してください。'(関数名など)' の構文が正しくありません。（以下、作成した式すべてを引用）	このエラーメッセージが表示された場合には、記述している数式の中で赤い波線や直線が引かれているところを中心にミスを探す。これはメジャーダイアログボックスを使っている場合、Power Pivot画面の数式バーで編集している場合、いずれも有効

作成したメジャーを
数式に使ってみよう

作成したメジャーは他のメジャーの中で参照することができます。これにより複雑な計算も分かりやすく管理することができます。LESSON13では［メジャー］ダイアログボックスを使用してメジャーを参照したメジャーを作成する方法を学びます。

練習用ファイル L013_売上集計用.xlsx

01 商品ごとの利益額を求めるメジャーを作成する

　練習用ファイルには、すでに［売上合計］［原価合計］という2つのメジャーが作成されています。［売上合計］メジャーを確認すると以下のような式になっており、［原価合計］メジャーもこれに準じています。このLESSONではすでに作成されているこれらのメジャーを利用して「利益額」を求める新たなメジャー［利益合計］を作成します。

売上合計:=SUMX('T_売上データ','T_売上データ'[数量]
　　　　　　*RELATED('M_商品'[売価]))

意味 ［T売上データ］テーブルの［数量］と［M_商品］テーブルの［売価］を掛け、その合計を表示する

	[数量] ▼		fx 売上合計:=SUMX('T_売上データ','T_売上データ'[数量]*RELATED('M_商品'[売価]))		
◢	取引コード ▼	販売日 ▼	数量 ▼	列の追加	
1	22001001	2203/01/04 0:00:00	7		
2	22001002	2203/01/05 0:00:00	10		
3	22001003	2203/01/05 0:00:00	8		
4	22001004	2203/01/05 0:00:00	2		
5	22001005	2203/01/06 0:00:00	7		
	001006	01/06 0:00			
19	22001019	2203/01/16 0:00:00	5		
20	22001020	2203/01/17 0:00:00	4		

利益合計: 683530	売上合計: 1436340
利益率: 0.4758831474...	原価合計: 752810

T_売上データ | M_担当者 | M_顧客 | M_商品 |

レコード: |◀ ◀　　1/104　　▶ ▶|

利益合計:='T_売上データ'[売上合計]-'T_売上データ'[原価合計]

意味 ［T_売上］テーブルの［売上合計］メジャーから［原価合計］メジャーを引く

02 ダイアログボックスでメジャーを作成する

これまでは Power Pivot 画面でメジャーを作成してきましたが、ここでは Excel シートの画面から [メジャー] ダイアログボックスを使ってメジャーを作成します。次の手順以外に、フィールドセクションのテーブル名を右クリックし[メジャーの追加] から表示することもできます。よく使われる操作なので覚えておきましょう。オートコンプリートでは、メジャーは [Σ] のマークが付いて表示され、見つけやすくなっています。

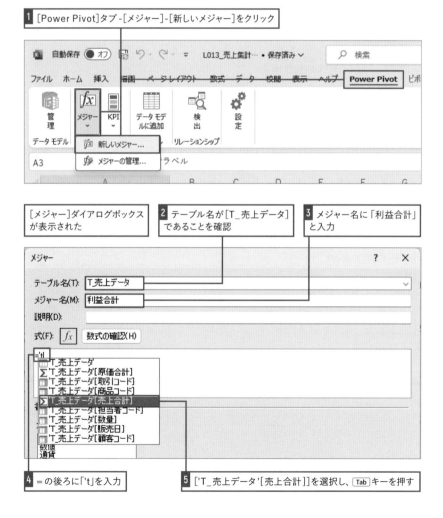

1 [Power Pivot]タブ-[メジャー]-[新しいメジャー]をクリック

[メジャー]ダイアログボックスが表示された

2 テーブル名が[T_売上データ]であることを確認

3 メジャー名に「利益合計」と入力

4 =の後ろに「t」を入力

5 ['T_売上データ'[売上合計]]を選択し、[Tab]キーを押す

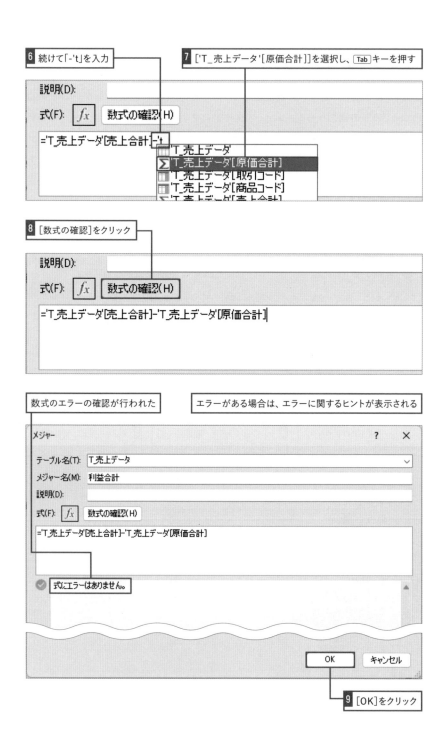

6 続けて「-'t」を入力

7 ['T_売上データ'[原価合計]]を選択し、[Tab]キーを押す

説明(D):

式(F): f_x 数式の確認(H)

='T_売上データ'[売上合計]-'t

- 'T_売上データ'
- Σ 'T_売上データ'[原価合計]
- 'T_売上データ'[取引コード]
- 'T_売上データ'[商品コード]
- 'T_売上データ'[売上合計]

8 [数式の確認]をクリック

説明(D):

式(F): f_x 数式の確認(H)

='T_売上データ'[売上合計]-'T_売上データ'[原価合計]

数式のエラーの確認が行われた

エラーがある場合は、エラーに関するヒントが表示される

メジャー ? ×

テーブル名(T): T_売上データ

メジャー名(M): 利益合計

説明(D):

式(F): f_x 数式の確認(H)

='T_売上データ'[売上合計]-'T_売上データ'[原価合計]

✓ 式にエラーはありません。

OK キャンセル

9 [OK]をクリック

作成した［利益合計］メジャーが
［値］ボックスに追加された

ピボットテーブルに［利益合計］列が
追加される

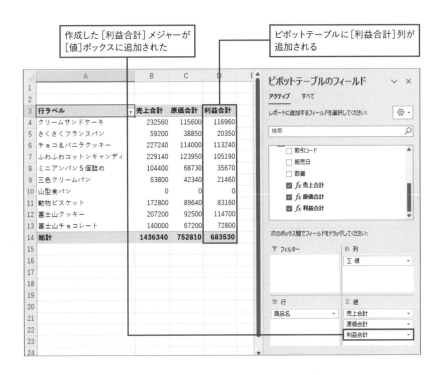

行ラベル	売上合計	原価合計	利益合計
クリームサンドケーキ	232560	115600	116960
さくさくフランスパン	59200	38850	20350
チョコ＆バニラクッキー	227240	114000	113240
ふわふわコットンキャンディ	229140	123950	105190
ミニアンパン5個詰め	104400	68730	35670
三色クリームパン	63800	42340	21460
山型食パン	0	0	0
動物ビスケット	172800	89640	83160
富士山クッキー	207200	92500	114700
富士山チョコレート	140000	67200	72800
総計	1436340	752810	683530

エラーが出た時は、まず半角／全角を
正しく使い分けているか確認しましょう。
メジャーを使い始めたばかりの人の場
合、エラーの原因として最も多いもの
の一つです。

ここもポイント！

💡 エラーが無いか確認しながら編集しよう

　ダイアログボックスを使ってメジャーを作成することのメリットの一つ
に、［数式の確認］ボタンが使えることがあります。Power Pivot画面でメ
ジャーを作成すると、数式が正しいかどうかは入力を確定するまで分かり
ませんが、［メジャー］ダイアログボックスでは［数式の確認］ボタンをク
リックして確認きます。また、エラーの場合にはヒントも表示されるので、
ミスを見つけやすくなります。

分かりやすい記述でメジャーを管理しよう

　メジャーの活用が深まってくると、式自体が長くなることも増えてきます。その場合は行を分けて記述しましょう。一行で記述してしまうと、エラーの原因も見つけにくく、後から見直す際にも管理しづらくなります。例えば、本LESSONで作成したメジャーを、既存のメジャー［売上合計］［原価合計］を使用せず、1つのメジャーとして記述する場合には表記が長くなるので、下図のように改行することで分かりやすくなります。また、コメント機能も利用できます。「//」を行の先頭に入力することでその行自体は式の中で意味を持たなくなり、見直し時などに式を理解しやすくするためのメモとして役立ちます。

■元の数式

```
=SUMX('T_売上データ','T_売上データ'[数量]*RELATED('M_商品'[売価]))-
SUMX('T_売上データ','T_売上データ'[数量]*RELATED('M_商品'[原価]))
```

■改行を入れた場合

```
= SUMX(
   'T_売上データ'
   ,'T_売上データ'[数量] * RELATED('M_商品'[売価])
 )
- SUMX(
   'T_売上データ'
   ,'T_売上データ'[数量] * RELATED('M_商品'[原価])
 )
```

■コメントを入れた場合

```
=
// 売上金額の合計を計算
SUMX(
   'T_売上データ'
   ,'T_売上データ'[数量] * RELATED('M_商品'[売価])
)
// 原価の合計を引く
- SUMX(
   'T_売上データ'
   ,'T_売上データ'[数量] * RELATED('M_商品'[原価])
)
```

第 3 章

効率的な操作と
ミスの防止に役立つ機能

データモデルを基にピボットテーブルを作成できる
ことは便利な反面、扱うフィールドが増加したり、
集計結果も大量になったりと、見たいものを見つけ
ることが難しくなることもあります。効率良く、ミス
無くデータを扱うためのポイントを学びましょう。

クエリをデータモデルに追加するには

日々更新される販売データは、販売管理システムからCSVで出力されることが多いものです。Excelブックにある顧客情報とCSVにある販売データを基に集計する場面を想定し、CSVファイルをクエリで取得することからデータが更新された時の操作までを学びます。

練習用ファイル L014_データモデル作成用.xlsx／L014_販売データ.csv

01 随時更新されるCSVファイルをテーブルとして利用

練習用ファイル「L014_データモデル作成用.xlsx」には顧客リストがあり、データモデルに [M_顧客] テーブルとして追加されています。「L014_販売データ.csv」は242件の行を持つ販売データで日々更新されるデータだと考えてください。コピー＆ペーストなどの面倒な操作をしなくても、**クエリを作成することでデータモデルに「L014_販売データ.csv」のデータをテーブルとして取り込むことができます。** テーブルには [T_販売データ] と名前を付け、[顧客コード] をキーとして [M_顧客] テーブルとリレーションシップの設定をします。顧客ごとの販売額を求めるピボットテーブルを作成し、**クエリでデータを接続しておけば、元データが更新された場合にもピボットテーブルを更新するだけで最新の情報に反映できる**ことを確認しましょう。

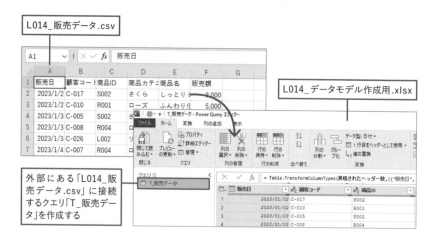

L014_販売データ.csv

L014_データモデル作成用.xlsx

外部にある「L014_販売データ.csv」に接続するクエリ「T_販売データ」を作成する

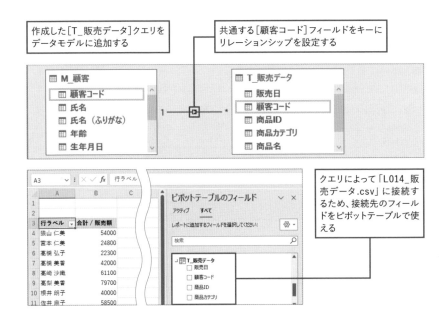

作成した[T_販売データ]クエリを
データモデルに追加する

共通する[顧客コード]フィールドをキーに
リレーションシップを設定する

クエリによって「L014_販
売データ.csv」に接続す
るため、接続先のフィール
ドをピボットテーブルで使
える

02 パワークエリでデータを取得する

　CSVファイルをExcelブックに読み込むために、パワークエリを使用します。
データモデルに追加するために、最後の操作7で表示される[データのインポート]
ダイアログボックスで[このデータをデータモデルに追加する]に必ずチェック
を付けましょう。Power Queryエディターにはデータの整形に関する多様な機能
が備わっています。このLESSONではテーブル名の変更のみを行いますが、販
売管理システムなどから出力されたデータを、必要に応じてデータモデルとして
扱いやすいテーブルに整えることができます。

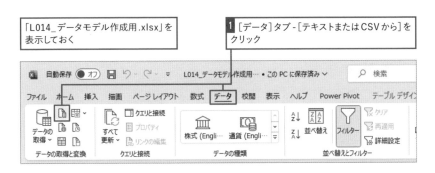

「L014_データモデル作成用.xlsx」を
表示しておく

1 [データ]タブ-[テキストまたはCSVから]を
クリック

「L014_販売データ.csv」の
データを取得する

2 [第3章] フォルダーの [L014_販売
データ.csv]を選択

3 [インポート]をクリック

取り込むデータがプレビューされた

4 [データの変換]をクリック

Power Query エディターが起動した

5 [名前]の欄を「T_販売データ」に
変更して Enter キーを押す

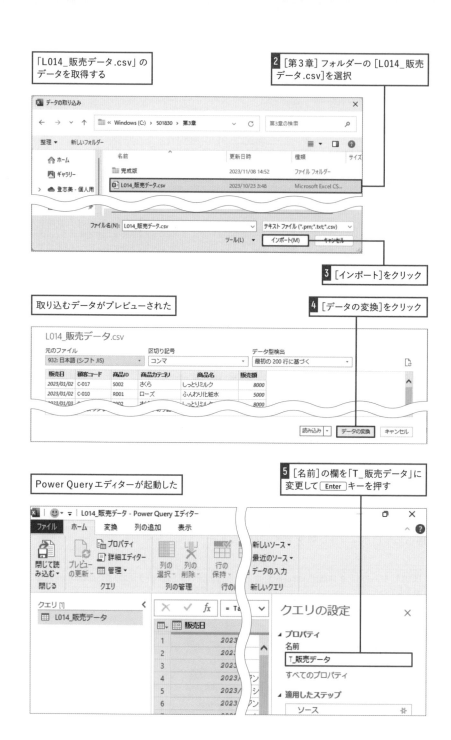

106

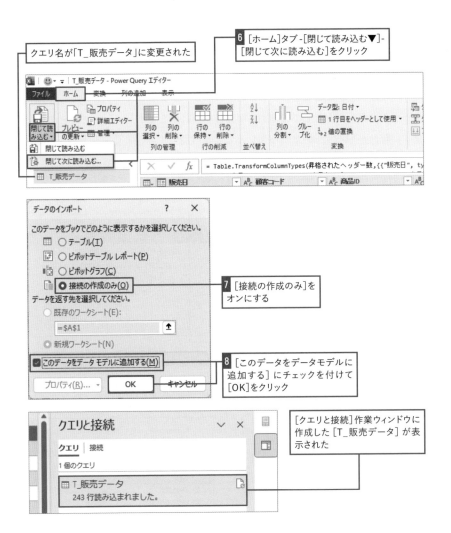

クエリ名が「T_販売データ」に変更された

6 [ホーム]タブ-[閉じて読み込む▼]-
[閉じて次に読み込む]をクリック

7 [接続の作成のみ]を
オンにする

8 [このデータをデータモデルに
追加する]にチェックを付けて
[OK]をクリック

[クエリと接続]作業ウィンドウに
作成した[T_販売データ]が表
示された

ここもポイント

💡 [このデータをデータモデルに追加する]のチェックを忘れたら

　もし忘れて読み込んでしまった場合には、表示される[クエリと接続]
作業ウィンドウの[T_販売データ]を右クリックし、[読み込み先]をクリッ
クすることで再度[データのインポート]ダイアログボックスを表示でき
ます。[クエリと接続]作業ウィンドウが表示されない場合には、[データ]
タブの[クエリと接続]ボタンで表示しましょう。

03 クエリで取得したテーブルをピボットテーブルで利用する

　Power Pivot画面を開き、クエリを使って [T_販売データ] テーブルをデータモデルに追加できたことを確認しましょう。リレーションシップを設定し、データモデルを元データとして顧客別の販売額を集計するピボットテーブルを作成します。総計が「1414200」となっていることを確認しておきましょう。

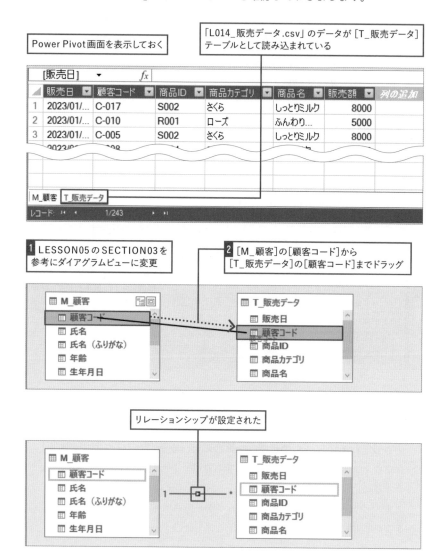

Power Pivot画面を表示しておく

「L014_販売データ.csv」のデータが [T_販売データ] テーブルとして読み込まれている

	販売日	顧客コード	商品ID	商品カテゴリ	商品名	販売額	列の追加
1	2023/01/...	C-017	S002	さくら	しっとりミルク	8000	
2	2023/01/...	C-010	R001	ローズ	ふんわり...	5000	
3	2023/01/...	C-005	S002	さくら	しっとりミルク	8000	

M_顧客　T_販売データ

レコード： 1/243

1 LESSON05のSECTION03を参考にダイアグラムビューに変更

2 [M_顧客]の[顧客コード]から[T_販売データ]の[顧客コード]までドラッグ

M_顧客
- 顧客コード
- 氏名
- 氏名（ふりがな）
- 年齢
- 生年月日

T_販売データ
- 販売日
- 顧客コード
- 商品ID
- 商品カテゴリ
- 商品名

リレーションシップが設定された

M_顧客
- 顧客コード
- 氏名
- 氏名（ふりがな）
- 年齢
- 生年月日

T_販売データ
- 販売日
- 顧客コード
- 商品ID
- 商品カテゴリ
- 商品名

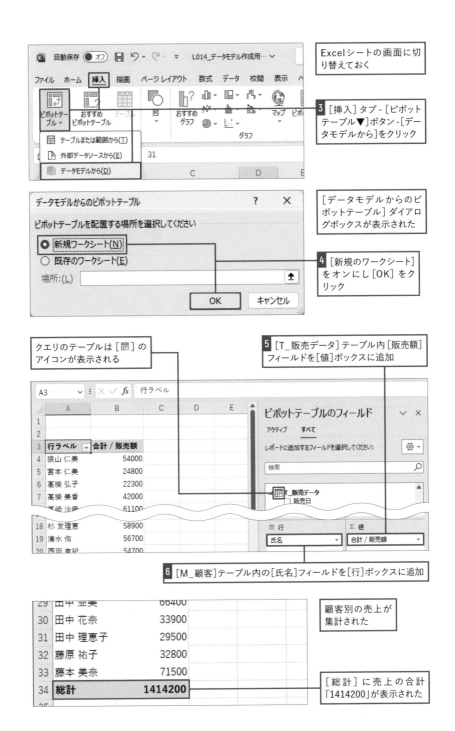

Excelシートの画面に切り替えておく

3 [挿入]タブ-[ピボットテーブル▼]ボタン-[データモデルから]をクリック

[データモデルからのピボットテーブル]ダイアログボックスが表示された

4 [新規のワークシート]をオンにし[OK]をクリック

クエリのテーブルは[🏛]のアイコンが表示される

5 [T_販売データ]テーブル内[販売額]フィールドを[値]ボックスに追加

6 [M_顧客]テーブル内の[氏名]フィールドを[行]ボックスに追加

顧客別の売上が集計された

[総計]に売上の合計「1414200」が表示された

04 クエリで接続した元データの変更を集計結果に反映する

　日々更新される販売データを想定した「L014_販売データ.csv」に、最終行をコピーして1行増やしてみましょう。CSVを上書き保存しただけでは、ピボットテーブルの集計結果は変わりません。**ピボットテーブル内のセルをアクティブにし、[更新]ボタンを使う**と、総計が「1426200」に変わります。ピボットテーブルは[更新]をすることで集計元データを反映させることはLESSON07でも学びましたが、クエリで取得しているデータも同様に[更新]すると最新のものが反映されます。

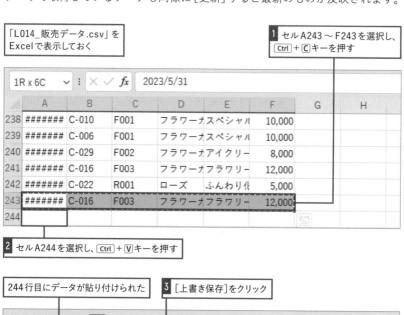

「L014_販売データ.csv」を
Excelで表示しておく

1 セルA243～F243を選択し、
Ctrl + C キーを押す

2 セルA244を選択し、Ctrl + V キーを押す

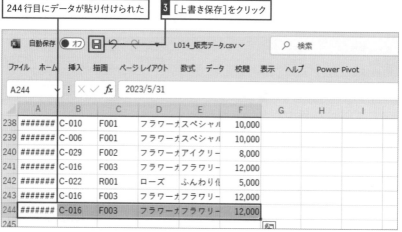

244行目にデータが貼り付けられた

3 [上書き保存]をクリック

「L014_データモデル作成用.xlsx」を表示しておく

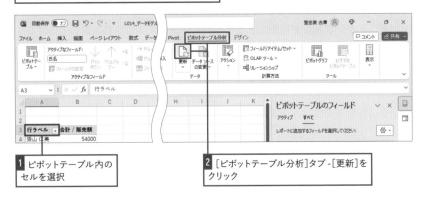

1 ピボットテーブル内の
セルを選択

2 [ピボットテーブル分析]タブ-[更新]を
クリック

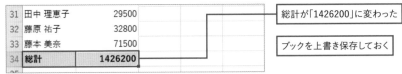

31	田中 理恵子	29500
32	藤原 祐子	32800
33	藤本 美奈	71500
34	総計	1426200

総計が「1426200」に変わった

ブックを上書き保存しておく

> **ここもポイント!**
>
> ### 「更新」ボタンは色々な場所にあるが……?
>
> Excel画面には[ピボットテーブル分析]タブの他、[データ]タブにも[更新]ボタンがありますが、どのボタンを使っても結果は変わりません。また、このLESSONのようにクエリでテーブルをデータモデルに追加している場合には、[クエリと接続]作業ウィンドウのクエリを選択して更新することも可能です。[更新]ボタンでは[すべて更新]と[更新]を使い分けられるようになっています。[すべて更新]はブック内のすべての接続を更新するのに対し、[更新]は今アクティブになっているテーブルのみを更新します。複数のピボットテーブルやピボットグラフがある場合には使い分けましょう。
>
>
>
> [▼]をクリックすると更新
> の種類を選べる

05 ファイルを開くたびに自動的に更新させる

ピボットテーブルの更新を忘れると、誤った情報を基に業務判断してしまうことにつながります。特に日々データが更新されるファイルを元データとして利用する場合、頻繁に更新しなければならないのはミスを誘発する要因にもなります。このため、ブックを開くたびに自動で更新されるように設定をしておくと良いでしょう。もちろん、ブックを開いたままでは更新されません。

1 [ピボットテーブル分析]タブ-[ピボットテーブル]-[オプション]をクリック

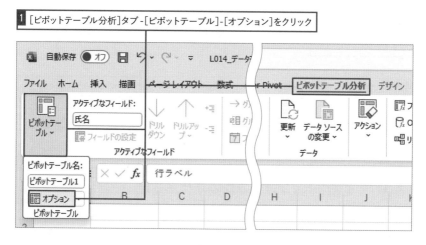

2 [データ]タブをクリック

3 [ファイルを開くときにデータを更新する] にチェックを付け、[OK]をクリック

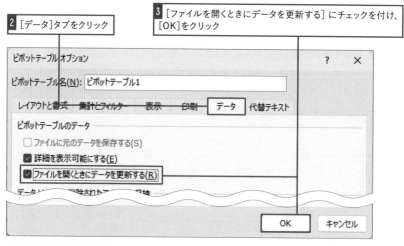

ブックを保存して閉じておく

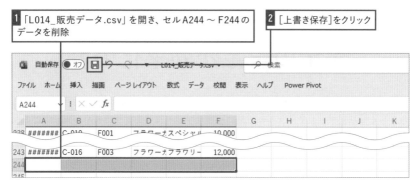

1 「L014_販売データ.csv」を開き、セルA244〜F244の データを削除

2 ［上書き保存］をクリック

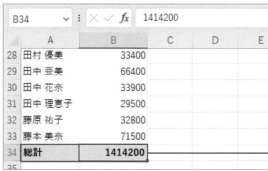

「L014_データモデル作成用.xlsx」を開くとデータが更新されるため、［総計］の値が「1414200」と表示される

［ピボットテーブルオプション］の設定対象は？

このLESSONで使った［ファイルを開くときにデータを更新する］などの設定は、［ピボットテーブルオプション］として設定されます。ダイアログボックスにある［ピボットテーブル名］という項目からも分かるように、［ピボットテーブルオプション］は作成されているピボットテーブルごとに設定されます。ブック内に複数のピボットテーブルを持つ場合には、それぞれに設定が必要なので注意してください。

設定を適用するピボットテーブルの名前が表示されている

複数のテーブルを扱う時は
表示の設定が効率化の肝！

パワーピボットでは複数のテーブルを基にデータモデルを構成するため、フィールドの数も多くなりピボットテーブル作成時に必要なフィールドを見つけるのが難しくなる場合があります。効率良く探すために画面表示を変える方法を紹介します。

練習用ファイル L015_売上集計.xlsx

01 表示を変更してフィールドを一覧で見やすくする

［ピボットテーブルのフィールド］作業ウィンドウは特によく使用するツールのため、使い勝手を良くすることで作業効率を高められます。中でもフィールドセクションを見やすくすることで、目的とするフィールドが見つけやすくなります。**作業ウィンドウの右上にある歯車の形をした［ツール］ボタンから、各セクションの見せ方を変えられます。**多くのテーブルやフィールドを持つデータモデルを使用する際は各セクションを左右に表示させてフィールドセクションを縦長に見せると良いでしょう。

［ツール］ボタンをクリックすると［フィールドセクション］や［エリアセクション］の表示位置を選択できる

［フィールドセクションを左、エリアセクションを右］をクリックすると
以下のようにフィールドが見やすい表示になる

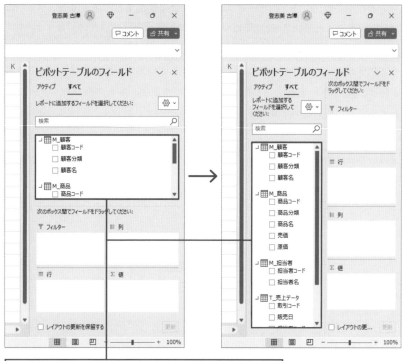

セクションが上下に配置される表示はフィールドが切れてしまうが、
左右に表示されるとフィールドが一覧できる

ここもポイント！ 作業ウィンドウはドラッグすると切り離せる

　作業ウィンドウはマウスポインターが白い十字の矢印になるウィンドウ
名の部分からドラッグをすることで、Excel画面から切り離せます。［閉じ
る］ボタンで閉じてしまうと、ピボットテーブルを選択しても作業ウィン
ドウが表示されなくなります。再度表示したい場合は［ピボットテーブル
分析］タブの［表示］グループにある［フィールドリスト］ボタンをクリッ
クしてオンにしてください。Excel画面の中に戻したい場合には、作業ウィ
ンドウのタイトルバーをドラッグし、Excelの画面右端にぶつけるように
することで元に戻せます。

02 データモデル内の不要なフィールドを非表示にする

　フィールドセクションのテーブル内に、集計に使用する可能性の低いフィールドが常時表示されていると、必要なフィールドを探す際に時間が掛かります。データモデルで非表示にできるのでPower Pivot画面で設定しましょう。ここではダイアグラムビューで非表示にする方法を紹介しています。複数のフィールドを選ぶ時は[Shift]キーを押すことで範囲選択ができます。多くの列を持つテーブルを扱う場合に便利なので覚えておきましょう。

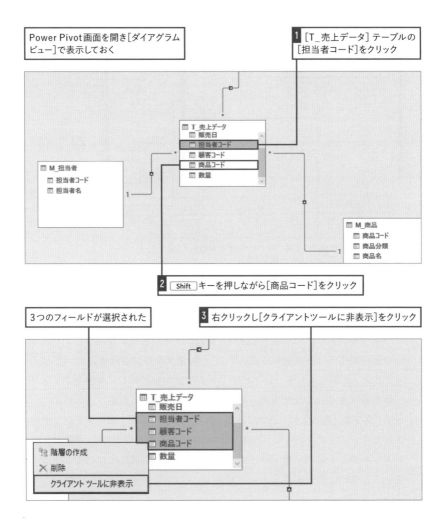

Power Pivot画面を開き[ダイアグラムビュー]で表示しておく

1 [T_売上データ] テーブルの [担当者コード]をクリック

2 [Shift]キーを押しながら[商品コード]をクリック

3つのフィールドが選択された

3 右クリックし[クライアントツールに非表示]をクリック

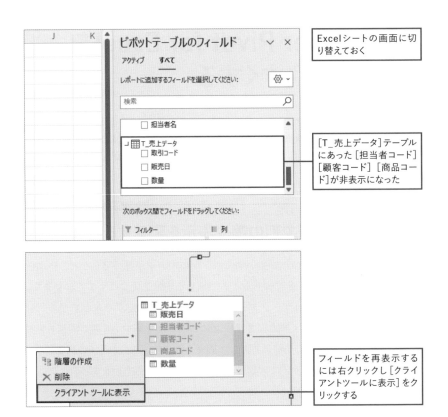

Excelシートの画面に切り替えておく

[T_売上データ]テーブルにあった[担当者コード][顧客コード][商品コード]が非表示になった

フィールドを再表示するには右クリックし[クライアントツールに表示]をクリックする

ここもポイント！

[非表示項目の表示]ボタンとは？

Power Pivot画面の[ホーム]タブにある[非表示項目の表示]をオンにしていると非表示にした項目がダイアグラムビューでも非表示になります。オフにした場合はグレーアウトした状態になり[クライアントツールに非表示]の設定がされていることを確認できます。オンとオフどちらの場合にも、ピボットテーブルのフィールドセクションには該当のフィールドは表示されません。あくまでPower Pivot画面用のボタンです。

[非表示項目の表示]をオフにすると非表示にしたフィールドがフィールドリストから消える

Power Pivot for Excelを使いやすくする

データモデルを編集するためのPower Pivot画面をスムーズに使えるように整えることは、ミスを減らし効率良く必要な集計結果を求めることにつながります。LESSON16ではそのPower Pivot画面を見やすく整えることや、画面自体を素早く開く方法を紹介します。

練習用ファイル L016_売上集計.xlsx

01 | データビューで列の幅や表示を変更する

　テーブルに含まれる列の数が多い場合や、列の中の値が長い場合など、Power Pivot画面でも列の見せ方を工夫することで求める情報を見つけやすくなります。列幅の変更や移動はExcelワークシートと同様の操作で調整ができますが、列を左端に固定する方法は全く異なります。どの位置にある列でも［列の固定］を実行することで、テーブルの先頭に移動して固定されます。また、列幅の調整は［デザイン］タブの［列］グループにある［固定］［幅］ボタンからも行えます。

■列幅を変更する

Power Pivot画面を開き［T_売上データ］テーブルを表示しておく

1 ［販売日］列と［取引先コード］列の境界線にマウスポインターを合わせドラッグ

	販売日 ▼	取引... ▼	担... ▼	顧... ▼	商... ▼	数量 ▼	列の追加
1	2203/01/...	22001001	S-002	C-001	M-007	7	
2	2203/01/...	22001002	S-002	C-002	M-001	10	
3	2203/01/...	22001003	S-002	C-002	M-002	8	
4	2203/01/...	22001004	S-001	C-005	M-002	2	

列幅が広がった

	販売日 ▼	取引... ▼	担... ▼	顧... ▼	商... ▼	数量 ▼	列の追
1	2203/01/04 0:00:00	22001001	S-002	C-001	M-007	7	
2	2203/01/05 0:00:00	22001002	S-002	C-002	M-001	10	
3	2203/01/05 0:00:00	22001003	S-002	C-002	M-002	8	
4	2203/01/05 0:00:00	22001004	S-001	C-005	M-002	2	

■列幅をまとめて変更する

1 [取引コード]列を選択し、Shift キーを
押しながら[数量]列をクリック

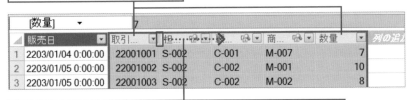

2 [取引コード]列と[担当者コード]列の境界線にマウスポインターを合わせドラッグ

選択したすべての列幅が広がった

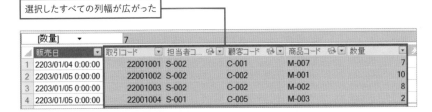

■特定の列を常に表示する

1 [取引コード]列を選択

2 右クリックし[列の固定]をクリック

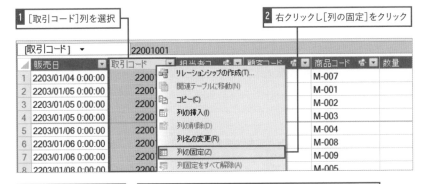

[取引コード]列が先頭に
移動し固定された

ウィンドウの幅が狭い時、横方向にスクロールしても常に[取
引コード]が表示されるようになった

	取引コード	販売日	担当者コ...	顧客コード	商品コード	数量
1	22001001	2203/01/04 0:00:00	S-002	C-001	M-007	
2	22001002	2203/01/05 0:00:00	S-002	C-002	M-001	
3	22001003	2203/01/05 0:00:00	S-002	C-002	M-002	
4	22001004	2203/01/05 0:00:00	S-001	C-005	M-003	
5	22001005	2203/01/06 0:00:00	S-002	C-001	M-004	
6	22001006	2203/01/06 0:00:00	S-003	C-006	M-008	
7	22001007	2203/01/06 0:00:00	S-002	C-003	M-009	

02 データモデル内の列を非表示にして見やすくする

LESSON15ではダイアグラムビューでフィールドの非表示設定を行いましたが、データビューでも行えます。どちらで操作しても結果は同じです。集計に不要な列は削除することでデータサイズを減らせますが、使用する可能性を考えて削除しにくい場合には、非表示設定にしておくのがお勧めです。Power Pivot画面の[ホーム]タブ-[非表示項目の表示]ボタンで列自体の表示、非表示を切り替えられることも合わせて確認しておきましょう。

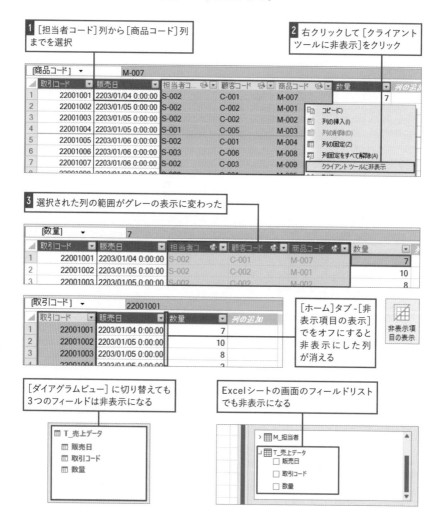

03 ボタンを追加してPower Pivotを素早く開く

Excelシートの画面からPower Pivot画面を表示するために、毎回 [Power Pivot] タブを開くのは面倒です。[管理] ボタンを [クイックアクセスツールバー] に登録しておけば、リボンのタブを切り替えることなくいつでもPower Pivot画面を開けます。リボンにあるボタンはすべて、右クリックでクイックアクセスツールバーに登録できるのでよく使うボタンを登録しておきましょう。

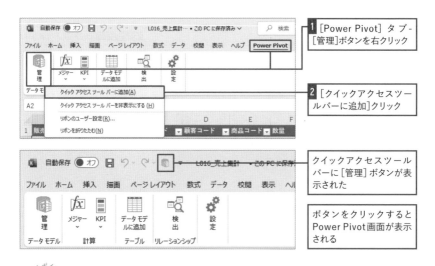

1 [Power Pivot] タブ - [管理]ボタンを右クリック

2 [クイックアクセスツールバー に追加]クリック

クイックアクセスツールバーに [管理] ボタンが表示された

ボタンをクリックすると Power Pivot画面が表示される

ここもポイント！ [クイックアクセスツールバー] の表示について

右端にある [クイックアクセスツールバーのユーザー設定] をクリックすると、メニューが表示されクイックアクセスツールバーの位置や、表示／非表示の切り替えなどを行えます。誤って非表示にしてしまった場合は、任意のリボンのタブを右クリックすることで [クイックアクセスツールバーを表示する] のメニューを選べます。

分析結果に影響!?
売上の無い商品の対処方法

ピボットテーブルの行では、その行に表示するアイテムのデータを抽出して集計していることを確認してきましたが、そのアイテム自体が表示されないパターンもあります。LESSON17ではどのような場面でそうなるのか、またその対処方法を学びます。

練習用ファイル L017_売上集計.xlsx

01 | 売上件数をカウントする時にありがちな見落とし

　各商品の売上件数が欲しい場合、[T_売上データ] テーブルの [数量] 列を [値] ボックスに追加して、値オプションの集計方法を [個数] に変更することで求められます。ただしこの場合、**売上が1件も無かったアイテムは行として表示されていないことに注意**しましょう。

■売れた商品の数量の個数をカウントした場合

[T_売上データ]テーブル内の[数量]フィールドを[値]ボックスに追加し、集計方法を[個数]に変更すると売上がある商品の個数が表示される

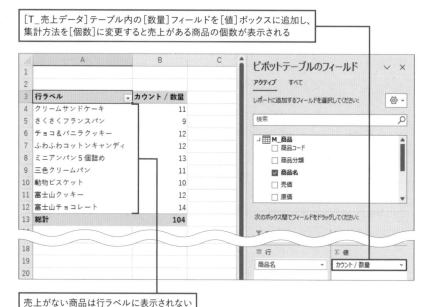

売上がない商品は行ラベルに表示されない

試しに［M_商品］テーブルの［商品名］を［値］ボックスに追加してみると、「山型食パン」が行として表示されるようになり、数量の個数を数えることでは売上件数が「0」のものを表示できていないことが分かります。パワーピボットの利用を深めていくと、特定の期間を取り出して集計をする場面も増えてきます。その期間に一部の商品が販売されていない場合は他の期間との比較がうまく行えない可能性が生まれます。また、期末が到来していない年度のデータを集計している場合には、未到来の四半期や月の集計行が表示されないこともあります。このLESSONではそのようなトラブルを避けるためのピボットテーブルの設定を学びましょう。

■商品名の個数をカウントした場合

［M_商品］テーブル内の［商品名］フィールドを［値］ボックスに追加すると商品ごとの個数が表示される

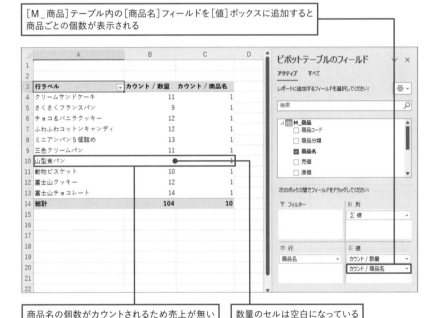

商品名の個数がカウントされるため売上が無い「山型食パン」も行ラベルに表示される

数量のセルは空白になっている

この集計の場合は売上が無い商品も表示されるが、前述の［数量］フィールドの個数をカウントした場合、1件も売上が無い商品を見落とす可能性がある

02 売上が無い商品を集計結果に表示する

　練習用ファイルのピボットテーブルには、売上が1件もなかった「山型食パン」は表示されていません。このピボットテーブル内のセルをアクティブにした状態で、[ピボットテーブルのオプション] ダイアログボックスで、[データのないアイテムを行に表示する] を設定します。これにより、ピボットテーブル内に売上がないアイテムも表示されるようになります。

1 [ピボットテーブル分析]タブ-[ピボットテーブル]- [オプション]をクリック

2 [表示]タブをクリック

3 [データのないアイテムを行に表示する] にチェックを付け[OK]をクリック

3	行ラベル	▼	カウント / 数量
4	クリームサンドケーキ		11
5	さくさくフランスパン		9
6	チョコ＆バニラクッキー		12
7	ふわふわコットンキャンディ		12
8	ミニアンパン５個詰め		13
9	三色クリームパン		11
10	山型食パン		
11	動物ビスケット		10
12	富士山クッキー		12
13	富士山チョコレート		14
14	総計		104

「山型食パン」が
表示された

03 値の無いセルに「0」を表示させるには

　値が空白のままだと、見た目が不ぞろいな印象になるだけでなく、このピボットテーブルを基にさらに集計を行う場合に、欲しい結果が求められない可能性もあります。[ピボットテーブルのオプション] ダイアログボックスにある [空白セルに表示する値] という項目にチェックを付けた状態で値に「0」すると、空白セルに「0」を表示できます。**ピボットテーブルごとに設定されるので、複数のピボットテーブルを扱う場合には、それぞれ設定が必要**となることにも注意しましょう。

1 ピボットテーブル内を右クリックし、[ピボット
テーブルオプション]をクリック

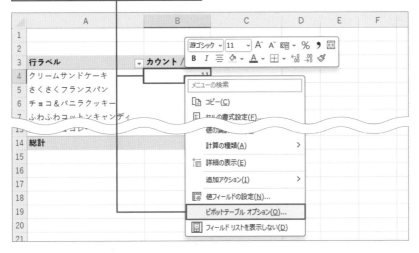

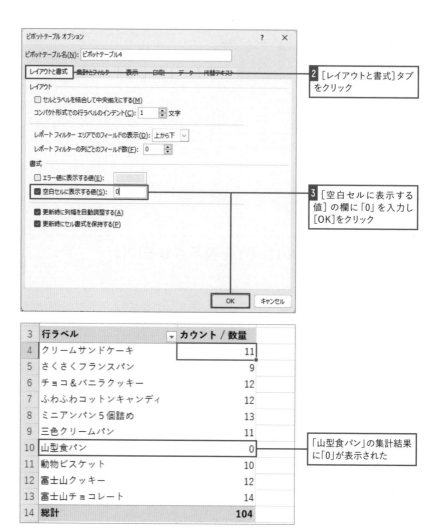

2 [レイアウトと書式] タブをクリック

3 [空白セルに表示する値] の欄に「0」を入力し [OK] をクリック

「山型食パン」の集計結果に「0」が表示された

 ここもポイント!

空白セルのままにしないほうが良い理由って?

　空白セルに「0」を表示することで、このセルに集計されるべき値が「0」であるということが明示されます。また、作成されたピボットテーブルの値を基に、さらに平均など一部の集計を行う場合、空白セルはカウントされません。「0」のあるセルはカウントされるので、その結果が変わる可能性があります。

LESSON 18 メジャーやフィールドの書式を効率良く変更する

パワーピボットでは大量のデータを集計するため、集計結果の桁数が多くなることや、比率を求める場面が多くあります。パワーピボットならではの[桁区切りスタイル]や[パーセントスタイル]など、表示形式の設定方法を学びましょう。

練習用ファイル L018_売上集計.xlsx

01 テーブルの値を見やすい形式で表示しよう

　ピボットテーブルでも［桁区切りスタイル］や［パーセントスタイル］などの表示形式を設定して集計結果を見やすくすることがあります。一般的な表と違い、表示形式の設定対象はセルではなく［値フィールド］ですが、パワーピボットの場合にはそれに加えて［メジャー］も対象になります。これらを対象とする理由は、**セルに対して書式設定すると、テーブルの形が変わった場合に、意図しない結果になる可能性がある**からです。このLESSONでは、［売上合計］フィールドには［値フィールドの設定］を、［利益率］フィールドには［メジャーの管理］を使って、それぞれ表示形式の設定を行います。

[売上合計]列を桁区切りスタイルで表示する　　　　　[利益率]列をパーセントスタイルで表示する

行ラベル	売上合計	原価合計	利益合計	利益率
クリームサンドケーキ	232560	115600	116960	0.502923977
さくさくフランスパン	59200	38850	20350	0.34375
チョコ＆バニラクッキー	227240	114000	113240	0.498327759
ふわふわコットンキャンディ	229140	123950	105190	0.459064327
ミニアンパン5個詰め	104400	68730	35670	0.341666667

行ラベル	売上合計	原価合計	利益合計	利益率
クリームサンドケーキ	232,560	115600	116960	50.3%
さくさくフランスパン	59,200	38850	20350	34.4%
チョコ＆バニラクッキー	227,240	114000	113240	49.8%
ふわふわコットンキャンディ	229,140	123950	105190	45.9%
ミニアンパン5個詰め	104,400	68730	35670	34.2%

テーブル上でフィールドの書式設定を行う

列ラベルの[売上合計]を右クリックして[値フィールドの設定]ダイアログボックスを使うことで、[売上合計]の列に表示される値すべてに表示形式を設定できます。[セルの書式設定]ダイアログボックスの[表示形式]タブから必要な表示形式を選択して適用します。次のSECTIONで紹介するメジャーへの書式設定よりも多様な設定ができることがポイントです。

1 [売上合計]を右クリックし[値フィールドの設定]をクリック

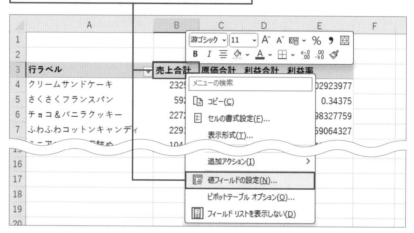

[値フィールドの設定]ダイアログボックスが表示された

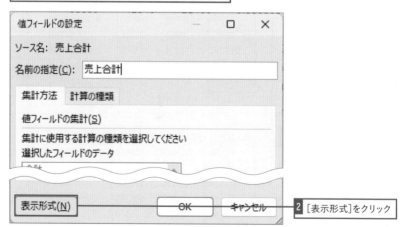

2 [表示形式]をクリック

3 [数値]をクリック

4 [桁区切り(,)を使用する]にチェックを付ける

5 [OK]をクリック

6 [値フィールドの設定]ダイアログボックスで[OK]をクリック

[売上合計]列の値が桁区切りスタイルになった

	A	B	C	D	E	F
1						
2						
3	行ラベル	売上合計	原価合計	利益合計	利益率	
4	クリームサンドケーキ	232,560	115600	116960	0.502923977	
5	さくさくフランスパン	59,200	38850	20350	0.34375	
6	チョコ＆バニラクッキー	227,240	114000	113240	0.498327759	
7	ふわふわコットンキャンディ	229,140	123950	105190	0.459064327	
8	ミニアンパン5個詰め	104,400	68730	35670	0.341666667	
9	三色クリームパン	63,800	42340	21460	0.336363636	
10	山型食パン	0	0	0	0	
11	動物ビスケット	172,800	89640	83160	0.48125	
12	富士山クッキー	207,200	92500	114700	0.553571429	
13	富士山チョコレート	140,000	67200	72800	0.52	
14	総計	1,436,340	752810	683530	0.475883147	

03 メジャーに書式設定を行う

　メジャー自体に表示形式を設定すれば、値フィールドにはその設定がいつでも適用されます。複数のピボットテーブルで同じメジャーを利用する場合には、特に有効な設定方法です。この LESSON のようにすでに作成されているメジャーであれば、［メジャーの管理］から対象メジャーを［編集］して設定を行いましょう。［メジャー］ダイアログボックスでメジャーを作成する場合は、その時に表示形式まで設定ができます。

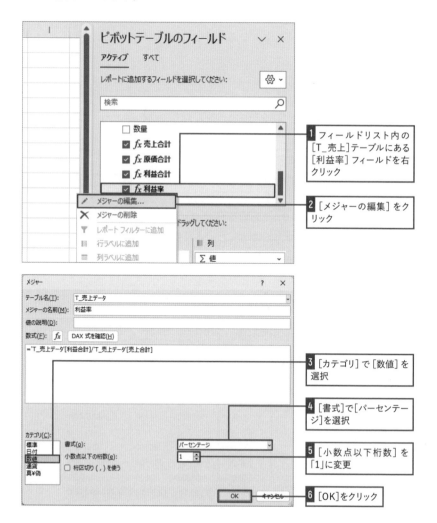

1 フィールドリスト内の［T_売上］テーブルにある［利益率］フィールドを右クリック

2 ［メジャーの編集］をクリック

3 ［カテゴリ］で［数値］を選択

4 ［書式］で［パーセンテージ］を選択

5 ［小数点以下桁数］を「1」に変更

6 ［OK］をクリック

3 行ラベル	売上合計	原価合計	利益合計	利益率
4 クリームサンドケーキ	232,560	115600	116960	50.3%
5 さくさくフランスパン	59,200	38850	20350	34.4%
6 チョコ＆バニラクッキー	227,240	114000	113240	49.8%
7 ふわふわコットンキャンディ	229,140	123950	105190	45.9%
8 ミニアンパン５個詰め	104,400	68730	35670	34.2%
9 三色クリームパン	63,800	42340	21460	33.6%
10 山型食パン	0	0	0	0.0%
11 動物ビスケット	172,800	89640	83160	48.1%
12 富士山クッキー	207,200	92500	114700	55.4%
13 富士山チョコレート	140,000	67200	72800	52.0%
14 総計		2810	683530	47.6%

本書ではこれ以降のメジャー作成時、特に手順に記載が無い場合には「数値」で「桁区切りを使う」書式を設定しています。

ここもポイント！ ［メジャー］ダイアログボックスで設定できる表示形式

メジャーに設定できる表示形式は以下の通りです。ピボットテーブルでどう使われるかをイメージして、適切なものを選びましょう。

カテゴリ	意味
標準	表示形式が何も設定されていない状態
日付	日付や時刻をそれぞれ、または組み合わせて表示する
数値	10進数、整数、パーセンテージ、指数から選択できる 小数点以下の値を表示したい場合は10進数、整数部のみ表示で良い場合は整数を選択する 指数以外は桁区切りのカンマを使用できる
通貨	各国の通貨記号と桁区切りのカンマが表示される
真¥偽	メジャーが条件式である場合、その真偽を判定しTRUEまたはFALSEを表示する

大きな桁数の数値を「千」「百万」の単位にするには

　大量のデータを集計するピボットテーブルでは、集計値の桁数も大きくなり、すべての桁を表示するとデータを読みにくくなることがあります。「千」単位や「百万」単位に桁を切り捨てて表示するには［ユーザー定義の表示形式］を使用します。ダイアログボックス内の［種類］の枠に、見たい表示形式を入力することで設定できます。今回のように数値を桁区切りスタイルで見せたい場合には、「#,###」のように、数が入る部分を「#」、区切る桁位置に「,」を入力することで指定できます。「#,###,」と入力すると、後ろから3桁分の値を省略する、つまり「千」単位に切り捨てることを意味します。「#,###,,」と入力すれば6桁を切り捨てて表示するので「百万」単位での表示になります。単位を変更する場合は、テーブル周囲のセルに「単位：千円」などのように入力して、誰が見ても分かるようにしておきましょう。［ユーザー定義の表示形式］には他にも色々な使い方があるので、興味のある方はMicrosoft社のリファレンスなどを参照してみてください。また、［ユーザー定義の表示形式］は本書発行時点では［セルの書式設定］ダイアログボックスからしか設定できないため、メジャーに設定することばできません。

SECTION02を参考に［セルの書式設定］ダイアログボックスを表示しておく

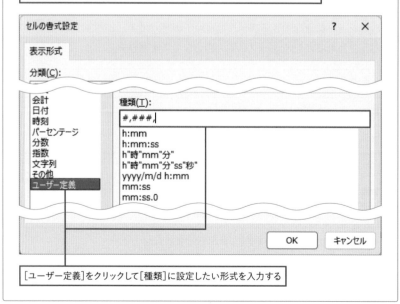

［ユーザー定義］をクリックして［種類］に設定したい形式を入力する

第 4 章

まずはここから！
集計によく使われるDAX関数

DAXで使用される関数は250以上あり今後も追加されていくと考えられます。本章では主に集計に使用する関数を紹介します。Excelのシートで使われる関数と似た働きをする関数も多く、関数の学び始めに適したものを選定しました。DAXならではの関数の使い方を学びましょう。

19

列の合計を求める
SUM関数

Excelのシートで使われる関数の中でもSUM関数は最初に学ぶことの多い関数でしょう。DAX関数でもSUM関数は最もシンプルでよく使われる関数の一つです。SUM関数を使って練習用ファイルに販売数量の合計を求めてみましょう。

練習用ファイル L019_SUM.xlsx

01 | 商品ごとの売れ数を求める

　SUM関数は対象となる列の数値を合計する関数です。ピボットテーブルで数値のフィールドを[値]ボックスにドラッグすることで自動的に作成される暗黙のメジャーでも使用されており、使う機会の多い関数です。データモデル内のテーブルから1つの列を引数として指定します。Excelのシートで使用するSUM関数とは異なり、複数の列や定数、式を引数とすることはできません。また、文字列を値とする列を引数に指定するとエラーとなります。

　計算領域にメジャーを作成すると、計算結果としてその列の値の合計が表示されますが、Excelのシートで使用されるSUM関数とは異なり、**ピボットテーブルで行や列のアイテムごとの合計を求めるために使われる**ことを意識しましょう。

構文

列の合計を求める

=SUM(ColumnName)

引数

ColumnName...合計を求める列の名前を指定する

	取引コード	販売日	商品...	数量
1	23000001	2023/07/...	M-010	4
2	23000002	2023/07/...	M-007	7
3	23000003	2023/07/...	M-001	10
4	23000004	2023/07/...	M-002	8
	23000005	2023/07/...		2
15			M-009	
16	23000016	2023/07/...	M-001	5
17	23000017	2023/07/...	M-001	2

数量合計: 114

> メジャーを作成すると引数に指定した列の値の合計が表示される

[T_売上] テーブルの [数量] 列を合計した結果を返すメジャーを作成する

数量合計:=SUM('T_売上'[数量])

計算領域に数式を入力すると [数量]
列の値の合計が表示される

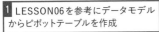

[数量]	▼	*fx*	数量合計:=SUM('T_売上'[数量])

	取引コード ▼	販売日 ▼	商品... ▼	数量 ▼	列の追加
1	23000001	2023/07/...	M-010	4	
2	23000002	2023/07/...	M-007	7	
3	23000003	2023/07/...	M-001	10	
17	23000017	2023/07/...	M-001	2	

数量合計: 114

ポイント

ColumnName ... 販売数量の合計を求めるために、「'T_売上'[数量]」列を引数に指定する

1 LESSON06を参考にデータモデル
からピボットテーブルを作成

2 [行] ボックスに [商品名] フィールドを、[値] ボックス
に [数量合計] フィールドを追加

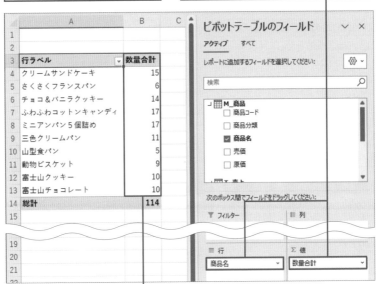

商品ごとの数量の合計が集計された

20 行ごとの計算結果を合計する SUMX関数

行ごとに計算した結果を求め、さらにその合計を求めることができるのがSUMX関数です。[T_売上] テーブルの [数量] 列と [売価] 列を乗算し、その合計を求めるメジャーを作成します。販売額を求める列が無くても、ピボットテーブルで販売額の集計ができます。

練習用ファイル L020_SUMX.xlsx

01 引数に計算式を指定し商品ごとの売上合計を求める

SUMX関数は第1引数として指定したテーブルの各行に、第2引数で指定した式の計算結果を求め、それを合計した結果を返します。つまり第2引数に指定する式を使って計算列を作成し、SUM関数で合計した場合と同じ結果になります。違いは、列が作成されない点です。これによりデータモデルのサイズ増大を防げます。第2引数にはこのLESSONで扱うように列と演算子を使った式の他、定数や関数も使用できます。

構文

行ごとに計算した結果を合計する
=SUMX(テーブル, Expression)

引数

テーブル...............計算に使用するテーブルを指定する

Expression.........行ごとに計算する式を指定する

第2引数「Expression」に売上金額を求める「[数量]*[売価]」の式を指定する

各行の売上金額([数量]*[売価]の結果)を合計した結果が表示される

▲	取引コード ▼	販売日 ▼	商品... 智 ▼	数量 ▼	売価 ▼	
1	23000001	2023/07/...	M-010	4	1280	➤ 5120
2	23000002	2023/07/...	M-007	7	1200	➤ 8400
3	23000003	2023/07/...	M-001	10	3420	➤ 34200
4	23000004	2023/07/...	M-002	8	3200	➤ 25600

[T_売上]テーブルの[数量]×[売価]を合計した結果を返すメジャーを作成する

売上合計:=SUMX('T_売上',[数量]*[売価])

計算領域に数式を入力すると[数量]に[売価]を掛けた結果の合計が表示される

テーブル............... [数量]列と[売価]列を乗算した結果を求めるテーブルを指定する

Expression......... [数量]列と[売価]列を乗算する式を指定する

1 LESSON06を参考にデータモデルからピボットテーブルを作成

2 [行]ボックスに[商品名]フィールドを、[値]ボックスに[売上合計]フィールドを追加

商品ごとの売上が集計された

💡 **第1引数に指定するテーブルに要注意!**

　複数のテーブルを使った式を指定する場合、適切なテーブルを第1引数として指定しないとメジャーを作成できなかったり、エラーになったりします。例えば[M_商品]テーブルの[売価]列を使ってこのLESSONの例と同じ結果を求めるメジャーを作成すると、数式は「=SUMX(' T_売上',[数量]*RELATED('M_商品'[売価]))」となります。しかし、第1引数に主キーのある[M_商品]を指定すると正しくメジャーを作成することができません。テーブル間のリレーションシップが設定されている場合、原則として外部キーを持つテーブルを指定します。第2引数で求める計算列がどのテーブルにあるべきかをイメージすると分かりやすいでしょう。メジャーは第1引数と同じテーブルに作成するのが一般的ですが、他のテーブルに作成しても使用は可能です。

列の中にある最大値を求める
MAX関数

列の中の最大値を求めるMAX関数は、Excelのシートで使われる関数によく似ています。LESSON21では［T_売上］テーブルの［数量］列から最大値を求めるメジャーを作成します。ピボットテーブルで使用すると、アイテムごとの最大販売数を求められます。

練習用ファイル L021_MAX.xlsx

01 最も売れた数を商品ごとに求める

　MAX関数を使うと、指定した列の中から最大の値を求めることができます。このLESSONのように**売上数量の最大値を求める他、日付の列を指定することで一定の期間内の最終日を求める場合などにもよく使われます。**引数にはデータモデル内の列を1つだけ指定します。Excelのシートで使われるMAX関数とは異なり、複数の列や定数、式を指定することはできません。文字列を値とする列を引数に指定するとエラーとなります。

　また、作成したメジャーをピボットテーブルで使用すると、列ラベルや行ラベルとして使用したフィールドのアイテムごとの最大値が求められます。練習用ファイルの場合、最大販売数量が求められます。［数量］列を［値］ボックスにドラッグしたのち、値フィールドの集計方法を［最大］に変更することでも同じ結果を求められますが、メジャーを作成しておけば必ず最大値を求められるので効率良く集計できます。なお、MIN関数を使用すれば指定した列から最小値を求められます。

構文

列の中にある最大値を求める
=MAX(ColumnName)

引数

ColumnName ... 最大値を求める列の名前を指定する

[T_売上]テーブルの[数量]列の最大値を返すメジャーを作成する

最大数量:=MAX([数量])

計算領域に数式を入力すると[数量]列の最大値が表示される

▲	取引コード ▼	販売日 ▼	商品... ⚎▼	数量 ▼	列の追加
	[数量] ▼		fx 最大数量:=MAX([数量])		
1	23000001	2023/07/...	M-010	4	
2	23000002	2023/07/...	M-007	7	
3	23000003	2023/07/...	M-001	10	
4	23000004	2023/07/...	M-002	8	
				最大数量: 10	

ColumnName...最も多く売れた数を求めるため[T_売上]テーブルの[数量]列を指定する

1 LESSON06を参考にデータモデルからピボットテーブルを作成

2 [行]ボックスに[商品名]フィールドを、[値]ボックスに[最大数量]フィールドを追加

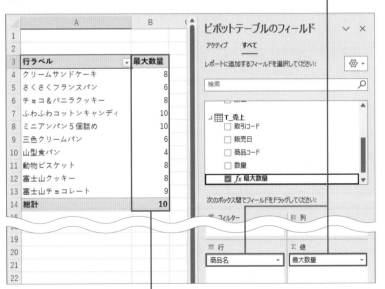

商品ごとの最大販売数が表示された

22 行ごとの計算結果から 最大値を求めるMAXX関数

LESSON22では［T_売上］テーブルにある［数量］列と［売価］列を乗算して求められる一件ごとの販売額のうち、最大の値を求めるメジャーを作成します。ピボットテーブルで使用した結果もイメージしましょう。

練習用ファイル L022_MAXX.xlsx

01 最も売れた日の売上を商品ごとに求める

行ごとに計算結果を求め、その最大値を求めるのがMAXX関数です。引数の指定方法はSUMX関数と同じで、第1引数には、第2引数で指定する式の結果を求めるテーブルを指定します。第2引数にはこのLESSONで扱うように列と演算子を使った式の他、定数や関数も使用できます。

この練習用ファイルでは、作成したメジャーをピボットテーブルで使用すると、列ラベルや行ラベルとして使用したフィールドのアイテムごとに最大販売額が求められます。なお、計算結果から最小値を求める場合にはMINX関数を使用します。

構文

行ごとの計算結果から最大値を求める
=**MAXX**(テーブル, Expression)

引数

テーブル...............計算に使用するテーブルを指定する
Expression.........行ごとに計算する式を指定する

末尾に「X」が付く「イテレータ関数」

SUMX関数やMAXX関数のように関数名の末尾に「X」が付き、行ごとの計算結果を基に集計を行う関数を「イテレータ関数」と呼びます。イテレータ関数を利用することで、不要な列の作成をすることなく集計できます。また、計算列を作成した場合と比較して計算内容を把握しやすくなるためメンテナンス性の向上にもつながります。

[T_売上]テーブルの[数量]×[売価]から最大値を返すメジャーを作成する

販売額最大値:=MAXX('T_売上',[数量]*[売価])

計算領域に数式を入力すると[数量]に[売価]を掛けた商品の売上の最大値が表示される

| [売価] ▼ | f_x 販売額最大値:=MAXX('T_売上',[数量]*[売価]) |

	取引コード ▼	販売日 ▼	商品... 🔧▼	数量 ▼	売価 ▼	列の追加
1	23000001	2023/07/...	M-010	4	1280	
2	23000002	2023/07/...	M-007	7	1200	
3	23000003	2023/07/...	M-001	10	3420	
4	23000004	2023/07/...	M-002	8	3200	
17	23000017	2023/07/...	M-001		3420	

販売額最大値: 34200

テーブル................[数量]列と[売価]列を乗算した結果を求めるテーブルを指定する

Expression..........[数量]列と[売価]列を乗算する式を指定する

1 LESSON06を参考にデータモデルからピボットテーブルを作成

2 [行]ボックスに[商品名]フィールドを、[値]ボックスに[販売額最大値]フィールドを追加

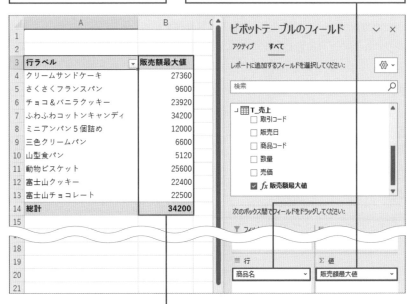

3	行ラベル ▼	販売額最大値
4	クリームサンドケーキ	27360
5	さくさくフランスパン	9600
6	チョコ＆バニラクッキー	23920
7	ふわふわコットンキャンディ	34200
8	ミニアンパン5個詰め	12000
9	三色クリームパン	6600
10	山型食パン	5120
11	動物ビスケット	25600
12	富士山クッキー	22400
13	富士山チョコレート	22500
14	総計	34200

ピボットテーブルのフィールド

アクティブ　すべて

レポートに追加するフィールドを選択してください:

検索

⊿🔲 T_売上
　🔲 取引コード
　🔲 販売日
　🔲 商品コード
　🔲 数量
　🔲 売価
　☑ f_x 販売額最大値

次のボックス間でフィールドをドラッグしてください:

≡ 行　　　　　　　　　Σ 値
商品名　　　　　　　　販売額最大値

商品ごとの最大販売額が表示された

23 列の平均を求める AVERAGE関数

AVERAGE関数を使えば、指定した列の平均を求めることができます。LESSON23では、ピボットテーブルでアイテムごとに販売数の平均を求めるためのメジャーを作成します。[T_売上]テーブルの[数量]列を引数に指定して平均値を求めましょう。

練習用ファイル L023_AVERAGE.xlsx

01 商品ごとの売れ数の平均を求める

AVERAGE関数は指定した列の平均を求めます。列の値として文字列や真偽など、数値以外の値が含まれる場合や空白は無視されます。文字列なども含んで平均を求める場合にはAVERAGEA関数を使用します。引数にはデータモデル内の列を1つだけ指定します。平均を集計結果として求める場合の他、平均値以上または平均値以下の値を持つ行だけを取り出すために、他の関数の引数として使用される場合もあります。

この練習用ファイルでは、作成したメジャーをピボットテーブルで使用すると、列ラベルや行ラベルとして使用したフィールドのアイテムごとに販売数量の平均が求められます。[数量]列を[値]ボックスにドラッグしたのち、値フィールドの集計方法を[平均]に変更することでも同じ結果を求められますが、メジャーを作成しておけば必ず平均値を求められるので効率良く集計できます。

構文
列の平均を求める

=AVERAGE(ColumnName)

引数
ColumnName … 平均を求める列の名前を指定する

> そろそろDAX関数に慣れてきましたか？ Excelのシートで使う関数と異なり、列を計算対象としていることを意識しましょう。

[T_売上]テーブルの[数量]列の平均値を返すメジャーを作成する

数量平均:=AVERAGE([数量])

計算領域に数式を入力すると[数量]の平均値が表示される

[数量] ▼		fx 数量平均:=AVERAGE([数量])		

	取引コード ▼	販売日 ▼	商品... 🔗 ▼	数量 ▼	列の追加
1	23000001	2023/07/...	M-010	4	
2	23000002	2023/07/...	M-007	7	
3	23000003	2023/07/...	M-001	10	
4	23000004	2023/07/...	M-002	8	
17	23000017	2023/07/...	M-001	2	

数量平均: 5.7

ポイント

ColumnName...販売数量の平均を求めるため、[T_売上]テーブルの[数量]列を指定する

1 LESSON06を参考にデータモデルからピボットテーブルを作成

2 [行]ボックスに[商品名]フィールドを、[値]ボックスに[数量平均]フィールドを追加

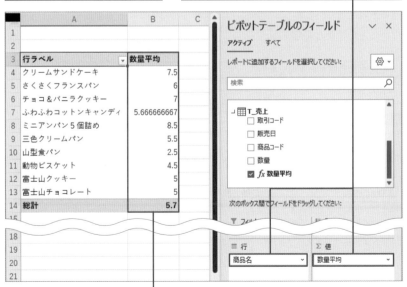

	A	B	C
3	行ラベル ▼	数量平均	
4	クリームサンドケーキ	7.5	
5	さくさくフランスパン	6	
6	チョコ&バニラクッキー	7	
7	ふわふわコットンキャンディ	5.666666667	
8	ミニアンパン5個詰め	8.5	
9	三色クリームパン	5.5	
10	山型食パン	2.5	
11	動物ビスケット	4.5	
12	富士山クッキー	5	
13	富士山チョコレート	5	
14	総計	5.7	

ピボットテーブルのフィールド

アクティブ　すべて

レポートに追加するフィールドを選択してください:

検索

⊿ ▦ **T_売上**
　　☐ 取引コード
　　☐ 販売日
　　☐ 商品コード
　　☐ 数量
　　☑ fx **数量平均**

次のボックス間でフィールドをドラッグしてください:

≡ 行 　　　　　Σ 値
商品名 ▼　　　数量平均 ▼

商品ごとの販売数量の平均が表示された

行ごとの計算結果の平均を求める AVERAGEX関数

AVERAGEX関数を使えば、SUMX関数のように行ごとに計算結果を求めて、その平均値を取得できます。ここでは［数量］と［売価］を乗算した結果の平均を求めるメジャーを作成します。ピボットテーブルで使用するとその結果をアイテムごとに絞り込みます。

練習用ファイル L024_AVERAGEX.xlsx

01 全取引から商品ごとの平均売上額を求める

AVERAGEX関数は行ごとに計算した結果の平均を求める関数です。第1引数には第2引数の計算結果を求めるテーブルを指定します。第2引数には、SUMX関数やMAXX関数と同様、列や定数を使った式や、関数を使用できます。

この練習用ファイルでは第2引数で指定した計算がまず各行に対して行われ、ピボットテーブルではその結果をアイテムごとにグループ化して平均を求めています。そのため、**［総計］欄に表示される結果は、第1引数で指定したテーブル全行の平均**であり、ピボットテーブルに表示された各アイテムの値の平均とはならないことに注意しましょう。

構文
行ごとの計算結果の平均を求める
=AVERAGEX(テーブル, Expression)

引数
テーブル..............計算に使用するテーブルを指定する
Expression.........行ごとに計算する式を指定する

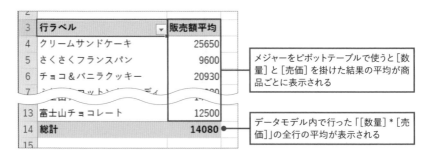

行ラベル	販売額平均
クリームサンドケーキ	25650
さくさくフランスパン	9600
チョコ＆バニラクッキー	20930
富士山チョコレート	12500
総計	**14080**

メジャーをピボットテーブルで使うと［数量］と［売価］を掛けた結果の平均が商品ごとに表示される

データモデル内で行った「［数量］＊［売価］」の全行の平均が表示される

使用例

[T_売上]テーブルの[数量]×[売価]から平均値を返すメジャーを作成する

販売額平均:=AVERAGEX('T_売上',[数量]*[売価])

計算領域に数式を入力すると[数量]に[売価]を掛けた商品の売上の平均値が表示される

| | [売価] | ▼ | *fx* | 販売額平均:=AVERAGEX('T_売上',[数量]*[売価]) |

⊿	取引コード ▼	販売日 ▼	商品... 📇 ▼	数量 ▼	売価 ▼	列の追加
1	23000001	2023/07/...	M-010	4	1280	
2	23000002	2023/07/...	M-007	7	1200	
3	23000003	2023/07/...	M-001	10	3420	
4	23000004	2023/07/...	M-002	8	3200	
5	23000005	2023/07/...	M-003	2	2800	
6	23000006	2023/07/...	M-004	7	3420	
7	23000007	2023/07/...	M-008	6	1600	
8	23000008	2023/07/...	M-009	5	1100	
9	23000009	2023/07/...	M-005	1	2500	
10	23000010	2023/07/...	M-010	1	1280	
16	23000016	2023/07/...	M-001	5	3420	
17	23000017	2023/07/...	M-001	2	3420	

販売額平均: 14080

ポイント

テーブル...............[数量]列と[売価]列を乗算した結果を求めるテーブルを指定する

Expression.........[数量]列と[売価]列を乗算する式を指定する

ここもポイント! その他シンプルな計算に使われる集計関数

　ここまで紹介してきた関数は、DAX関数の中の「集計関数」と分類され
ています。集計関数には他にも、積を求めるPRODUCT、PRODUCTX、
個数を数えるCOUNT、COUNTA、COUNTX、COUNTAXなど便利な関数
が多く含まれています。Excelのシートで使用される同名の関数と似た働
きをするため、これまでExcelで関数に慣れ親しんでいる方はここまでの
LESSON内容を照らし合わせれば使い方も理解できるはずです。本書で
紹介していない集計関数についてもっと知りたい方はMicrosoft社のサポー
トページも参照し学びを深めてください。

LESSON 25 一意の値を数える DISTINCTCOUNT関数

DISTINCTCOUNT関数は指定した列の一意の値を数えます。ここでは[T_販売]テーブルの[顧客ID]列を引数に指定して実来客数を求めます。作成済みのピボットテーブルは同じ[顧客ID]列を使い延べ人数を求めており、それぞれの動きを比較できます。

練習用ファイル L025_DISTINCTCOUNT.xlsx

01 顧客IDから延べ人数と実人数を比較する

　一般的なピボットテーブルでは[値]フィールドで列内の値の個数を数えることができます。しかし、全行のデータ数を数えるため、売上データの中から顧客や商品ごとなどに一意の値を数えることはできません。パワーピボットではDISTINCTCOUNT関数を使えば、指定した列にある一意の値の数を求められます。引数には列を1つ指定します。

構文

一意の値を数える
=DISTINCTCOUNT(ColumnName)

引数

ColumnName … 一意の値を数える列名を指定する

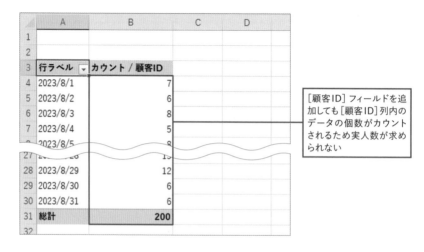

[顧客ID]フィールドを追加しても[顧客ID]列内のデータの個数がカウントされるため実人数が求められない

[T_販売]テーブルの[顧客ID]列から一意の値の数を返すメジャーを作成する

実来客数:=DISTINCTCOUNT([顧客ID])

計算領域に数式を入力すると[顧客ID]列にある重複しない値の数の合計が表示される

	[顧客ID] ▼		fx 実来客数:=DISTINCTCOUNT([顧客ID])		

▲	取引ID 🔽	日時 🔽	曜日名 🔽	顧客ID 📷🔽	小計 🔽	*列の追加*
1	T230800...	2023/0...	火	C-019	2250	
2	T230800...	2023/0...	火	C-015	2800	
3	T230800...	2023/0...	火	C-020	2700	
4	T230800...	2023/0...	火	C-015	2800	
17	T230800...	2023/0...	木	C-001	2300	

実来客数: 26

ColumnName … 実来客数を求めるため、[T_販売]テーブルの[顧客ID]列を指定する

1 [値]ボックスに[実来客数]フィールドを追加

[実来客数]に[顧客ID]列の一意の値の数が表示された

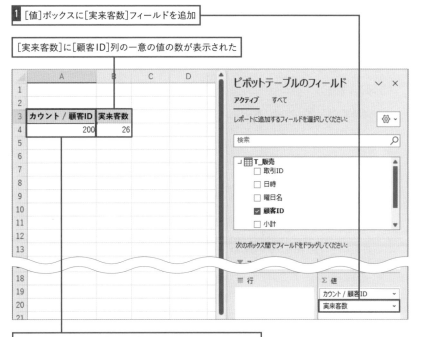

[カウント/顧客ID]に[顧客ID]列の値の数が表示されている

活用編　第4章　まずはここから！ 集計によく使われるDAX関数

パワーピボットなら関数を入力しなくても求められる

データモデルを基に作成されたピボットテーブルでは、[値フィールドの集計]の種類として[重複しない値の数]を選択してLESSONと同様の結果を求めることができます。暗黙のメジャーを表示すると、DISTINCTCOUNT関数を使ったメジャーが作成されていることが分かります。テーブルや範囲を基に作成する一般的なピボットテーブルでは使えない集計方法です。

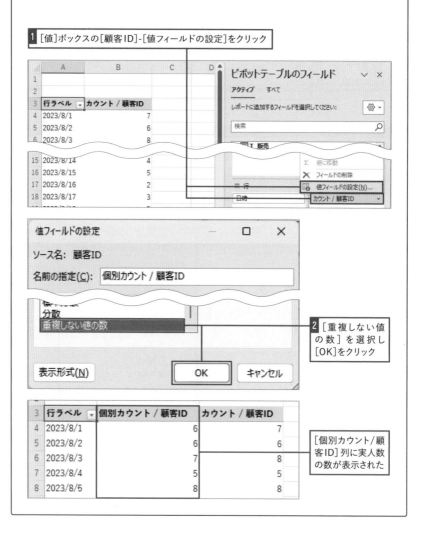

1 [値]ボックスの[顧客ID]-[値フィールドの設定]をクリック

2 [重複しない値の数]を選択し[OK]をクリック

[個別カウント/顧客ID]列に実人数の数が表示された

日ごとの来客数の値が異なる行があるのはなぜ？

　[2023/8/1] 行の [延べ人数] と [実人数] を比較すると、2つの列の値が異なります。延べ人数の値があるB4のセルをダブルクリックしてドリルスルーを行ってみましょう。作成されたシートを見ると、[C-005] の顧客IDが2つあることがわかります。同じ人が2度会計を行ったため、このような結果になっていることが分かります。この例のように、結果に疑問がある場合には、ドリルスルーを行ってその詳細を確認する癖を付けましょう。

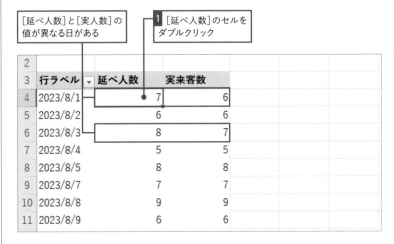

活用編　第4章　まずはここから！　集計によく使われるDAX関数

列の割り算などに使用する
DIVIDE関数

ピボットテーブルの集計結果に比率を求める場合などには除算を使いますが、演算子の「/」に代えてDIVIDE関数を使用することができます。LESSON26では、[M_商品]テーブルの[原価]列を[売価]列で除算する計算列[原価率]を作成します。

練習用ファイル L026_DIVIDE.xlsx

01 原価を売価で除算して原価率を求める

DIVIDE関数は2つの数値を基に除算をする関数です。第1引数は分子になる数を指定し、第2引数で割ります。演算子「/」を使う時と結果はほぼ同じですが、**分母が「0」の場合でもエラーではなく空白か第3引数に指定した定数を表示させることができます。**このLESSONのようにテーブル内で2つの列の比率を求めるために計算列として使用される他、総計に対するアイテムごとの集計結果の比率を求めるメジャーなど、利用される頻度の高い関数です。第1引数と第2引数を区切る「,」の代わりに「/」を記述してエラーになってしまうミスがよくあるので注意してください。

また、総計に対する各アイテムの比率を求める場合には「=DIVIDE(アイテムの集計結果を求める式,総計を求める式)」のメジャーを作成しピボットテーブルで値として使用します。

構文

1つの数値を別の数値で除算する

=DIVIDE (Numerator, Denominator, [AlternateResult])

引数

Numerator............割られる数を指定する。列や定数、数式を使用できる

Denominator........割る数を指定する。列や定数、数式を使用できる

AlternateResult..(オプション) 分母が0の場合に表示する値を指定する。省略した場合は空白となる

［M_商品］テーブルの［売価］列と［原価］列から原価率を求める

=DIVIDE(［原価］,［売価］)

［M_商品］テーブルを表示する

列名に「原価率」と入力し、数式を入力

| ［原価率］ | ▼ | f_x =DIVIDE(［原価］,［売価］) |

▲	商品...	商品分類	商品名	売価	原価	原価率	列の
1	M-001	菓子	ふわふわ...	3420	1850	0.54093567251462	
2	M-002	菓子	動物ビス...	3200	1660	0.51875	
3	M-003	菓子	富士山ク...	2800	1250	0.446428571428571	
4	M-004	菓子	クリームサ...	3420	1700	0.497076023391813	
5	M-005	菓子	富士山チ...	2500	1200	0.48	
6	M-006	菓子	チョコ＆バ...	2990	1500	0.501672240802676	
7	M-007	パン	ミニアンパ...	1200	790	0.658333333333333	
8	M-008	パン	さくさくフラ...	1600	1050	0.65625	
9	M-009	パン	三色クリ...	1100	730	0.663636363636364	
10	M-010	パン	山型食パン	1280	950	0.7421875	

［原価］から［売価］を割った値が表示された

Numerator............原価率を求めるため分子となる［原価］列を指定する

Denominator........原価率を求めるため分母となる［売価］列を指定する

AlternateResult...このLESSONでは省略する。もし［売価］の列に「0」の値があった場合には結果が空白となる

2		
3	**行ラベル** ▼	**合計 / 原価率**
4	クリームサンドケーキ	49.7%
5	さくさくフランスパン	65.6%
6	チョコ＆バニラクッキー	50.2%
7	ふわふわコットンキャンディ	54.1%
8	ミニアンパン5個詰め	65.8%
9	三色クリームパン	66.4%
10	山型食パン	74.2%
11	動物ビスケット	51.9%
12	富士山クッキー	44.6%
13	富士山チョコレート	48.0%
14	**総計**	**570.5%**
15		

LESSON18のSECTION03で解説している表示形式で「パーセンテージ」にするとフィールドにパーセントスタイルが適用される

27 小数点以下を切り捨てる INT関数とTRUNC関数

INT関数とTRUNC関数は、負の数を引数とした場合の結果が異なります。LESSON27
では返品をマイナス値で表している［T_売上］テーブルを基に消費税を求める列を作成し、
2つの関数の違いを確認します。

練習用ファイル L027_INT.xlsx

01 端数がある消費税額を整数に整える

　INT関数とTRUNC関数はどちらも小数点以下を切り捨てて整数位のみ取得したい時に使用する関数です。この2種類の関数は似た働きをしますが、**INT関数は小数点以下を切り捨てて元の値よりも小さい整数を求めます。**そのため、元の値が「-409.6」の場合は「-410」を返します。それに対し**TRUNC関数は元の値が正負いずれの値であっても、小数点以下をただ切り捨てた結果を返します。**よって、元の値が「-409.6」の場合は「-409」を返します。

　TRUNC関数は第2引数に切り捨てた後の小数点以下の桁数を指定できます。省略した場合には「0」が指定されていると判断し整数位のみ返りますが、「1」を指定すれば小数点第1位までの値を、「2」を指定すれば小数点第2位までの値を返します。また「-1」など負の数を指定すると、その数値分の桁を「0」に替えて表示します。計算列で使用する他、メジャーとして計算した結果を整えるためにも使用されます。

構文

小数点以下を切り捨て元の値より小さい整数にする
=INT(数値)

引数
数値.......................切り捨てる数値を指定する

小数点以下、または指定した桁を切り捨てて0に近い値にする

=TRUNC(数値, [NumberOfDigits])

数値............................. 切り捨てる数値を指定する

NumberOfDigits..... (オプション)切り捨てた後の桁数。省略した場合は「0」と判断する

■「NumberOfDigits」に指定する値による結果の違い

元の値	引数に指定する値	結果
123.456	2	123.45
123.456	1	123.4
123.456	0または省略	123
123.456	-1	120

[消費税]列から小数点以下を切り捨て、元の値より小さい整数を求める

=INT([消費税])

列名に「税額(I)」と入力し、
数式を入力

[消費税]列の値を小数点以下を切り捨てられ、
元の値よりも小さい整数が表示される

[税額(I)]	▼		*fx*	=INT([消費税])				

	商品...	数量	売価	価格	消費税	税額...	税額...	列0...
1	M-010	-4	1280	-5120	-409.6	-410	-409	
2	M-007	7	1200	8400	672	672	672	
3	M-001	10	3420	34200	2736	2736	2736	
4	M-002	8	3200	25600	2048	2048	2048	
5	M-003	2	2800	5600	448	448	448	
6	M-004	-7	3420	-23940	-1915.2	-1916	-1915	
7	M-008	6	1600	9600	768	768	768	
8	M-009	5	1100	5500	440	440	440	
9	M-005	1	2500	2500	200	200	200	

数値....................... 小数点以下の値がある[消費税]列を指定して整数に整える

［消費税］列から小数点以下を切り捨て、元の値より0に近い整数を求める

=TRUNC(［消費税］)

列名に「税額（T）」と入力し、
数式を入力

［消費税］列の値を小数点以下を0に近い
整数に切り捨てた結果が表示される

［税額（T）］ ▼ | f_x =TRUNC(［消費税］)

	商品...	数量	売価	価格	消費税	税額	税額...	税額
1	M-010	-4	1280	-5120	-409.6	-410	-409	
2	M-007	7	1200	8400	672	672	672	
3	M-001	10	3420	34200	2736	2736	2736	
4	M-002	8	3200	25600	2048	2048	2048	
5	M-003	2	2800	5600	448	448	448	
6	M-004	-7	3420	-23940	-1915.2	-1916	-1915	
7	M-008	6	1600	9600	768	768	768	
8	M-009	5	1100	5500	440	440	440	
9	M-005	1	2500	2500	200	200	200	
10	M-010	1	1280	1280	102.4	102	102	
11	M-007	10	1200	12000	960	960	960	
12	M-002	1	3200	3200	256	256	256	

数値...................... 小数点以下の値がある［消費税］列を指定して0に近い整数を求める

INT関数とTRUNC関数のどちらも整数位に
切り捨てているが、結果に違いがある

消費税 ▼	税額... ▼	税額... ▼
448	448	448
-1915.2	-1916	-1915
768	768	768
440	440	440
200	200	200
102.4	102	102
960	960	960
256	256	256
1913.6	1913	1913
1792	1792	1792

負の数を扱うかどうか、桁数指
定が必要か、2つの条件によっ
てどちらの関数を使うかを決め
てください。

ROUND関数で四捨五入もできる

　Excelのシートで使用する関数のように、ROUND関数を使って四捨五入することもできます。またROUNDUP関数、ROUNDDOWN関数も用意されており、いずれも構文は同じです。ROUNDDOWN関数とTRUNC関数で求められる結果は同じです。2つの関数の違いは、TRUNC関数が第2引数を省略できることです。数値を整数位に丸めたい場合は、関数名も引数もシンプルなINT関数またはTRUNC関数を使用し、桁数を指定して丸めたいときはROUND系の関数を使用すると覚えると良いでしょう。

=ROUND(数値, NumberOfDigits)
意味 数値を指定した桁数に四捨五入して丸める

引数

数値................................丸める数値を指定する

NumberOfDigits......丸めの対象となる桁数。0を指定すると整数に丸められる

=ROUNDUP(数値, NumberOfDigits)
意味 数値を指定した桁数に切り上げる

引数

数値................................丸める数値を指定する

NumberOfDigits......丸めの対象となる桁数。0を指定すると整数に丸められる。

=ROUNDDOWN(数値, NumberOfDigits)
意味 数値を指定した桁数に切り捨てる

引数

数値................................丸める数値を指定する

NumberOfDigits......丸めの対象となる桁数。0を指定すると整数に丸められる

ROUND	ROUNDUP	ROUNDDOWN
-410	-410	-409
672	672	672
2736	2736	2736
2048	2048	2048
448	448	448
-1915	-1916	-1915
768	768	768
440	440	440
200	200	200
102	103	102
060	060	060

「ROUND」が付く関数を使って整数位に丸めているが、それぞれ結果に違いがある

LESSON 28
条件によって2つに結果を分岐させるIF関数

IF関数はExcelのシートで使われる関数と同様、条件を指定してその結果を分岐させるための関数です。LESSON28では［T_売上］テーブルの［数量］列を参照し、「0」より小さい値がある場合には「返品」と返す計算列を作成します。

練習用ファイル L028_IF.xlsx

01 | 列の値を基に2つの結果を表示する

　ExcelシートでもおなじみのIF関数ですが、構文もほぼ同じで、第1引数には比較演算子を使用した条件式を指定することが多いです。第2引数は条件に当てはまった場合の結果を、第3引数には当てはまらなかった場合の結果を指定します。ただし**DAX関数の場合、第3引数は省略することができ、その場合の結果は空白となります。**式や値に文字列を使用する場合には、「"」（ダブルクォーテーション）で囲みます。

　このLESSONでは計算列で使用しましたが、IF関数はメジャーでも多く使用されます。他の関数を引数としたり、IF関数を他の関数の引数としたりするなど、ネストして使用されることも多いです。また、結果を3つ以上に分ける場合は、IF関数を第2引数か第3引数にネストすることで求められますが、LESSON32のSWITCH関数を使用する方がシンプルに記述できます。

構文

条件にもとづいた結果を返す

=IF(LogicalTest, ResultIfTrue, [ResultIfFalse])

引数

LogicalTest........評価する条件式。比較演算子を用いて右辺と左辺を比較する式や、真偽値を返す関数や列などを指定する

ResultIfTrue......条件を満たす場合の結果を指定する

ResultIfFalse....(オプション)条件を満たさない場合の結果を指定する。省略した時は「空白」が返る

[T_売上]テーブルの[数量]列を基に0より小さい場合「返品」と返す

=IF([数量]<0,"返品")

列名に「返品」と入力し、数式を入力

| [返品] | ▼ | f_x | =IF([数量]<0,"返品") |

	商品…	🔒 ▼	数量 ▼	売価 ▼	価格 ▼	消費税 ▼	税額(切捨) ▼	返品 ▼
1	M-010		-4	1280	-5120	-409.6	-410	返品
2	M-007		7	1200	8400	672	672	
3	M-001		10	3420	34200	2736	2736	
4	M-002		8	3200	25600	2048	2048	
5	M-003		2	2800	5600	448	448	
6	M-004		-7	3420	-23940	-1915.2	-1916	返品
7	M-008		6	1600	9600	768	768	
8	M-009		5	1100	5500	440	440	
9	M-005		1	2500	2500	200	200	
10	M-010		1	1280	1280	102.4	102	
11	M-007		10	1200	12000	960	960	

[数量]の値が「0」より小さい場合は「返品」と表示される

ポイント

LogicalTest........[数量]列の各行の値を参照し、「0」より小さいか評価する

ResultIfTrue......条件に当てはまった場合の結果を「"返品"」と指定する

練習用ファイル L028_IF3通り_ここもポイント.xlsx

IF関数をネストして3通りの結果に分ける

IF関数をネストする場合、IF関数の第2引数または第3引数にIF関数を使用します。次の2つは、[数量]列の値を基に0より小さい場合は"返品"を、2以下の場合は"少量発注"を、それ以外は空白を返す場合の数式です。最初のIF関数に2つの条件のどちらを設定するかによって、引数でIF関数をどう使うかが変わります。

=IF([数量]<0,"返品",IF([数量]<=2,"少量発注"))

=IF([数量]<=2,IF([数量]<0,"返品","少量発注"))

条件式に使う比較演算子を確認しよう

　IF関数の第1引数には、比較演算子を使用して左辺と右辺を比較する条件を作ることが多くあります。使用する演算子は「>」「<」「=」の3つで、それぞれ「より大きい」「より小さい」「等しい」を表します。さらにそれらの記号を組み合わせたパターンもあります。「以上」「以下」を表す組み合わせの場合、「=」を先に付けてしまうとエラーとなるので注意しましょう。またそれぞれの記号は半角で入力します。

■比較演算子の種類

演算子	意味
>	左辺が右辺より大きい場合
<	左辺が右辺より小さい場合
>=	左辺が右辺以上の場合
<=	左辺が右辺以下の場合
=	左辺と右辺が等しい場合
<>	左辺と右辺が等しくない場合
==	厳密に等しい

■比較演算子の例

用例	意味
[数量]>50	[数量]列の値が50より大きかったら
[数量]<50	[数量]列の値が50より小さかったら
[数量]>=50	[数量]列の値が50以上だったら
[数量]<=50	[数量]列の値が50以下だったら
[数量]=50	[数量]列の値が50だったら
[数量]<>50	[数量]列の値が50ではなかったら
[数量]==0	[数量]列の値が0だったら（空白は含まない）

> 「=」は空白も「0」と判定しますが、「==」は空白を「0」と判定しません。「==」以外のすべての比較演算子は空白を「0」と判定します。

論理関数で使われる「TRUE」「FALSE」とは

　論理関数を学ぶとよく見かける「TRUE」「FALSE」とは、真偽値という特別なデータ型の値です。それぞれ「真」「偽」と呼ばれることもあります。「TRUE」はそこで評価される式や値が「真」であることを、「FALSE」はそこで評価される式や値が「偽」であることを表しています。何らかの数式の結果としてこれらの真偽値をそのまま求める場合もあります。また、IF関数などの条件を判定する関数では、引数に条件を指定しますが、その際に真偽値を返す関数を使用することもできます。例えばIF関数の第1引数にAND関数やOR関数を指定した場合、それらの関数から「TRUE」が返った場合には第2引数で指定した結果を、「FALSE」が返った場合には第3引数で指定した結果を、最終的な結果として返すことになります。

> **=IF(AND([年齢]>50,[性別]= "男"),"特典送付","メール送付")**
>
> **意味** [年齢]の値が50より上で、[性別]の値が男である場合は「特典送付」と表示し、それ以外の場合は「メール」と表示する

	[対象判定] ▼		*fx* =IF(AND([年齢]>50,[性別]="男"),"特典送付","メール送付")				
	顧... ▼	氏名 ▼	氏名（ひらがな）▼	年齢 ▼	性別 ▼	対象判定 ▼	
1	C-001	青柳 ...	あおやぎ まさひろ	57	男	特典送付	
2	C-002	大西 ...	おおにし しんじろう	46	男	メール送付	
3	C-003	岡 大	おか だい	62	男	特典送付	
4	C-004	岡本 ...	おかもと ひさのり	37	男	メール送付	
5	C-005	尾崎 ...	おざき ゆうさく	48	男	メール送付	
6	C-006	金子 ...	かねこ りょうこ	48	女	メール送付	
7	C-007	川崎 ...	かわさき りゅうじ	65	男	特典送付	
8	C-008	菊池 ...	きくち たくや	63	男	特典送付	
9	C-009	木村 ...	きむら あきら	39	男	メール送付	
10	C-010	木村 ...	きむら たつや	35	男	メール送付	
11	C-011	國岡 ...	くにおか こういち	63	男	特典送付	
12	C-012	小堀 ...	こぼり たかひろ	58	男	特典送付	
13	C-013	齊藤 ...	さいとう ゆうぞう	50	男	メール送付	
14	C-014	坂本 暁	さかもと あき	41	男	メール送付	
15	C-015	佐々 ...	ささき ただし	49	男	メール送付	

「年齢が50歳より上、性別が男」 条件式 → TRUE → 特典送付 / FALSE → メール送付

LESSON 29

複数の条件を満たす場合のみを指定するAND関数

「年齢が50歳より上、性別が男」という2つの条件に当てはまれば「TRUE」、そうでなければ「FALSE」を表示させる計算列を作成します。IF関数などの条件式としても使われることの多いAND関数は、2つの条件をすべて満たしているか判定します。

練習用ファイル L029_AND.xlsx

01 複数の条件をすべて満たすかどうかを判定する

　AND関数では引数に2つの条件式を指定し、いずれも満たす場合には「TRUE」、いずれも満たさない、あるいはどちらか一方でも満たさない場合には「FALSE」を返します。**Excelシートで使用できるAND関数と異なり引数が2つに制限されているため、3つ以上の条件を指定する場合にはAND関数自体をネストする必要があります。**関数をネストすると可読性が悪くなるため、条件数が多い場合にはAND関数に代わって、同じ効果を持つAND演算子「&&」を条件と条件の間に入力してつなぐ方法がよく使用されます。

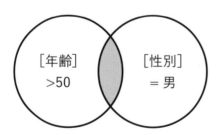

構文

複数の条件をすべて満たす場合のみTRUEを返す

=AND(Logical1, Logical2)

引数

Logical1, Logical2 .... 評価する条件。比較演算子を用いて右辺と左辺を比較する式や、真偽値を返す関数や列などを指定する

また、このLESSONでは計算列を作成し、引数で指定した列の値を行ごとに参照して結果を返していますが、実務ではIF関数の第1引数やFILTER関数の第2引数など、引数に条件式を必要とする他の関数にネストされることが多いです。

使用例

[年齢]列が50以上、[性別]が男の場合は「TRUE」、そうでない場合は「FALSE」を返す

=AND([年齢]>50, [性別]="男")

列名に「対象判定」と入力し、数式を入力

[年齢]の値が「50」より大きく、[性別]の値が「男」の場合は「TRUE」と表示され、それ以外の場合は「FALSE」と表示される

| [対象判定] ▼ | | | | | *fx* =AND([年齢]>50,[性別]="男") | | |

	顧...	氏名	氏名(ひらがな)	年齢	性別	対象判定	列の追加
1	C-001	青柳 ...	あおやぎ まさひろ	57	男	TRUE	
2	C-002	大西 ...	おおにし しんじろう	46	男	FALSE	
3	C-003	岡 大	おか だい	62	男	TRUE	
4	C-004	岡本 ...	おかもと ひさのり	37	男	FALSE	
5	C-005	尾崎 ...	おざき ゆうさく	48	男	FALSE	
6	C-006	金子 ...	かねこ りょうこ	48	女	FALSE	
7	C-007	川崎 ...	かわさき りゅうじ	65	男	TRUE	
8	C-008	菊池 ...	きくち たくや	63	男	TRUE	
9	C-009	木村 ...	きむら あきら	39	男	FALSE	
10	C-010	木村 ...	きむら たつや	35	男	FALSE	
11	C-011	國岡 ...	くにおか こういち	63	男	TRUE	
12	C-012	小堀 ...	こぼり たかひろ	58	男	TRUE	
13	C-013	齊藤 ...	さいとう ゆうぞう	50	男	FALSE	
14	C-014	坂本 暁	さかもと あき	41	男	FALSE	
15	C-015	佐々 ...	ささき ただし	49	男	FALSE	
16	C-016	佐藤 ...	さとう かつゆき	37	男	FALSE	

ポイント

Logical1 .... [年齢]列の値を参照し、「50」より大きいか評価する
Logical2 .... [性別]列の値を参照し、「男」かどうか評価する

Excelのシートで使用するAND関数と異なり、条件は2つまでしか指定できません。「&&」の使い方を合わせて覚えましょう。

複数の条件を1つでも満たすか判定するOR関数

「年齢が50歳以上、性別が女」という条件のうち、どちらかに当てはまれば「TRUE」、そうでなければ「FALSE」を表示させる計算列を作成します。IF関数などの条件式としても使われることの多いOR関数は、2つの条件のどちらかを満たしているかを判定します。

練習用ファイル L030_OR.xlsx

01 複数ある条件のいずれかを満たすかどうか判定する

OR関数では引数に2つの条件式を指定し、どちらも満たす、あるいはいずれかを満たす場合には「TRUE」、いずれも満たさない場合には「FALSE」を返します。Excelシートで使用できるOR関数と異なり引数が2つに制限されているため、**3つ以上の条件を指定する場合にはOR関数自体をネストする必要があります。**関数をネストすると可読性が悪化するため、条件数が多い場合にはOR関数に代わって、同じ効果を持つOR演算子「||」を条件と条件の間に入力してつなぐ方法がよく使用されます。

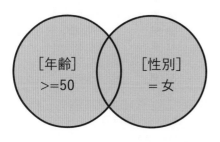

OR演算子「||」は半角入力で
Shift キーを押しながら¥キー
2回で入力できます。

構文

複数ある条件のいずれかを満たす場合にTRUE を返す

=OR(Logical1, Logical2)

引数

Logical1, Logical2 ....評価する条件。比較演算子を用いて右辺と左辺を比較する式や、真偽値を返す関数や列などを指定する

また、このLESSONでは計算列を作成し、引数で指定した列の値を行ごとに参照して結果を返していますが、実務ではIF関数の第1引数やFILTER関数の第2引数など、引数に条件式を必要とする他の関数にネストされることが多いです。

[年齢]が50以上、または[性別]が女なら「TRUE」、そうでなければ「FALSE」を返す

=OR([年齢]>=50, [性別]="女")

列名に「対象判定」と入力し、
数式を入力

[年齢]の値が「50」以上、または[性別]の値が「女」の場合は
「TRUE」と表示され、それ以外の場合は「FALSE」と表示される

[対象判定]　▼　　　fx =OR([年齢]>50, [性別]="女")

	顧...	氏名	氏名（ひらがな）	年齢	性別	対象判定	列の追加
1	C-001	青柳 ...	あおやぎ まさひろ	57	男	TRUE	
2	C-002	大西 ...	おおにし しんじろう	46	男	FALSE	
3	C-003	岡大	おか だい	62	男	TRUE	
4	C-004	岡本 ...	おかもと ひさのり	37	男	FALSE	
5	C-005	尾崎	おざき ゆうさく	48	男	FALSE	
6	C-006	金子	かねこ りょうこ	48	女	TRUE	
7	C-007	川崎	かわさき りゅうじ	65	男	TRUE	
8	C-008	菊池	きくち たくや	63	男	TRUE	
9	C-009	木村	きむら あきら	39	男	FALSE	
10	C-010	木村	きむら たつや	35	男	FALSE	
11	C-011	國岡 ...	くにおか こういち	63	男	TRUE	
12	C-012	小堀	こぼり たかひろ	58	男	TRUE	
13	C-013	齊藤 ...	さいとう ゆうぞう	50	男	FALSE	
14	C-014	坂本 暁	さかもと あき	41	男	FALSE	
15	C-015	佐々	ささき ただし	49	男	FALSE	
16	C-016	佐藤 ...	さとう かつゆき	37	男	FALSE	
17	C-017	佐藤 ...	さとう まゆみ	45	女	TRUE	

Logical1 .... [年齢]列の値を参照し、「50」以上か評価する

Logical2 .... [性別]列の値を参照し、「女」かどうか評価する

活用編　第4章　まずはここから！　集計によく使われるDAX関数

条件に当てはまらない場合を指定するNOT関数

NOT関数は条件式を引数として、その結果の「TRUE」と「FALSE」を反転させる関数です。ここでは、「年齢が50歳以上」という条件を作り、それに当てはまらなければ「TRUE」、当てはまる場合には「FALSE」を表示させる計算列を作成します。

練習用ファイル L031_NOT.xlsx

01 指定した条件を満たさないかどうかを判定する

　NOT関数は引数に条件式を1つ指定し、それを満たさない場合に「TRUE」、満たす場合に「FALSE」を返します。これまで学んできたIF関数の第1引数に使用して結果を反転させる、AND関数やOR関数をその引数として結果を反転させる、といった場面でよく使われます。IF関数の条件であれば第2引数と第3引数を入れ替えて指定することで同じ結果を得ることができますが、NOT関数で第1引数を反転させた方が可読性が高まり管理しやすい場合や、他の式をコピーして使用する場面などによく使われます。

　また、このLESSONでは計算列を作成し、引数で指定した列の値を行ごとに参照して結果を返していますが、実務ではIF関数の第1引数やFILTER関数の第2引数など、引数に条件式を必要とする他の関数にネストされることが多いです。組み合わせる関数とNOT関数で反転させる結果の関係性をしっかりイメージしながら使いましょう。

構文

条件に当てはまらない場合「TRUE」を返す
=**NOT**(Logical)

引数

Logical................評価する条件。比較演算子を用いて右辺と左辺を比較する式や、真偽値を返す関数や列などを指定する

使用例

［年齢］列が50以上でなかったら「TRUE」、そうでない場合は「FALSE」を返す

=NOT(［年齢］>=50)

列名に「対象判定」と入力し、
数式を入力

［年齢］の値が「50」以上ではない場合に「TRUE」と表示され、
それ以外の場合は「FALSE」と表示される

［対象判定］ ▼		f_x	=NOT(［年齢］>=50)				

	顧...	氏名	氏名（ひらがな）	年齢	性別	対象判定 ▼	列の追加
1	C-001	青柳 ...	あおやぎ まさひろ	57	男	FALSE	
2	C-002	大西 ...	おおにし しんじろう	46	男	TRUE	
3	C-003	岡 大	おか だい	62	男	FALSE	
4	C-004	岡本 ...	おかもと ひさのり	37	男	TRUE	
5	C-005	尾崎 ...	おざき ゆうさく	48	男	TRUE	
6	C-006	金子 ...	かねこ りょうこ	48	女	TRUE	
7	C-007	川崎 ...	かわさき りゅうじ	65	男	FALSE	
8	C-008	菊池 ...	きくち たくや	63	男	FALSE	
9	C-009	木村 ...	きむら あきら	39	男	TRUE	
10	C-010	木村 ...	きむら たつや	35	男	TRUE	
11	C-011	國岡 ...	くにおか こういち	63	男	FALSE	
12	C-012	小堀 ...	こぼり たかひろ	58	男	FALSE	
13	C-013	齊藤 ...	さいとう ゆうぞう	50	男	FALSE	
14	C-014	坂本 暁	さかもと あき	41	男	TRUE	
15	C-015	佐々 ...	ささき ただし	49	男	TRUE	
16	C-016	佐藤 ...	さとう かつゆき	37	男	TRUE	

ポイント

Logical................ ［年齢］列の値を参照し、「50以上」ではないかを評価する

練習用ファイル L031_複数条件_ここもポイント.xlsx

ここもポイント！

NOT関数で複数の条件を使用したい場合は？

NOT関数の引数は１つだけしか指定できません。そのため複数の条件を
指定してその判定結果の真偽を入れ替えるには、NOT関数の引数として
AND関数やOR関数を指定します。

=NOT(OR(［年齢］>=50,［性別］="女"))

意味 ［年齢］が50以上または［性別］が女、どちらにも当てはまらなかったら「TRUE」、どちらか一
方でも当てはまったら「FALSE」を返す

条件によって結果を複数に分岐させるSWITCH関数

条件が複数あり、それぞれに対して結果を分岐させたい場合に使えるのがSWITCH関数です。LESSON32では、アンケートの結果を基に「A」なら「優」、「B」なら「良」、「C」なら「可」、それ以外は「不可」という結果を返す計算列を作成します。

練習用ファイル L032_SWITCH.xlsx

01 条件を複数指定し、それぞれの結果を分岐させる

SWITCH関数は、IF関数をネストしなければ求められなかった結果を比較的シンプルな記述で求められる便利な関数です。第1引数には式や列などこの関数の条件として基準値になるものを指定し、以降の引数は2つで1ペアを構成します。第2引数となる「値」には、第1引数で指定する基準値と比較するものを指定し、それが一致する場合には第3引数として指定した「Result」を返します。当てはまらなかった場合は次の値に進み比較します。第2引数以降のペアは、先に指定されたものの優先順位が高いため、複数の値に当てはまるものがあっても以降は判定せずに無視されます。最後の引数「Else」はどの値にも当てはまらなかった場合の結果です。省略可能でその場合の結果は空白となります。

構文

条件によって結果を複数に分岐させる

=**SWITCH**(Expression, 値1, Result1, …, [Else])

引数

Expression.........評価する式。以降の引数で「値」として指定するものと比較するためのもの。式や列、定数や文字列などを指定できる

値1.........................第1引数の式と比較する値。式や列、定数や文字列などを指定できる

Result1...............Expressionと値1が一致した時に返す結果を指定する。以降、値とResultをペアにして必要数繰り返す

Else.....................(オプション) どの値にも一致しない場合の結果を指定する。省略した場合は空白を返す

SWITCH関数は大変便利ですが、記述が長くなりやすいため、数式バーで作成する場合には高さを広げた上で、引数のペアごとに改行しながら記述すると分かりやすくなります。また、第2引数以降の [値] に比較演算子を用いた式を使用する場合は、**第1引数に「TRUE()」を指定することでそれぞれの比較式の結果が「TRUE」かどうかを判定し、Resultを返すことができます。**

[総合満足度] 列の値を基に「優」「良」「可」「不可」の結果を返す

=SWITCH([総合満足度],"A","優","B","良","C","可","不可")

列名に「対象判定」と入力し、数式を入力

[年齢] の値が「50」以上ではない場合に「TRUE」と表示され、それ以外の場合は「FALSE」と表示される

| [判定] ▼ | *fx* =SWITCH([総合満足度],"A","優","B","良","C","可","不可") |

	解答番号 ▼	回答日 ▼	年齢 ▼	誰と ▼	総合満足度 ▼	判定 ▼	列の追加
1	1	2023/07/...	40代	家族	A	優	
2	2	2023/07/...	30代	家族	A	優	
3	3	2023/07/...	30代	友人	B	良	
4	4	2023/07/...	50代	家族	A	優	
5	5	2023/07/...	50代	家族	B	良	
6	6	2023/07/...	70代	家族	A	優	
7	7	2023/07/...	30代	1人	B	良	
8	8	2023/07/...	20代	友人	C	可	
9	9	2023/07/...	50代	家族	A	優	
10	10	2023/07/...	50代	1人	B	良	
11	11	2023/07/...	60代	家族	C	可	
12	12	2023/07/...	40代	友人	D	不可	
13	13	2023/07/...	30代	友人	B	良	
14	14	2023/07/...	40代	家族	A	優	
15	15	2023/07/...	50代	家族	B	良	
16	16	2023/07/...	70代	友人	B	良	

Expression..........第2引数以降の「値」と比較するため [総合満足度] 列を指定する

値1.......................[総合満足度] 列の値と比較させる「"A"」を指定する

Result1................[総合満足度] 列の値が「"A"」だった場合の結果として「"優"」を指定する

Else.......................どの値にも当てはまらなかった場合の結果として「"不可"」を指定する

「AND条件」「OR条件」とは？

　論理式を扱う場合、「TRUE」「FALSE」と一緒に覚えたいのが「AND条件」「OR条件」です。いずれも、複数の条件を指定する場合の考え方ですが、AND条件は「条件1かつ条件2を満たす場合」、つまり条件すべてを満たすことを求めます。そのため、条件が増えれば増えるほど、その条件に当てはまるものは絞り込まれて少なくなります。それに対してOR条件は、「条件1または条件2を満たす場合」を求めるので、条件が増えれば増えるほど、その条件に当てはまるものは多くなっていきます。「AND」を「○○と」とイメージして間違って逆に覚えてしまう人がいますが、「OR」を「または」とイメージすれば正しく覚えられます。LESSON29、30でも紹介した通り、AND関数とOR関数はそれぞれ引数を2つしか持てませんが、AND演算子、OR演算子を使うことで3つ以上の条件を設定できます。

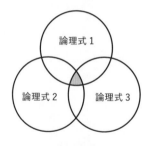

AND 条件「かつ」
条件式が増えるほど重なりは小さくなる

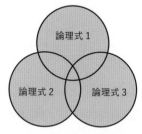

OR 条件「または」
条件式が増えるほど範囲が広がる

　例えば、LESSON32のアンケート結果から、家族で来ている40代、50代のお客様で、総合満足度がAの場合には優待券を、Bの場合にはDMを、それ以外の場合にはメールを送付することを判定するとしましょう。この計算列を作成したい場合、次のような記述で求められます。

```
=SWITCH(true()
    ,[年齢]="40代"&&[誰と]="家族"&&[総合満足度]="A","優待券送付"
    ,[年齢]="40代"&&[誰と]="家族"&&[総合満足度]="B","DM送付"
    ,[年齢]="50代"&&[誰と]="家族"&&[総合満足度]="A","優待券送付"
    ,[年齢]="50代"&&[誰と]="家族"&&[総合満足度]="B","DM送付"
    ,"メール送付"
)
```

fx =SWITCH(true()
    ,[年齢]="40代"&&[誰と]="家族"&&[総合満足度]="A","優待券送付"
    ,[年齢]="40代"&&[誰と]="家族"&&[総合満足度]="B","DM送付"
    ,[年齢]="50代"&&[誰と]="家族"&&[総合満足度]="A","優待券送付"
    ,[年齢]="50代"&&[誰と]="家族"&&[総合満足度]="B","DM送付"
    ,"メール送付"
)

	年齢	誰と	総合満足度	サービス	食事	部屋	清掃	判定
/...	40代	家族	A	B	A	A	A	優待券送付
/...	30代	家族	A	A	A	A	A	メール送付
/...	30代	友人	B	B	B	B	B	メール送付
/...	50代	家族	A	A	B	B	A	優待券送付
/...	50代	家族	B	C	B	A	A	DM送付
/...	70代	家族	A	A	A	B	B	メール送付
/...	30代	1人	B	A	C	B	B	メール送付
/...	20代	友人	C	C	C	B	C	メール送付
/...	50代	家族	A	A	B	A	B	優待券送付
/...	50代	1人	B	B	B	A	C	メール送付
/...	60代	家族	C	D	B	A	C	メール送付
/...	40代	友人	D	E	C	B	D	メール送付
/...	30代	友人	B	B	B	C	A	メール送付
/...	40代	家族	A	A	A	B	B	優待券送付
/...	50代	家族	B	B	B	A	C	DM送付
/...	70代	友人	B	B	A	B	A	メール送付
/...	30代	家族	A	A	A	B	A	メール送付
/...	20代	1人	C	C	C	B	C	メール送付
/...	50代	家族	B	B	A	A	B	DM送付
/...	40代	友人	C	C	B	B	B	メール送付

判定に応じた結果が各セルに表示される

エラーになる場合の処理を決める IFERROR関数

IFERROR関数はExcelのシートで使われる関数とほとんど同じです。LESSON33では、[在庫数]を[入数]で割り[出荷可能パック数]を求め、[入数]の値が「0」の場合、通常はエラーが返るところを「出荷停止」の文字列が返るメジャーを作成します。

練習用ファイル L033_IFERROR.xlsx

01 エラーになる場合に特定の文字列を表示する

IFERROR関数では、式の結果がエラーの場合の処理を決められます。第1引数には、評価する式を指定します。第2引数には第1引数の結果がエラーになった場合に返す値を指定します。定数や文字列の他、式を指定することも可能です。

この例では結果を分かりやすくするため「出荷停止」を表示させましたが、文字列が値に混ざることで[出荷可能パック数]列を数値列として集計できなくなります。**一般的には「0」や「（空白）」など、第1引数で求められる結果と同じデータ型の値を指定します。**

構文

与えられた値がエラーになる場合の処理を決める

=IFERROR(値, ValueIfError)

引数

値 ....エラーが発生する可能性のある式や値を指定する

ValueIfError.......第1引数の評価がエラーの場合に返す値を指定する

3	行ラベル	在庫数	入数	出荷可能パック数
4	クリームサンドケーキ	135	5	27
5	さくさくフランスパン	110	5	22
6	チョコ＆バニラクッキー	220	10	22
7	ふわふわコットンキャンディ	200	10	20
8	ミニアンパン5個詰め	120	5	24
9	三色クリームパン	190	5	38
10	山型食パン	10	0	出荷停止
11	動物ビスケット	150	10	15
12	富士山クッキー	20	5	4
13	富士山チョコレート	160	20	8

[在庫数]を0で割っている場合エラーになるため「出荷停止」と表示される

[在庫数]を[入数]で割ってエラーになる場合は「出荷停止」を表示する

出荷可能パック数:=IFERROR([在庫数]/[入数]),"出荷停止")

フィールドセクションの[T_入出庫]テーブルを右クリックし、[メジャーの追加]をクリックしておく

1 メジャーの名前に「出荷可能パック数」と入力

メジャー

テーブル名(<u>T</u>): 　T_入出庫

メジャーの名前(<u>M</u>): 　出荷可能パック数

値の説明(<u>D</u>):

数式(<u>F</u>): 　*fx*　　DAX 式を確認(<u>H</u>)

=IFERROR([在庫数]/[入数], "出荷停止")

---

2 数式を入力し[OK]をクリック

値 .... 出荷可能パック数を求めるため、[在庫数]/[入数]を指定する

ValueIfError .... [入数]が「0」の場合エラーとなるため「出荷停止」を指定する

在庫数や入数などを求めるための運用ルール

　この例では在庫数や入数、出荷可能パック数を、メジャーを使ってピボットテーブルで求めるため、集計元となるデータを入力する際の運用ルールが定められています。在庫数を求めるための[入出庫リスト]シートには、入荷は正、出荷は負の数が入力されているので、「在庫数:=SUM('T_入出庫'[数量])」と比較的シンプルなメジャーで現在の在庫を求められます。また、[商品マスタ]シートの[入数]列を直接ピボットテーブルに参照することはできませんが、メジャー「入数:=SUM[入数]」を作成すれば集計結果として表示できます。今後出荷しない製品には[入数]列に「0」を入力すると定めているので、「山型食パン」の[入数]は「0」となります。

エラーになるかどうかを判断する ISERROR関数

ISERROR関数は式の結果がエラーかどうかを判断します。LESSON34では、IF関数と組み合わせることで［在庫数］を［入数］で割り、［入数］の値が「0」の場合、通常であればエラーが返るところを「出荷停止」という文字列が返るメジャーを作成します。

練習用ファイル L034_ISERROR.xlsx

01 式の結果がエラーになる場合「TRUE」を返す

ISERROR関数の引数はは1つのみで式を指定することが一般的です。その式がエラーになる場合TRUEを、ならない場合にはFALSEを返すため、ほとんどの場合他の関数の引数として使われます。このLESSONではIF関数の第1引数として使用することで、「出荷停止」または「（空白）」の2つに結果を分けています。LESSON33のように引数に指定した式の結果も表示させたい場合には、IF関数の第3引数にその式を入力する必要があります。

構文

エラーになる場合はTRUEを、ならない場合はFALSEを返す

=ISERROR(値)

引数

値.......................... エラーが発生する可能性のある式や値を指定する

3	行ラベル	在庫数	入数	出荷判断
4	クリームサンドケーキ	135	5	
5	さくさくフランスパン	110	5	
6	チョコ＆バニラクッキー	220	10	
7	ふわふわコットンキャンディ	200	10	
8	ミニアンパン5個詰め	120	5	
9	三色クリームパン	190	5	
10	山型食パン	10	0	出荷停止
11	動物ビスケット	150	10	
12	富士山クッキー	20	5	
13	富士山チョコレート	160	20	

［在庫数］を［入数］で割った際にエラーになる場合は「出荷停止」と表示され、そうでない場合は空白となる

使用例

［在庫数］を［入数］で割ってエラーになる場合は「出荷停止」を表示する

出荷判断:=IF(ISERROR(［在庫数］/［入数］**),"出荷停止")**

フィールドセクションの[T_入出庫]テーブルを右クリックし、
[メジャーの追加]をクリックしておく

1 メジャーの名前に「出荷判断」
と入力

メジャー

テーブル名(T):	T_入出庫
メジャーの名前(M):	出荷判断
値の説明(D):	

数式(E):　*fx*　　DAX 式を確認(H)

=IF(ISERROR([在庫数]/[入数]), "出荷停止")|

2 数式を入力し[OK]をクリック

ポイント

value .... エラーになるかどうかを判断する式、[在庫数]/[入数]を指定する

このメジャーをもっとスマートに記述するには？

　この LESSON のエラー処理にはもっとスマートなメジャーの作り方が
あります。LESSON26で紹介した、DIVIDE 関数なら分母が「0」になった
場合もエラーは表示されず空白処理されます。第3引数を使えば今回の例
のように文字列や定数を返すことも可能です。ISERROR関数、IFERROR
関数を使うとエラー処理していることが分かりやすいためメンテナンスに
は適していますが、計算のパフォーマンスを下げる可能性があると
Microsoftからアナウンスされています。実務では結果がエラーにならな
いように運用するのがより良い使い方です。

AND関数、OR関数をIF関数の条件として使用する

　AND関数、OR関数、NOT関数をIF関数の条件に使用することで、複数の条件を満たす場合の結果を分岐させることができます。それぞれの関数を使って作った列は以下の通りです。2つ目のIF関数の式を作成する際によくある間違いとして「=IF([年齢]=OR("60代","70代"),"シニア")」というパターンがあります。比較式の左辺が同じであっても、右辺だけをOR関数の条件とすることはできません。

=IF(AND([年齢]="20代",[誰と]="1人"),"身軽")
意味 ［年齢］が20代、かつ［誰と］が1人だったら「身軽」と返す

=IF(OR([年齢]="60代",[年齢]="70代"),"シニア")
意味 ［年齢］が60代、または70代だったら「シニア」と返す

=IF(NOT(OR([年齢]="60代",[年齢]="70代")),"シニア以外")
意味 ［年齢］が60代、または70代以外を「シニア以外」と返す

引数［LogicalTest］で複数の条件を満たすかどうか判定し、満たす場合は指定した文字列が表示され、満たさない場合は空白となる

総合満足度	判定	身軽判定	シニア判定	シニア以外判定
A	優			シニア以外
A	優			シニア以外
B	良			シニア以外
A	優			シニア以外
B	良			シニア以外
A	優		シニア	
B	良			シニア以外
C	可			シニア以外
A	優			シニア以外
				シニア以外
B	良			シニア以外
B	良		シニア	
A	優			シニア以外
C	可	身軽		シニア以外
B	良			シニア以外

第 5 章

DAX活用に必須！
データを自在に抽出・整形する

本章で扱うフィルター関数を中心とした関数は、データモデルを自在にコントロールするために使われ、とても便利です。最初は理解が難しいかもしれないですが、各テーブルがどのような関係性でデータモデルを形作っているかを意識しながら学習を進めましょう。

別のテーブルの列を参照させる RELATED関数

他のテーブルの列を数式の中で使用する場合、原則としてRELATED関数を使って参照する必要があります。LESSON35ではRELATED関数を使って [T_売上] テーブルに計算列 [売価] を作成し、[M_商品] テーブルの [売価] 列を参照します。

練習用ファイル L035_RELATED.xlsx

01 列を参照して新たに列を作成する

RELATED 関数は別のテーブルの列を参照できる便利な関数です。リレーションシップが設定されているテーブル間でのみ使用できます。トランザクションテーブルをまたいだ**マスタテーブル同士の列を参照することはできないので注意**してください。また、参照できるのは、外部キーのある「多」の値を持つテーブルに対し、**主キーのある「1」の値を持つ列を参照する方向に限ります。**逆方向に参照しようとすると、一意の値を特定できないためエラーとなります。VLOOKUP関数を使って、ある表に別の表の値を参照させる場面をイメージすると分かりやすいでしょう。

なお、CALCULATE関数やFILTER関数など、関数によってはRELATED関数を使用せずに別のテーブルの列を参照できるものもあります。慣れるまではオートコンプリートを参考にしましょう。

構文

別のテーブルにある指定の列の値を返す

=RELATED(ColumnName)

引数

ColumnName ... 参照する列の名前を指定する

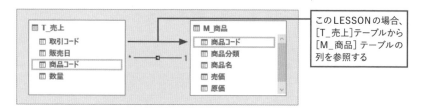

このLESSONの場合、[T_売上]テーブルから[M_商品] テーブルの列を参照する

[T_売上]テーブルに[M_商品]テーブルの[売価]列を参照した列を作成する

=RELATED('M_商品'[売価])

列名に「売価」と入力し、数式を入力

[M_商品]テーブルの[売価]列の値が
参照され、各商品の売価が表示された

| [売価] | ▼ | fx | =RELATED('M_商品'[売価]) | | | |

	取引コード	販売日	商品コード	数量	売価 ▼	
1	23000001	2023/07/04 0:00:00	M-010	4	1280	
2	23000002	2023/07/04 0:00:00	M-007	7	1200	
3	23000003	2023/07/05 0:00:00	M-001	10	3420	
4	23000004	2023/07/05 0:00:00	M-002	8	3200	
5	23000005	2023/07/05 0:00:00	M-003	2	2800	
6	23000006	2023/07/06 0:00:00	M-004	7	3420	
7	23000007	2023/07/06 0:00:00	M-008	6	1600	

ColumnName … [T_売上]テーブルに、[M_商品]テーブルの[売価]列の値を、リレーショ
ンシップに基づいて各行ごとに参照させるために「'M_商品'[売価]」を
指定する

引数に列を指定する際にはテーブル名も
必要です。「'(シングルクォーテーション)」
を入力し、テーブル名で始まるオートコンプ
リートのリストを呼び出しましょう。

 RELATED関数で販売価格を求めるメジャーを作る

　このLESSONでは計算列を作成していますが、SUMX関数など、他の
数式の中で使用されることの多い関数です。このLESSONで使用してい
るデータモデルから販売価格を集計する場合、次のメジャーを作成すれば
計算列を使わずに一気に集計できます。

=SUMX('T_売上','T_売上'[数量]*RELATED('M_商品'[売価]))

意味 [M_商品]テーブルの[売価]列を参照し、[T_売上]テーブルの[数量]列に乗算した結果を合計する

集計結果にフィルターを設定する CALCULATE関数

CALCULATE関数は重要な関数の一つです。活用範囲が広い分、理解しにくいと感じられますが、まずシンプルな使い方から学びを進めていきましょう。LESSON36では、[T_従業員]テーブルから「本社」に所属する従業員数を求めるメジャーを作成します。

練習用ファイル L036_CALCULATE.xlsx

01 式の結果を指定した条件でさらに絞り込む

　　CALCULATE関数は**第1引数に指定する式の結果を、第2引数に指定した条件で抽出できる**関数です。第1引数には、メジャーを含む様々な式を指定できます。第2引数には、このLESSONで扱うような比較演算子を用いた条件式の他、FILTER関数やALL関数といった関数を使った条件の指定も行えます。第3引数以降は条件を複数指定する場合に使用されます。第3引数以降の条件はAND条件として扱われます。OR条件で式を作成する場合には、OR演算子「||」で条件をつなぎます。また、第1引数のみを指定して条件を持たない計算をさせることも可能です。

構文

集計結果にフィルターを設定する

=**CALCULATE**(Expression, [Filter1], …)

引数

Expression………計算する式を指定する
Filter………………(オプション) 設定する抽出条件を指定する。複数設定も可

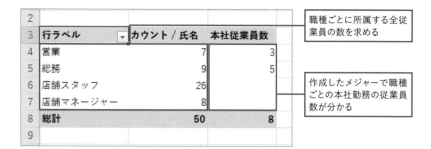

	行ラベル	カウント / 氏名	本社従業員数	
2				職種ごとに所属する全従業員の数を求める
3	行ラベル ▼	カウント / 氏名	本社従業員数	
4	営業	7	3	
5	総務	9	5	作成したメジャーで職種ごとの本社勤務の従業員数が分かる
6	店舗スタッフ	26		
7	店舗マネージャー	8		
8	総計	50	8	
9				

[所属]が「本社」である[氏名]の値を数えるメジャーを作成する

本社従業員数:=CALCULATE(COUNT(**'T_従業員'[氏名])**,'M_所属'[所属]="本社")

計算領域に数式を入力する

[氏名]列の中で[所属]列の値が「本社」と入力されている値をカウントした結果が表示された

| [氏名] | ▼ | fx | 本社従業員数:=CALCULATE(COUNT('T_従業員'[氏名]), 'M_所属'[所属]="本社") |

従業員 ▼	氏名 ▼	氏名（ひらがな） ▼	年齢 ▼	生年月日 ▼	性別 ▼	所属コ▼
1	S-001	坂本 圭一	さかもと けいいち	27	1996/07/22 0:00:00	男	SJ
2	S-002	只野 亮子	ただの りょうこ	39	1984/09/08 0:00:00	女	YK
3	S-003	福本 真史	ふくもと まさし	54	1968/10/16 0:00:00	男	SB
4	S-004	斉藤 嘉一	さいとう かいち	68	1954/11/13 0:00:00	男	SB
	S-005				/11/28		

本社従業員数: 8

ポイント

Expression..........[氏名]列を数えるためCOUNT関数を指定する

Filter....................[所属]が「本社」となる条件を比較演算子を使って指定する

メジャーを作成せずに本社従業員数を求めるには

　メジャーを作成しない場合、列ラベルに[所属]を使用すれば本社従業員数を求めることはできます。しかし、本社以外の列も作成されてしまい望む表にはなりません。さらに重要なポイントとして、CALCULATE関数で指定するフィルターは、ピボットテーブルでアイテムごとに集計するために使用されるフィルターより優先される点に注目しましょう。そのため行ラベルに[所属]列を使用したピボットテーブルを作成すると、作成されたメジャーで求められる値は、すべて「8」となります。

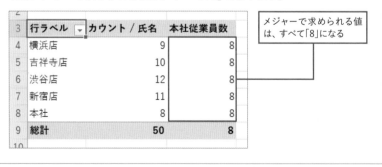

3	行ラベル ▼	カウント / 氏名	本社従業員数
4	横浜店	9	8
5	吉祥寺店	10	8
6	渋谷店	12	8
7	新宿店	11	8
8	本社	8	8
9	総計	50	8

メジャーで求められる値は、すべて「8」になる

条件を満たす行だけの
テーブルを返すFILTER関数

FILTER関数を使うと、条件を満たす行だけで作られたテーブルを求めることができます。
ここでは、SUMX関数の第1引数として[商品分類]が「パン」だけのテーブルをFILTER
関数で指定し、第2引数に[販売額]メジャーを指定して販売額合計を求めます。

練習用ファイル L037_FILTER.xlsx

01 条件を満たす行だけのテーブルを作成する

　FILTER関数はこれまで紹介してきた関数とは異なり、1つの結果を値として
返すことはありません。そのため原則として単体で使われることはなく、他の関
数の引数として使用されます。SUMXなどのイテレータ関数は第1引数にテーブ
ルを求めるため、FILTER関数が使われることの多い関数です。FILTER関数の**第
1引数はテーブルです。そのテーブルから第2引数で指定した条件に当てはまる
行だけを取り出したテーブルを作成します。**この条件は、158ページの「さらに
上達！」で紹介している比較演算子を用いた式を指定します。条件として指定で
きる引数は1つだけですが、AND演算子「&&」やOR演算子「||」を使用すること
で複数の条件を1つの引数として指定できます。

　また、CALCULATE関数で条件を指定した時と異なり、[商品分類]を行ラベル
として使用しても、「パン」以外の行に値が上書きされることはありません。
CALCULATE関数の条件として指定した場合との違いについては190ページの「さ
らに上達！」で詳しく説明しています。

構文

フィルター処理された行だけで構成されたテーブルを返す
=FILTER(テーブル, FilterExpression)

引数

テーブル............... フィルターを適用するテーブルを指定する

FilterExpression 　 適用するフィルター条件を指定する

[商品分類] が「パン」の行のみ取り出したテーブルを作成しSUMX関数の引数とする

パン販売額: =SUMX(
　　FILTER('T_売上', RELATED('M_商品'[商品分類])="パン"),
　　'T_売上'[数量] * RELATED('M_商品'[売価])
)

[T_売上] テーブルからリレーションシップを利用し [M_商品] テーブルの [商品分類] が「パン」のものだけを取り出し、そのテーブルを基にSUMX関数で販売額合計を求めている

計算領域に数式を入力する

| [取引コード] ▾ | *fx* | パン販売額:=SUMX(
　　FILTER('T_売上', RELATED('M_商品'[商品分類])="パン"),
　　'T_売上'[数量]*RELATED('M_商品'[売価])
) |

	取引コード ▾	販売日 ▾	商品... 🔁 ▾	数量 ▾	列の追加
1	23000001	2023/07/...	M-010	4	
2	23000002	2023/07/...	M-007	7	
3	23000003	2023/07/...	M-001	10	
4	23000004	2023/07/...	M-002	8	
13	23000013	2023/07/...	M-006	8	
14	23000014	2023/07/...	M-003	8	

販売額: 281600
パン販売額: 48500

テーブル.....................集計元となる [T_売上] を指定する

FilterExpression....リレーションシップが設定された [M_商品] テーブルの [商品分類]
　　　　　　　　　　　が「パン」である条件を比較演算子を使って指定する

	行ラベル ▾	販売額	パン販売額
3			
4	2023/7/4	13520	13520
5	2023/7/5	65400	
6	2023/7/6	39040	15100
7	2023/7/8	2500	
8	2023/7/9	13280	13280
9	2023/7/10	3200	
10	2023/7/11	23920	
11	2023/7/12	29000	6600
12	2023/7/13	23940	
13	2023/7/14	22500	
14	2023/7/15	45300	
15	総計	281600	48500
16			

作成したメジャーを使うと、販売額のうちパンの販売額がどのくらいなのか確認できる集計表が作れる

フィルターを解除した
テーブルを返すALL関数

ALL関数を使うとすべてのフィルターを無効にし、テーブルのすべての行、または列の
すべての値を返します。ここでは、SUMX関数の第1引数にALL関数を使ったテーブル
を指定し、行ラベルや列ラベルに関わりなく常に総計を求めるメジャーを作成します。

練習用ファイル L038_ALL.xlsx

01 すべてのフィルターを無効にしたテーブルを作成する

　ALL関数の第1引数には、基となるテーブルまたは列を指定します。ALL関数
は単独で使われることはなく、他の関数の引数として使用されます。SUMX関
数のようなイテレータ関数の第1引数として使用された場合、**引数としたテーブ
ルに対するすべてのフィルターが無効となる**ため、ピボットテーブルでのラベル
やスライサーの影響を受けない集計結果を求められます。複数の列を指定してフィ
ルターを解除したい場合には第2引数以降を使用して指定できます。フィルター
の影響を受けない集計結果は「総計」となるため、通常の集計結果の比率を求め
る場合などにもよく使われます。

構文

すべてのフィルターを解除したテーブルを返す
=**ALL**(TableNameOrColumnName, [ColumnName1], …)

引数

TableNameOrColumnName......フィルターを解除するテーブル名または列名を指定する
ColumnName ....(オプション)フィルターを解除する列名を指定する

> LESSON02でピボットテーブルは総計を分割していく
> イメージで集計することを説明しましたが、ALL関数を
> 使った集計結果は分割できなくなります。表を切ろうと
> しても刃が立たないイメージで覚えましょう。

常に「総計」を表示するためにフィルターを解除したテーブルを作成する

総売上:=SUMX(ALL('T_売上データ'),[売上合計])

計算領域に数式を入力する

[T_売上] テーブルのフィルターを解除して、[売上合計] メジャーの積を合計した結果(総売上)が表示される

[取引コード] ▼   *fx* 総売上:=SUMX(ALL('T_売上データ'),[売上合計])

	取引コード	販売日	数量
1	22001001	2203/01/04 0:00:00	7
2	22001002	2203/01/05 0:00:00	10
3	22001003	2203/01/05 0:00:00	8
4	22001004	2203/01/05 0:00:00	2
5	22001005	2203/01/06 0:00:00	7
6	22001006	2203/01/06 0:00:00	6
16	22001016	2203/01/14 0:00:00	9
17	22001017	2203/01/15 0:00:00	8

総売上: 1,436,340   売上合計: 1,436,340

売上合計:=SUMX('T_売上データ','T_売上データ'[数量]*RELATED('M_商品'[売価]))

意味 ['M_商品'[売価]] を参照し、['T_売上'[数量]] 列に乗算した結果を合計する

TableNameOrColumnName .... [T_売上データ] テーブルに対するフィルターをすべて無効とするために ['T_売上データ'] を指定する

作成したメジャーを使うと、行ラベルや列ラベルのフィールドを基に集計されず、常に[総売上]の値が表示される

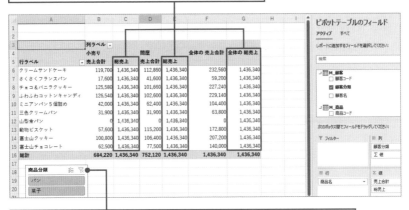

スライサーの影響も受けないため、ボタンをクリックしても[総売上]列の値は変わらない

一部のフィルターを解除する
ALLEXCEPT関数

原則としてピボットテーブルでのフィルターは無効にしたいが、一部の列に対して使用したい場合に使われるのがALLEXCEPT関数です。LESSON39では［T_売上データ］テーブルのデータを基に、［商品名］列のみフィルターできる売上集計結果を求めます。

練習用ファイル L039_ALLEXCEPT.xlsx

01 指定した列以外のフィルターを解除する

　ALLEXCEPT関数を使用すれば一部の列のフィルターだけは適用させて小計を求められます。指定した列が行ラベル、列ラベルどちらで使っても、その結果はフィルターされます。フィルターが解除されたすべての列は、スライサーでも解除されたままです。第1引数、第2引数ともに、テーブルや列を求める式を使うことはできません。また、似た関数にALL関数があり、これはすべてのフィルターが解除されます。この関数もALL関数同様、単独で使われることはなく、他の関数でテーブルを引数として指定する際に使用されます。

　このLESSONの例では、行ラベルとして使用されている［商品名］に対してはそれぞれの集計結果が求められますが、列ラベルとして指定した［顧客分類］はフィルターされていないため、双方の値の計がどちらの列にも表示されます。

構文
指定した列以外のフィルターを解除したテーブルを返す
= ALLEXCEPT (TableName,ColumnName1,…)

引数

TableName........フィルターを解除したいテーブル名を指定する
ColumnName...フィルターを解除しない列の列名を指定する。複数指定可

[商品名] 列以外のフィルターを解除したテーブルを作成する

項目合計E:=SUMX(ALLEXCEPT('T_売上データ','M_商品'[商品名]),[売上合計])

計算領域に数式を入力する

[商品名] 列以外のフィルターを解除して集計結果を求めるメジャーを作成される

| [取引コード] ▼ | fx 項目合計E:=SUMX(ALLEXCEPT('T_売上データ','M_商品'[商品名]), [売上合計]) |

	取引コード	販売日	数量
1	22001001	2203/01/04 0:00:00	
2	22001002	2203/01/05 0:00:00	
3	22001003	2203/01/05 0:00:00	
4	22001004	2203/01/05 0:00:00	
5	22001005	2203/01/06 0:00:00	
17	22001017	2203/01/15 0:00:00	

総売上: 1436340
項目合計E: 1436340

売上合計: 1436340

売上合計:=SUMX('T_売上データ','T_売上データ'[数量]
*RELATED('M_商品'[売価]))

意味 ['M_商品'[売価]] を参照し、['T_売上'[数量]] 列に乗算した結果を合計する

TableName........[T_売上データ] テーブルに対するフィルターを、第2引数で指定する列以外すべて無効とするために ['T_売上データ'] を指定する

ColumnName...[T_売上データ] テーブルに対しフィルターを有効にする列として ['M_商品'[商品名]] を指定する

[商品名] フィールドのみフィルターが解除されない。このため [項目合計 E] 列は商品ごとに売上が絞り込まれるが、[小売り] [問屋] ごとの抽出は行われず同じ結果になり、[顧客名]ごとに抽出できるスライサーで切り替えても値が変わらない

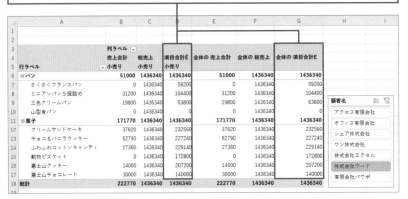

行ラベル	列ラベル 売上合計 小売り	総売上 小売り	項目合計E 小売り	全体の 売上合計	全体の 総売上	全体の 項目合計E
⊟パン	51000	1436340	1436340	51000	1436340	1436340
さくさくフランスパン	0	1436340	59200	0	1436340	59200
ミニアンパン5個詰め	31200	1436340	104400	31200	1436340	104400
三色クリームパン	19800	1436340	63800	19800	1436340	63800
山型食パン	0	1436340	0	0	1436340	0
⊟菓子	171770	1436340	1436340	171770	1436340	1436340
クリームサンドケーキ	37620	1436340	232560	37620	1436340	232560
チョコ&バニラクッキー	62790	1436340	227240	62790	1436340	227240
ふわふわコットンキャンディ	27360	1436340	229140	27360	1436340	229140
動物ビスケット	0	1436340	172800	0	1436340	172800
富士山クッキー	14000	1436340	207200	14000	1436340	207200
富士山チョコレート	30000	1436340	140000	30000	1436340	140000
総計	222770	1436340	1436340	222770	1436340	1436340

顧客名
アクセス有限会社
オフィス有限会社
シェア株式会社
ワン株式会社
株式会社エクセル
株式会社ワード
有限会社パワポ

活用編
第5章 DAX活用に必須！ データを自在に抽出・整形する

185

一部のフィルターを解除する ALLSELECTED関数

ALLSELECTED関数を使えば、指定したテーブルまたは列のみフィルターを解除できます。LESSON40では、[M_商品] テーブルを指定し、[M_商品] テーブルの列である [商品分類][商品名] ではフィルターができないメジャーを作成します。

練習用ファイル L040_ALLSELECTED.xlsx

01 指定した列のみフィルターを解除する

ALLSELECTED関数は、ALLEXCEPT関数とは逆に指定した列のみフィルターを解除する関数です。行ラベル、列ラベルとして使用した場合にはフィルターが解除されアイテムごとの抽出は行われません。ただし、スライサーなどそれ以外のフィルターは適用されます。この関数の引数は、ALL関数と同じようにテーブル全体指定するか、一部の列をテーブル名とともに指定するかいずれかとなります。引数を増やして複数列を指定することも可能ですが、その場合それぞれの列は同じテーブル内のものである必要があります。

このLESSONでは、[M_商品] テーブルにある [商品分類][商品名] ではフィルターが行われませんが、[M_顧客] テーブルにある [顧客分類] ではフィルターが働く集計結果を求めています。ただし [M_商品] テーブルにある列であっても、スライサーとして使用した場合には、フィルターは適用されます。

構文

指定したテーブル内の列に対するフィルターのみ解除したテーブルを返す

=ALLSELECTED(TableNameOrColumnName)

引数

TableNameOrColumnName........一部のフィルターを解除するテーブル名または列名を指定する。列名の場合は複数指定可

使用例

[M_商品]テーブルのみフィルターを解除したテーブルを作成する

項目合計S: =SUMX(ALLSELECTED('M_商品'),[売上合計])

計算領域に数式を入力する

[商品名]列のフィルターを解除して集計結果を求める
メジャーが作成される

| [取引コード] ▼ | fx 項目合計S:=SUMX(ALLSELECTED('M_商品'), [売上合計]) |

	取引コード ▼	販売日 ▼	数量 ▼	
1	22001001	2203/01/04 0:00:00	7	
2	22001002	2203/01/05 0:00:00	10	
15	22001015	2203/01/13 0:00:00	2	
16	22001016	2203/01/14 0:00:00		
17	22001017	2203/01/15 0:00:00	8	

総売上: 1436340
項目合計S: 1436340

売上合計: 1436340

売上合計:=SUMX('T_売上データ','T_売上データ'[数量]
*RELATED('M_商品'[売価]))

意味 ['M_商品'[売価]]を参照し、['T_売上'[数量]]列に乗算した結果を合計する

ポイント

TableNameOrColumnName .... [M_商品]テーブルにあるすべての列のフィルターを
解除するため、['M_商品']テーブルを指定する。

フィルターを解除した[M_商品]テーブルにある[商品分類]
[商品名]フィールドはアイテムごとに集計されない。

行ラベル	売上合計 小売り	間屋	総売上 小売り	間屋	項目合計S 小売り	間屋	全体の 売上合計	全体の 総売上	全体の 項目合計S
□パン	91500	135900	1436340	1436340	684220	752120	227400	1436340	1436340
さくさくフランスパン	17600	41600	1436340	1436340	684220	752120	59200	1436340	1436340
ミニアンパン5個詰め	42000	62400	1436340	1436340	684220	752120	104400	1436340	1436340
三色クリームパン	31900	31900	1436340	1436340	684220	752120	63800	1436340	1436340
山型食パン			1436340	1436340	684220	752120	0	1436340	1436340
□菓子	592720	616220	1436340	1436340	684220	752120	1208940	1436340	1436340
クリームサンドケーキ	119700	112860	1436340	1436340	684220	752120	232560	1436340	1436340
チョコ&バニラクッキー	125580	101660	1436340	1436340	684220	752120	227240	1436340	1436340
ふわふわコットンキャンディ	126540	102600	1436340	1436340	684220	752120	229140	1436340	1436340
動物ビスケット	57600	115200	1436340	1436340	684220	752120	172800	1436340	1436340
富士山クッキー	100800	106400	1436340	1436340	684220	752120	207200	1436340	1436340
富士山チョコレート	62500	77500	1436340	1436340	684220	752120	140000	1436340	1436340
総計	684220	752120	1436340	1436340	684220	752120	1436340	1436340	1436340

商品分類
パン
菓子

スライサーの影響は受けるため、ボタンをクリックすると値は変わる

メジャー専用のテーブルを作りフィールドを選択しやすくする

パワーピボットの活用が深まるにつれ、データモデルも大きく複雑になり、フィールドセクションから使用したいフィールドやメジャーを見つけることが難しくなる場合があります。そんな時には、メジャーを置くためだけのテーブルを作成することで、フィールドセクションを見やすくできます。これまで本書では原則としてトランザクションテーブルにメジャーを作成してきましたが、メジャーはどのテーブルに置いても集計結果は変わりません。ここではすべてのメジャーを格納する[0_メジャー用]テーブルを作成しています。メジャー名の最初に「0」を使って、フィールドセクションでの並びを上になるようにし、数式作成時に参照しやすいようにしています。メジャーを置くだけのテーブルにはリレーションシップの設定は不要です。合わせて不要なテーブルや列は非表示にして、分かりやすいフィールドセクションを保つように心掛けましょう。

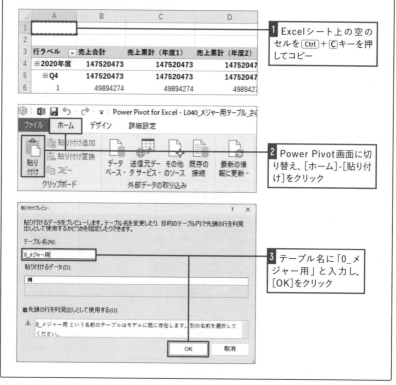

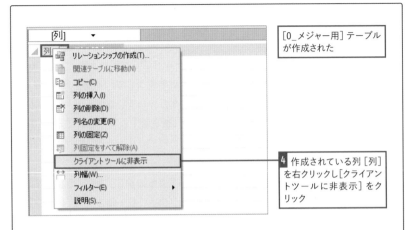

[0_メジャー用]テーブル
が作成された

4 作成されている列[列]
を右クリックし[クライアン
トツールに非表示]をク
リック

計算領域に作成されたメジャーを選択し、数式バーで全選択後 Ctrl + X キー
で切り取り、[0_メジャー用]テーブルの計算領域に貼り付けておく

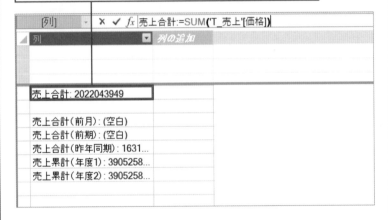

■修正が必要ない例

> [売上合計] = SUM('T_売上'[価格])

■テーブル名の修正が必要な例

> =CALCULATE('T_売上'[売上合計],PREVIOUSQUARTER ('予定表'[Date]))

参照しているメジャーのあるテーブルが変更しているため、
'0_メジャー用'に変更する

FILTER関数とCALCULATE関数の使い分け

　練習用ファイルでは以下の3つのメジャーが作成されています。メジャー[販売額]ではシンプルに[T_売上]テーブルを基として、[数量]列に[M_商品]テーブルの[売価]列を乗算した結果を合計しています。

　メジャー[パン販売額_F]は、メジャー[販売額]の第1引数にFILTER関数を使用して[商品分類]が「パン」の行のみ取り出したテーブルで集計を行っています。

　メジャー[パン販売額_C]は、CALCULATE関数の第2引数に[商品分類]が「パン」のみの行を抽出する条件を指定し、第1引数で指定する[販売額]メジャーの計算結果を求めています。

　この3つのメジャーを値として指定したピボットテーブルを見ると、その違いは一目瞭然です。FILTER関数をSUMX関数にネストした場合は、「パン」の行だけが取り出されたテーブルがSUMX関数の集計元となるテーブルとして指定されているため、「菓子」の行は無いものとして集計行は空白となります。それに対し、CALCULATE関数の[Filter]に[商品分類]が「パン」であるものを指定した場合には、行ラベルとして使用されるフィルターよりも優先度が高くなるため、「菓子」の行であっても「パン」の集計結果が求められます。

■作成されている3つのメジャー

販売額:=SUMX('T_売上','T_売上'[数量]*RELATED('M_商品'[売価]))

パン販売額_F:=SUMX(
　　　FILTER('T_売上',RELATED('M_商品'[商品分類])="パン")
　　　,'T_売上'[数量]*RELATED('M_商品'[売価])
)

パン販売額_C: =CALCULATE([販売額],'M_商品'[商品分類]="パン")

行ラベル	販売額	パン販売額_F	パン販売額_C
パン	48500	48500	48500
菓子	233100		48500
総計	281600	48500	48500

[菓子]の行は空白になる

[菓子]の行にも[パン]の集計結果が表示される

第 6 章

日付テーブルとDAX関数を利用して時系列の分析をする

パワーピボットを使えば、長期間にわたり蓄積してきた売上データなどを、高度かつ柔軟に集計できます。本章ではそのために使われるタイムインテリジェンス関数と、タイムインテリジェンス関数を使うために必要な日付テーブルについて学びます。

LESSON 41

なぜデータ分析に
「日付テーブル」が必要なの?

パワーピボットで大量のデータを時系列で期間ごとに集計する際には、「日付テーブル」
と呼ばれる特別なテーブルをデータモデルに追加する必要があります。LESSON41では
「日付テーブル」の基礎知識を、テーブルを作成しながら学びます。

練習用ファイル L041_自動車販売.xlsx

01 時系列のデータ分析に必要な「日付テーブル」とは

　ピボットテーブルでは日付の値を持つデータを基に、月別集計、四半期別集計、
年別集計など期間ごとの集計を行えますが、パワーピボットではより高度な活用
をするためタイムインテリジェンス関数を使用します。タイムインテリジェンス
関数を使うには「日付テーブル」が必要です。**「日付テーブル」とは、集計される**
可能性のある期間の日付をすべて網羅した特別なテーブルです。「日付テーブル」
を正しく設定するためには、次の3つがポイントです。

1.集計する可能性のある期間の連続した日付を一意に持っていること

　このLESSONの例では、[T_売上] テーブルには「2021/1/5〜2023/8/31」
までのデータがある。このテーブルのデータを時系列に集計するための日付
テーブルには基本的に「2021/1/1〜2023/12/31」までの日付データが必要。
年度での集計をする場合は、その期間分も必要になるので、例えば4月が期
首の場合には「2020/4/1〜2024/3/31」までの日付テーブルを用意する。日
付テーブルの中の日付の値を持つ列には、この期間のすべての日付が欠けや
重複が無いように収められている必要がある

> 日付テーブルを作成すると日付のデータが入力された
> [予定表]という名前のテーブルが追加される

[Date]		2021/01/01 0:00...					
Date	年	月の番号	月	MMM-YYYY	曜日の番号	曜日	列の追加
1	2021/01/01 0:00...	2021	1	Jan...	Jan-2021	6	Friday
2	2021/01/02 0:00...	2021	1	Jan...	Jan-2021	7	Saturd...
3	2021/01/03 0:00...	2021	1	Jan...	Jan-2021	1	Sunday
4	2021/01/04 0:00...	2021	1	Jan...	Jan-2021	2	Monday
5	2021/01/05 0:00...	2021	1	Jan...	Jan-2021	3	Tuesday
6	2021/01/06 0:00...	2021	1	Jan...	Jan-2021	4	Wedn...

**2.「日付テーブル」の「日付」が入力された列を主キーとしてリレーショ
ンシップを設定すること**

このLESSONの例では、[T_売上] テーブルの [売上日] 列とリレーション
シップを設定する。これにより、[T_売上] テーブルの [売上日] が外部キー
となり、2つのテーブル間に適切なリレーションシップが作成される

3. [日付テーブル] としてマークされていること

Power Pivot画面に日付テーブルを作成するためのボタンがある。その機
能を使用せず、ユーザーがExcelシート等で自ら作成したテーブルを日付テー
ブルとして指定する場合は [日付テーブルとしてマーク] という操作が必要。
手順は200ページで紹介

02 「日付テーブル」が無いとどうなる?

日付テーブルが無い状態で日付の値を使用して集計を行うとどんな結果になる
か確認してみましょう。[T_売上] テーブルには数年にわたる売上データが蓄積
されていて、[売上日] 列の値を確認すると、当然のことながら売上が無い日も、
1日で複数の売上件数が計上されている日もあります。このため**ピボットテーブ
ルには、売上が無かった日の行は作成されません。**ピボットテーブルオプション
で [データのないアイテムを行に表示する] をチェックしても、売上が無い日の
値を持っていないのでそれらが表示されることはありません。このままでは同じ
期間の平均を前年と比較しようとしても、母数が異なるための正しい計算が行え
ない可能性があります。多くのタイムインテリジェンス関数は日付テーブルの値
を参照して期間ごとの集計などを行います。このため、[日付テーブル] を作成し、
集計期間のすべての日を「日付」の値として持たせることが必要になるのです。

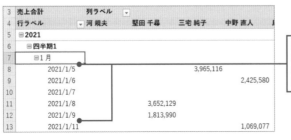

2021/1/4や2021/1/10
など売上の無い日はピ
ボットテーブルの行に表
示されない

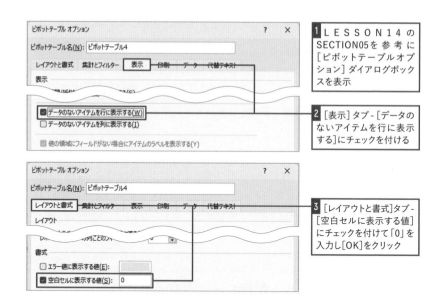

1 LESSON14の SECTION05を参考に [ピボットテーブルオプ ション]ダイアログボック スを表示

2 [表示]タブ-[データの ないアイテムを行に表示 する]にチェックを付ける

3 [レイアウトと書式]タブ- [空白セルに表示する値] にチェックを付けて「0」を 入力し[OK]をクリック

空白セルに「0」は表示されたが、売上の無い日は引き続き表示されない

3	売上合計	列ラベル					
4	行ラベル	河 規夫	堅田 千尋	三宅 純子	中野 直人	島田 良介	総計
5	⊟2021						
6	⊟四半期1						
7	⊟1月						
8	2021/1/5	0	0	3,965,116	0	0	
9	2021/1/6	0	0	0	2,425,580	0	
10	2021/1/7	0	0	0	0	3,376,127	
11	2021/1/8	0	3,652,129	0	0	0	
12	2021/1/9	0	1,813,990	0	0	0	
13	2021/1/11	0	0	0	1,069,077	0	

03 Power Pivotで「日付テーブル」を作成する

Power Pivot画面の[日付テーブル]ボタンから、データモデル内の日付の値を参照して自動的に対象期間を決めたテーブルを作成できます。この練習用ファイルでは[M_従業員]シートの[生年月日]列にある値を参照して開始日が「1963/01/01」となっています。[T_売上]テーブルの[売上日]列の値を年単位で集計するために「2021/01/01〜2023/12/31」を日付テーブルの期間として指定し直しましょう。

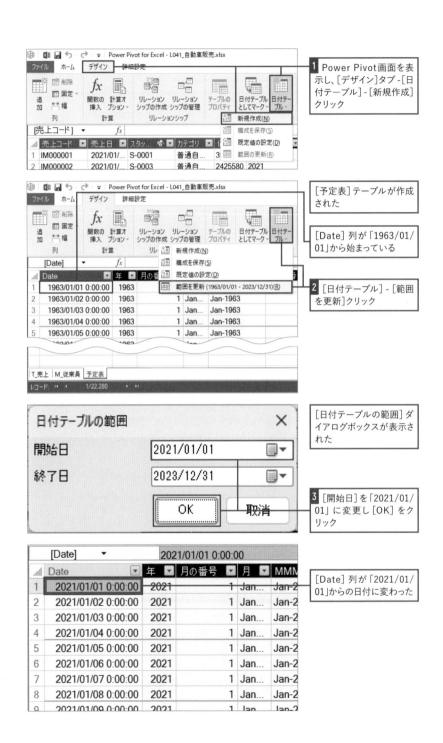

1 Power Pivot画面を表示し、[デザイン]タブ - [日付テーブル] - [新規作成]クリック

[予定表]テーブルが作成された

[Date] 列が「1963/01/01」から始まっている

2 [日付テーブル] - [範囲を更新]クリック

[日付テーブルの範囲]ダイアログボックスが表示された

3 [開始日]を「2021/01/01」に変更し[OK]をクリック

[Date] 列が「2021/01/01」からの日付に変わった

ダイアグラムビューに切り替え、リレーションシップが設定しやすいよう
テーブルの位置を以下のように移動しておく

4 [T_売上]テーブルの[売上日]フィールドと[予定表]テーブルの
[Date]フィールドをドラッグしてつなぐ

リレーションシップ
が設定される

🔲 T_売上	🔲 予定表
🔳 売上コード	🔳 Date
🔳 売上日	🔳 年
🔳 スタッフID	🔳 月の番号
🔳 カテゴリ	🔳 月
🔳 価格	🔳 MMM-YYYY

ここもポイント!

💡 [売上日（年）][売上日（月）]などが追加される

　練習用ファイルには日付テーブルが無い状態で[行]ラベルに[売上日]
を追加した状態のピボットテーブルが作成されています。データモデルの
[T_売上]テーブルには、[売上日（年）]、[売上日（四半期）]、[売上日（月
のインデックス）]、[売上日（月）]の列が用意されています。Excelシート
の画面で[売上リスト]シートを見ると分かるように、追加直後の[T_売上]
テーブルにはこれらの列は存在しませんでした。ピボットテーブルが持つ
「グループ化」の機能により、日付の値を持つフィールドを[列][行]のラ
ベルとして指定すると、自動的にこれらの列が作成され、ボックスの中に
もフィールドとして表示されます。日付テーブルを作成した後は、これら
の列を使って集計する必要が無くなるので、LESSON16を参考にしなが
ら[クライアントツールに非表示]に設定すると良いでしょう。集計で全
く使われなくなったら列を削除しても大丈夫です。

[T_売上]テーブルに[売上日（年）][売上日（月）]などの列が追加される

売上日（年）	売上日（四半期）	売上日（月のインデックス）	売上日（月）	列の
2021	四半期1	1	1月	
2021	四半期1	1	1月	
2021	四半期1	1	1月	
2021	四半期1	1	1月	
2021	四半期1	1	1月	
2021	四半期1	1	1月	

「日付テーブル」のフィールドを軸に集計しよう

日付テーブルとして作成した［予定表］テーブルの［日付の階層］フィールドを
［行］ボックスに追加しましょう。先ほどまでと同様の集計表ができますが、月
のフィールドを展開すると売上が無かった日の行が追加されていることが分かり
ます。これで対象期間のデータを正しく集計するための準備が整いました。

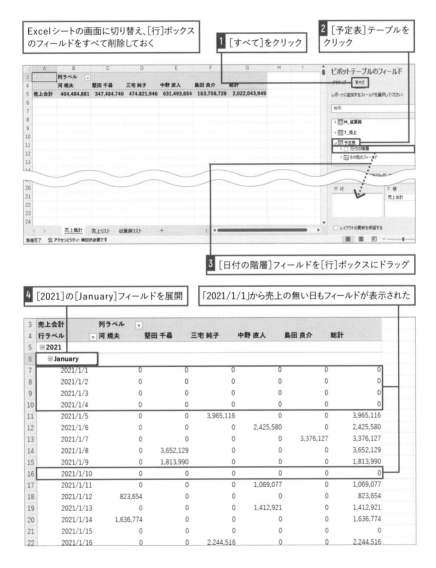

**Excelシートの画面に切り替え、［行］ボックス
のフィールドをすべて削除しておく**

1 ［すべて］をクリック

2 ［予定表］テーブルを
クリック

3 ［日付の階層］フィールドを［行］ボックスにドラッグ

4 ［2021］の［January］フィールドを展開

「2021/1/1」から売上の無い日もフィールドが表示された

売上合計	列ラベル					
行ラベル	河 規夫	堅田 千尋	三宅 純子	中野 直人	島田 良介	総計
⊟2021						
⊟January						
2021/1/1	0	0	0	0	0	0
2021/1/2	0	0	0	0	0	0
2021/1/3	0	0	0	0	0	0
2021/1/4	0	0	0	0	0	0
2021/1/5	0	0	3,965,116	0	0	3,965,116
2021/1/6	0	0	0	2,425,580	0	2,425,580
2021/1/7	0	0	0	0	3,376,127	3,376,127
2021/1/8	0	3,652,129	0	0	0	3,652,129
2021/1/9	0	1,813,990	0	0	0	1,813,990
2021/1/10	0	0	0	0	0	0
2021/1/11	0	0	0	1,069,077	0	1,069,077
2021/1/12	823,654	0	0	0	0	823,654
2021/1/13	0	0	0	1,412,921	0	1,412,921
2021/1/14	1,636,774	0	0	0	0	1,636,774
2021/1/15	0	0	0	0	0	0
2021/1/16	0	0	2,244,516	0	0	2,244,516

活用編　第6章　日付テーブルとDAX関数を利用して時系列の分析をする

05 ［スライサー］で指定する期間の集計結果を表示する

　パワーピボットでは、タイムインテリジェンス関数を使うことで相対的な期間指定をしながらデータを集計できます。その基準となる期間を指定するためによく使われるのがスライサーです。スライサーには**日付テーブルの列を指定することで、その列にある一意の値をボタンとして表示させ、フィルターとして使用できます。**［年］や［年度］、［月］などをスライサーとすることが一般的です。

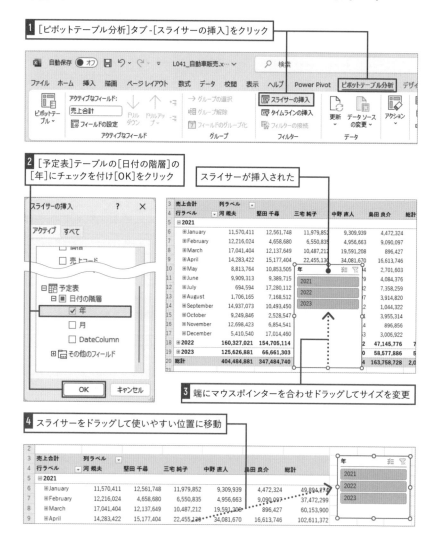

1 ［ピボットテーブル分析］タブ-［スライサーの挿入］をクリック

2 ［予定表］テーブルの［日付の階層］の［年］にチェックを付け［OK］をクリック

スライサーが挿入された

3 端にマウスポインターを合わせドラッグしてサイズを変更

4 スライサーをドラッグして使いやすい位置に移動

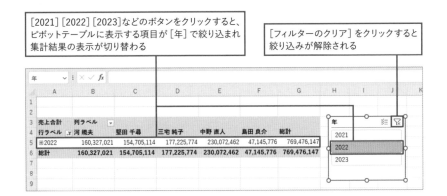

[2021][2022][2023]などのボタンをクリックすると、ピボットテーブルに表示する項目が[年]で絞り込まれ集計結果の表示が切り替わる

[フィルターのクリア]をクリックすると絞り込みが解除される

日付の書式を変更するには

　作成した日付テーブルの[Date]列には、指定した期間の日付が時刻の値も合わせて表示されます。この書式を変更できるのが、[ホーム]タブ-[書式設定]グループにある、[書式]の領域です。現在設定されている書式部分をクリックすると、それ以外に選択できる書式がリスト表示され、任意のものに切り替えられます。ただここで設定する書式はあくまでPower Pivot画面での表示を切り替えるだけで、Excelシートの画面のピボットテーブルにおけるフィールドの書式設定とは連動しません。また、日付のみの表示形式を選んでも時刻部分の値が切り捨てられるわけではなく、いつでも再表示できます。

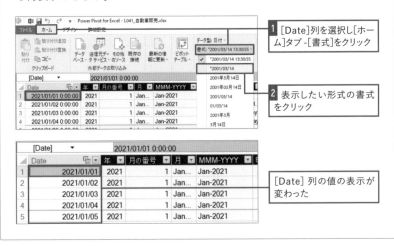

1 [Date]列を選択し[ホーム]タブ-[書式]をクリック

2 表示したい形式の書式をクリック

[Date]列の値の表示が変わった

シートに日付テーブルを作成して読み込む場合は

　自分でExcelのワークシートに日付テーブルとしての条件を満たすテーブルを作成し、日付テーブルとして指定することも可能です。日付データを漏れなく並べるためには［フィル］を使うと良いでしょう。日付テーブルとしてマークし、リレーションシップも忘れずに設定しましょう。ここではシンプルな日付テーブルを作成しましたが、実務ではExcelのシート上で、あるいはPower Pivot画面のテーブル上で、集計に必要な列を作成して使用してください。

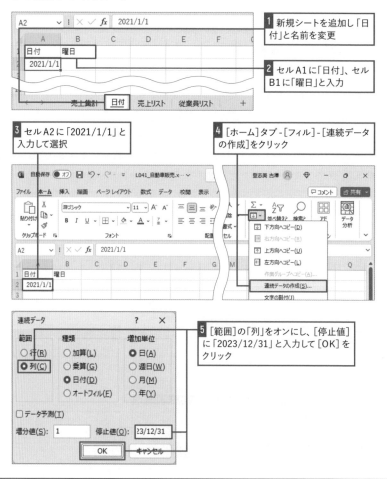

1 新規シートを追加し「日付」と名前を変更

2 セルA1に「日付」、セルB1に「曜日」と入力

3 セルA2に「2021/1/1」と入力して選択

4 ［ホーム］タブ -［フィル］-［連続データの作成］をクリック

5 ［範囲］の「列」をオンにし、［停止値］に「2023/12/31」と入力して［OK］をクリック

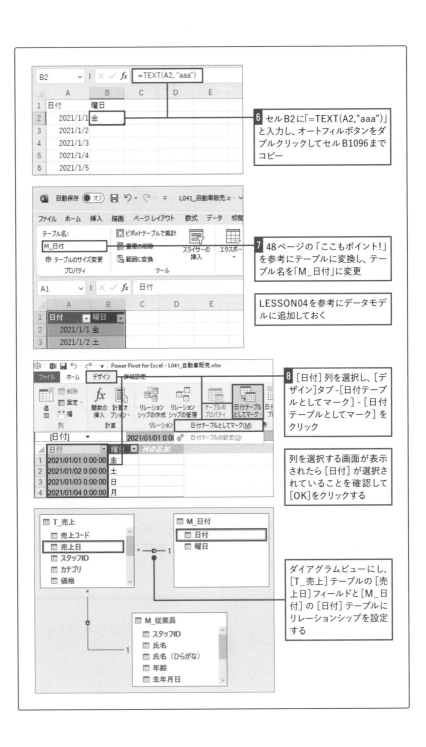

B2 | : × ✓ fx | =TEXT(A2, "aaa")

	A	B	C	D	E
1	日付	曜日			
2	2021/1/1	金			
3	2021/1/2				
4	2021/1/3				
5	2021/1/4				
6	2021/1/5				

6 セルB2に「=TEXT(A2,"aaa")」と入力し、オートフィルボタンをダブルクリックしてセルB1096までコピー

自動保存 ● オフ 日 ⑤・⌃・ ▽ L041_自動車販売.x･･ ∨

ファイル ホーム 挿入 描画 ページレイアウト 数式 データ 校閲

テーブル名:
M_日付
⊹ テーブルのサイズ変更
プロパティ

📊ビボットテーブルで集計
🗑重複の削除
🔲範囲に変換
ツール

スライサーの挿入

エクスポー

A1 | : × ✓ fx | 日付

	A	B	C	D	E
1	日付 ▾	曜日 ▾			
2	2021/1/1	金			
3	2021/1/2	土			

7 48ページの「ここもポイント!」を参考にテーブルに変換し、テーブル名を「M_日付」に変更

LESSON04を参考にデータモデルに追加しておく

Power Pivot for Excel - L041_自動車販売.xlsx
ファイル ホーム デザイン 詳細設定

追加 | 削除 固定 幅 | fx 関数の挿入 計算オ プション | リレーションシップの作成 リレーションシップの管理 | テーブルのプロパティ | 日付テーブルとしてマーク 日付
列 | 計算 | リレーション | 日付テーブルとしてマーク(M)

[日付] ▾ | 2021/01/01 0:0 | 日付テーブルの設定(D)

	日付	曜日	列の追加
1	2021/01/01 0:00:00	金	
2	2021/01/02 0:00:00	土	
3	2021/01/03 0:00:00	日	
4	2021/01/04 0:00:00	月	

8 [日付] 列を選択し、[デザイン]タブ - [日付テーブルとしてマーク] - [日付テーブルとしてマーク] をクリック

列を選択する画面が表示されたら [日付] が選択されていることを確認して [OK]をクリックする

⊞ T_売上
　⊞ 売上コード
　⊞ 売上日
　⊞ スタッフID
　⊞ カテゴリ
　⊞ 価格

⊞ M_日付
　⊞ 日付
　⊞ 曜日

* ━□━ 1

⊞ M_従業員
　⊞ スタッフID
　⊞ 氏名
　⊞ 氏名（ひらがな）
　⊞ 年齢
　⊞ 生年月日

ダイアグラムビューにし、[T_売上] テーブルの [売上日] フィールドと [M_日付] の [日付] テーブルにリレーションシップを設定する

LESSON 42
FORMAT関数で [曜日] 列を作成する

FORMAT関数はExcelのシートで使われるTEXT関数によく似た関数です。LESSON42では [予定表] テーブルに、[Date] 列にある日付の値を参照して曜日を表示させる [曜日] 列を作成します。

練習用ファイル L042_FORMAT.xlsx

01 値を指定された形式の文字列として表示する

FORMAT関数は対象となる値の表示形式を指定しながら文字列に変換します。第1引数には、値または式を指定できます。このLESSONのように計算列として使用する場合には列を指定することで、それぞれの行の値を参照します。第2引数に指定する書式指定文字列により見せ方を変え、第1引数の値を文字列として返します。注意したいのは、**FORMAT関数の結果は文字列として返る**点です。元の値が日付データや数値であったとしても、日付としての集計や数値としての計算をすることはできなくなります。また、「123456789」を日付として表示させようとするなど、元の値と指定する書式に齟齬がある場合にはエラーとなります。

構文

数値や日付を指定した表示形式の文字列に変換する
=FORMAT(値, Format)

引数

値 ....文字列に変換する値を指定する。日付、時刻、数値などを指定可能
Format ....値を変換する際の見せ方を示す書式指定文字列を指定する。例えば、"yyyy-mm-dd"や"#,##0.00"など

FORMAT関数を使って日付の値を ["aaa"] の形式に変換する

2021/01/01 ⟶ 金
2021/01/02 ⟶ 土
2021/01/03 ⟶ 日

[予定表] テーブルの [Date] 列の値から「曜日」を1文字で返す列を作成する

=FORMAT('予定表'[Date],"aaa")

199ページを参考に[Date]列の[書式]を[2001/03/14]の形式に変更しておく

列名に「曜日」と入力し、数式を入力

	Date	年	月の番号	曜日	
1	2021/01/01	2021	1	金	
2	2021/01/02	2021	1	土	
3	2021/01/03	2021	1	日	
4	2021/01/04	2021	1	月	

=FORMAT('予定表'[Date], "aaa")

[曜日]列に曜日が表示される

値 .... 曜日を導く基となる日付の値を参照するため [Date] 列を指定する
formatString ..... 曜日を1文字で表すため、「"aaa"」を指定する

さらに上達!

書式指定文字列を使って様々な形に変換できる

　第2引数に指定する書式指定文字列は、DAXにより予め定義されている書式を表すための文字列です。「y」「m」「d」はそれぞれ「年」「月」「日」を表すために用いられ、その数で表記が変わります。練習用ファイルでは、日付テーブルを作成した直後に自動的に作成された英語表記の列などを削除していますが、その中でもFORMAT関数を使って様々な表示がされています。参考にしたり、修正して使用したりするのも良いでしょう。

■書式指定文字列の例

値	形式	結果
2023/04/01	"d"	1
2023/04/01	"dd"	01
2023/04/01	"m"	4
2023/04/01	"mm"	04
2023/04/01	"yy"	23
2023/04/01	"yyyy"	2023
2023/04/01	"yy/m/d"	23/4/1
2023/04/01	"yyyy/mm/dd"	2023/04/01
2023/04/01	"aaa"	土
2023/04/01	"aaaa"	土曜日

IF関数を使って
［年度］列を作成する

業務で使用するデータを集計する場合、暦年ではなく年度での集計を求める場面が多くあります。そのためには日付テーブルに年度を表す列を持つ必要があります。LESSON 43では［予定表］テーブルにIF関数を使って［年度］列を追加します。

練習用ファイル L043_IF.xlsx

01 条件を指定して［月の番号］列を基に［年度］を作成する

　IF関数は、第1引数に条件を指定することで結果を2つに分岐できます。この例では、［予定表］テーブルの［月の番号］の値を基に、「4より小さいか」という条件を指定して、当てはまる場合には［年］列の値から-1をし、そうでない場合には［年］列の値をそのまま求める式を作っています。また、それぞれの結果の後ろに"年度"という文字列を付与してピボットテーブルで表示した場合に暦年と区別ができるようにします。なお、IF関数はLESSON28で詳しく解説しています。

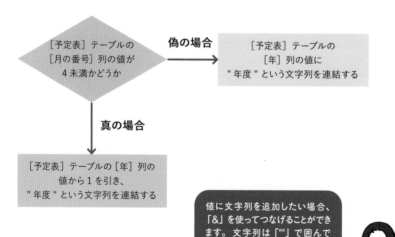

[月の番号]が4より小さかったら、[年]より1少ない数に、そうでなければ[年]にそれぞれ"年度"を付けて返す

=IF('予定表'[月の番号]<4,'予定表'[年]-1&"年度",'予定表'[年]&"年度")

列名に「年度」と入力し、数式を入力

[年度] ▼		_fx_ =IF('予定表'[月の番号]<4, '予定表'[年]-1&"年度", '予定表'[年]&"年度")			
◢	Date	年	月の番号	曜日	年度	列の追加

	Date	年	月の番号	曜日	年度
1	2021/01/01	2021	1	金	2020年度
2	2021/01/02	2021	1	土	2020年度
3	2021/01/03	2021	1	日	2020年度
4	2021/01/04	2021	1	月	2020年度
5	2021/01/05	2021	1	火	2020年度
6	2021/01/06	2021	1	水	2020年度
7	2021/01/07	2021	1	木	2020年度
8	2021/01/08	2021	1	金	2020年度
9	2021/01/09	2021	1	土	2020年度
10	2021/01/10	2021	1	日	2020年度
11	2021/01/11	2021	1	月	2020年度
12	2021/01/12	2021	1	火	2020年度
13	2021/01/13	2021	1	水	2020年度
14	2021/01/14	2021	1	木	2020年度
15	2021/01/15	2021	1	金	2020年度
16	2021/01/16	2021	1	土	2020年度
17	2021/01/17	2021	1	日	2020年度

条件に応じた結果が表示される

ポイント

LogicalTest........ 1～3月の行を指定するため、[月の番号]が4より小さいことを条件として指定する

ResultIfTrue...... [年]の値から1少ない値に"年度"を追加した文字列を指定する

ResultIfFalse .... [年]の値に"年度"を追加した文字列を指定する

年度で集計するため日付テーブルの範囲を合わせる

　年度を使った集計を行う場合には、日付テーブルの範囲もそれに適した形に調整する必要があります。自動的に判別される範囲は、1月1日から12月31日を1年として指定するからです。このLESSONの例では、4月が期首になるので、「2020/04/01～2024/03/31」までを範囲として指定し直しておきましょう。

LESSON 44
SWITCH関数を使って[四半期]列を作成する

四半期ごとの集計を行うためには、四半期を表す値を持つ列を作成する必要があります。IF関数のネストでも作成できますが、SWITCH関数を使うことでよりシンプルに求められます。ここでは、[予定表]テーブルの[月の番号]列を基に[四半期]列を作成します。

練習用ファイル L044_SWITCH.xlsx

01 [月の番号]を基に条件に当てはまる順に四半期を求める

[予定表]テーブルに[月の番号]列の値を参照して4月を期首として四半期をそれぞれ「Q1」「Q2」「Q3」「Q4」と表す列を作成します。SWITCH関数は条件と結果の引数をペアにして扱えます。ミスを減らすためにも改行を使いながら分かりやすい記述にしましょう。この例の引数の最後の行にある「'予定表'[月の番号]<=12,」は省略することも可能ですが、他の行と同じようにペアで記述しておく方が他の人が見た時にも分かりやすいでしょう。なお、SWITCH関数についてはLESSON32で詳しく解説しています。

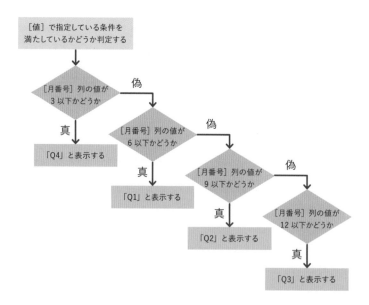

[月の番号]が3以下だったら"Q4"、6以下だったら"Q1"、9以下だったら"Q2"、12以下だったら"Q3"を返す

```
=SWITCH(
        TRUE(),
        '予定表'[月の番号]<=3,"Q4",
        '予定表'[月の番号]<=6,"Q1",
        '予定表'[月の番号]<=9,"Q2",
        '予定表'[月の番号]<=12,"Q3"
)
```

| 列名に「四半期」と入力し、数式を入力 | [月の番号]の値に応じて、四半期の値が表示される |

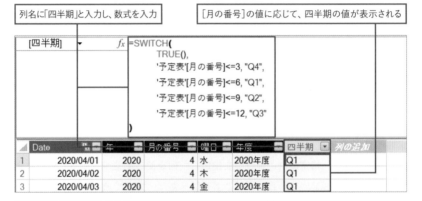

Expression..........第2引数以降の [値] で指定する条件が満たされるかを判定するため TRUE関数を指定する（TRUE関数は引数を持たない）

値1........................[月の番号] 列の値が3以下かどうかを条件とする

Result1................値1の条件を満たした場合の結果として「"Q4"」を指定する。以降同様に値とResultを繰り返す

その他、よく使われる日付／時刻関数について

　[予定表]テーブルの [年] 列や [月の番号] 列を見ると、引数として [Date] 列を指定したYEAR関数や、MONTH関数が使われていることが分かります。これらのDAX関数はExcelのシートで使用される関数とよく似ており、参照する日付データから「年」「月」の値を取り出すために使われます。他にもDAY関数、DATE関数、HOUR関数やMINUTE関数など、日付／時刻関数として分類されるDAX関数にはExcelのシートで使われる関数と同様の働きをするものがあるので、必要に応じて使用してください。

活用編　第6章　日付テーブルとDAX関数を利用して時系列の分析をする

LESSON 45

期首月から順に並べるための列を作成する

ピボットテーブルで［月の番号］列だけを行ラベルで使用すると、1月から12月の順に並んでしまいます。［列で並べ替え］を使えば、指定した列の値を基にラベルの順を決めることができます。期首である「4」から順に［月の番号］を並べてみましょう。

練習用ファイル L045_列で並べ替え.xlsx

01 「列で並べ替え」を使って思い通りに並べ替える

何らかの列を行や列のラベルとして使用すると、原則としてアイテムの昇順に並ぶこととなります。集計された値フィールドの順に並べ替えることや、その都度アイテムをドラッグするなどして順を入れ替えることもできますが、期首からの月順など常に決まった順に並べたい場合には［列で並べ替え］が便利です。**［列で並べ替え］は、特定の列の並び順を指定した列を使って並べ替えるための機能**です。このLESSONでは［Date］列の月の値を基に、期首である「4」から順に並ぶように指定します。［並べ替え用］列を作成する際、［月の番号］列を参照しながら式を作ると、数式が間接的に自身を参照する循環参照となり、［列で並べ替え］が設定できないので注意してください。

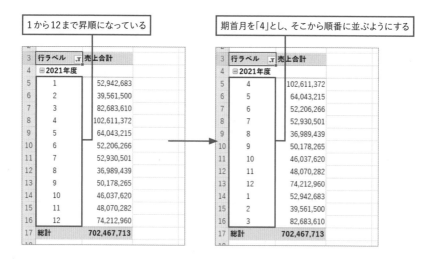

1から12まで昇順になっている

期首月を「4」とし、そこから順に並ぶようにする

行ラベル	売上合計
2021年度	
1	52,942,683
2	39,561,500
3	82,683,610
4	102,611,372
5	64,043,215
6	52,206,266
7	52,930,501
8	36,989,439
9	50,178,265
10	46,037,620
11	48,070,282
12	74,212,960
総計	702,467,713

行ラベル	売上合計
2021年度	
4	102,611,372
5	64,043,215
6	52,206,266
7	52,930,501
8	36,989,439
9	50,178,265
10	46,037,620
11	48,070,282
12	74,212,960
1	52,942,683
2	39,561,500
3	82,683,610
総計	702,467,713

02 [並べ替え用]列を作成する

　練習用ファイルにあるピボットテーブルは、[四半期]フィールドを削除すると「1」から順に並び変わってしまいます。そこで[予定表]テーブルに、IF関数で[Date]列を参照し、「4月」の日付がある行には「1」、「5月」の日付がある行には「2」と、月ごとに順次番号を持つ[並べ替え用]列を追加します。[列で並べ替え]ダイアログボックスでは、[並べ替え]列にはピボットテーブルでラベルとして指定する列を、[グループ化]列には、順序として指定する列をそれぞれ指定します。このLESSONでは[行]ラベルとして指定されている[月の番号]列を[並べ替え]される列として指定したので、ピボットテーブルで月の順序が「4」から始まり「3」で終わる並びに変わります。

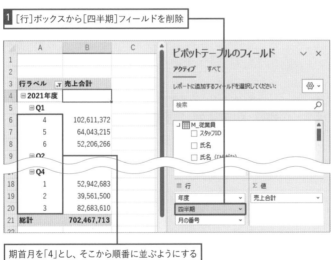

3 数式バーに以下の数式を入力

	Date		年	月の番号	曜日	年度	四半期	並べ替え用	列の追加
1	2020/04/01		2020	4	水	2020年度	Q1	1	
2	2020/04/02		2020	4	木	2020年度	Q1	1	
3	2020/04/03		2020	4	金	2020年度	Q1	1	

[並べ替え用] ▾　　*fx* =IF(MONTH('予定表'[Date])<=3, MONTH('予定表'[Date])+9, MONTH('予定表'[Date])-3)

[月の番号]列の値が「4」の場合は「1」表示された

=IF(MONTH([Date])<=3,MONTH([Date])+9,MONTH([Date])-3)
意味 [Date]列の月の値が3以下ならその値に+9、そうでなければ-3した値を返す

4 [ホーム]タブ-[列で並べ替え]をクリック

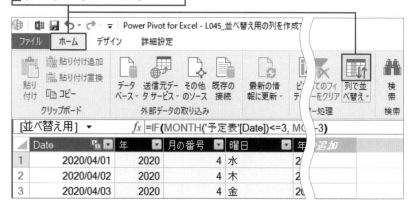

5 [並べ替え]の列に[月の番号]、[グループ化]の列に[並べ替え用]を選択し、[OK]をクリック

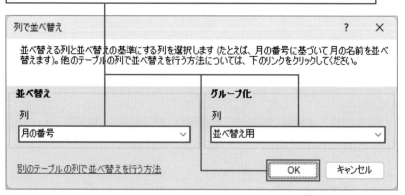

Excelシートの画面にあるピボットテーブルの行ラベルが「4」から「3」への昇順になる

前月のデータを見る
PREVIOUSMONTH関数

このLESSONからいよいよタイムインテリジェンス関数を扱っていきましょう。PREVIOUSMONTH関数を使うと、集計結果に前月の値を求めることができます。ここではメジャー［売上合計］を基に、前月の集計結果を取り出すメジャーを作成します。

練習用ファイル L046_PREVIOUSMONTH.xlsx

01 前月の日付の列を持つテーブルを抽出する

　PREVIOUSMONTH関数は基準になる日付の前月の、すべての日付の列を含むテーブルを返します。基準になる日付とは、作成されるピボットテーブルによって決まります。このLESSONの例では、ピボットテーブルはスライサーにより「2021年度」に絞り込まれており、さらに行ラベルの［月の番号］列により各月ごとに集計されています。［売上集計］シートの6行目には2021年4月、7行目に2021年5月の集計が行われますが、基準になる日付はそこに抽出されている日付の最初の日となります。つまり6行目なら「2021年4月1日」、7行目なら「2021年5月1日」です。PREVIOUSMONTH関数を使うと、その基準となる日の前月の値を持つテーブルを［日付テーブル］から抽出することができます。これをCALCULATE関数の第2引数であるフィルター条件に指定してメジャーを作成すれば、各行でその前の月の値を集計することができるようになります。

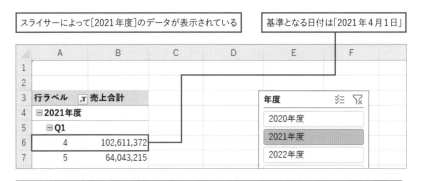

スライサーによって［2021年度］のデータが表示されている　　基準となる日付は「2021年4月1日」

「2021年4月1日」が基準となる日付の場合、前月2021年3月のすべての日付を含むテーブルを返す

指定された日付の前の月に対応する日付のテーブルを返す

=PREVIOUSMONTH(Dates)

Dates .... 日付を含む列を指定する

［売上合計］メジャーの結果を前月の値にするため、CALCULATE関数にテーブルを返す

=**CALCULATE**('T_売上'[売上合計],PREVIOUSMONTH('予定表'[Date]))

フィールドセクションの[T_売上]テーブルを右クリックし、
[メジャーの追加]をクリックしておく

1 メジャーの名前に「売上合計（前月）」と入力　　　　　　**2** 数式を入力

メジャー

テーブル名(T): 　　　T_売上

メジャーの名前(M): 　売上合計（前月）

値の説明(D):

数式(F): 　*fx*　　DAX 式を確認(H)

=CALCULATE('T_売上'[売上合計], PREVIOUSMONTH('予定表'[Date]))

カテゴリ(C):

標準	書式(o):		10 進数
日付			
数値	小数点以下の桁数(e):		0
通貨	☑ 桁区切り (,) を使う		
真¥偽			

OK

3 [カテゴリ] で
[数値]を選択

4 [桁区切り(,)を使う]
にチェックを付ける

5 [書式]が[10進数]、[小数点以下の桁数]
が「0」であることを確認し、[OK]をクリック

Dates .... 各行で集計される期間を抽出するため「'予定表'[Date]」を指定する

6 [売上合計（前月）]メジャーを[値]ボックスに追加

[売上合計（前月）]列が作成され、4月の行に3月、
5月の行に4月など前月の売上が表示された

前月の集計結果を求める理由は？

前月の集計結果を求めることができると、「前月比」や、「前月との差」を
求めることができます。このLESSONで作ったメジャー[売上合計（前月）]
と、すでに作られていたメジャー[売上合計]を使ってさらにメジャーを
作成できるからです。数式は、比率を求めるには「=DIVIDE（[売上合計], [売
上合計（前月）]）」を、差を求めるには「=[売上合計（前月）]-[売上合計]」
となります。

=DIVIDE([売上合計], [売上合計（前月）])
意味 [売上合計]を[売上合計（前月）]で割る

=[売上合計（前月）]-[売上合計]
意味 [売上合計（前月）]から[売上合計]を引く

活用編　第6章　日付テーブルとDAX関数を利用して時系列の分析をする

前四半期値を求める
PREVIOUSQUARTER関数

PREVIOUSQUARTER関数をCALCULATE関数にネストさせることで集計結果に前の四半期の値を求めることができます。LESSON47ではメジャー[売上合計]を基に、前の四半期の集計結果を取り出すメジャーを作成します。

練習用ファイル L047_PREVIOUSQUARTER.xlsx

01 前四半期の日付の列を持つテーブルを抽出する

　PREVIOUSQUARTER関数は基準になる日付の前の四半期の、すべての日付の列を含むテーブルを返します。基準になる日付とは、作成されるピボットテーブルによって決まります。このLESSONの例では、ピボットテーブルはスライサーにより「2023年度」に絞り込まれており、さらに行ラベルで[四半期]と[月の番号]ごとに集計されています。[売上集計]シートの5行目には「2023年Q1」、6行目に「2023年4月」、7行目に「2023年5月」の集計がそれぞれ行われており、基準になる日付はその期間の最初の日です。つまりそれぞれ「2023年4月1日」「2023年4月1日」「2023年5月1日」となります。PREVIOUSQUARTER関数を使うと、その基準となる日が含まれる四半期の前の四半期の期間を[日付テーブル]から抽出できます。これをCALCULATE関数の第2引数であるフィルター条件に指定してメジャーを作成すれば、各行でその前の四半期の値を集計できます。

スライサーによって[2023年度]のデータが表示されている

基準となる日付は「2023年4月1日」

	A	B	C	D
1				
2				
3	行ラベル	売上合計	年度	
4	⊟2023年度	390,525,836		
5	⊟Q1	267,177,398	2020年度	
6	4	103,007,128	2021年度	
7	5	94,972,333	2022年度	
8	6	69,197,937	2023年度	
9	⊟Q2	123,348,438		

「2023年4月1日」が基準となる日付の場合、前の四半期（2022年1月〜3月）のすべての日付を含むテーブルを返す

指定された日付の前の四半期に対応する日付のテーブルを返す

=PREVIOUSQUARTER(Dates)

Dates .... 日付を含む列を指定する

[売上合計]メジャーの結果を前の四半期の値にするため、CALCULATE関数にテーブルを返す

=**CALCULATE**('T_売上'[売上合計],PREVIOUSQUARTER ('予定表'[Date]))

フィールドセクションの[T_売上]テーブルを右クリックし、
[メジャーの追加]をクリックしておく

1 メジャーの名前に「売上合計（前期）」と入力 　　**2** 数式を入力

メジャー

テーブル名(T): 　　T_売上

メジャーの名前(M): 　売上合計（前期）

値の説明(D):

数式(F): 　*fx* 　[DAX 式を確認(H)]

=CALCULATE('T_売上'[売上合計], PREVIOUSQUARTER('予定表'[Date]))

カテゴリ(C):

| 書式(o): | | 10 進数 |

標準
日付
数値
通貨
真¥偽

小数点以下の桁数(e):

☑ 桁区切り（,）を使う

0 ▲▼

[OK]

3 [カテゴリ]で
[数値]を選択

4 [桁区切り(,)を使う]
にチェックを付ける

5 [書式]が[10進数]、[小数点以下の桁数]
が「0」であることを確認し、[OK]をクリック

Dates .... 各行で集計される期間を抽出するため「'予定表'[Date]」を指定する

活用編 第6章 日付テーブルとDAX関数を利用して時系列の分析をする

215

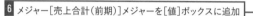

6 メジャー［売上合計（前期）］メジャーを［値］ボックスに追加

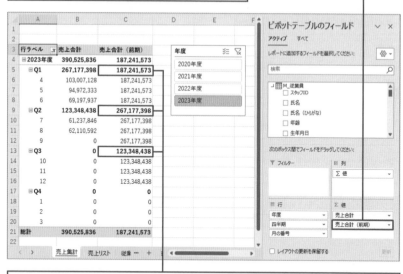

Q1の場合は2022年度Q4、Q2の場合は2023年度Q1の売上など、前四半期の売上合計が表示された

なぜ月の値を求める行にも四半期の値が入るのか

　タイムインテリジェンス関数に慣れないうちは、メジャーによって求められる集計結果に違和感を抱くこともあるかもしれません。このLESSONで扱う例も、月のアイテムごとの結果が求められるはずの行に四半期の合計がずらっと並んで驚く人もいるでしょう。

　CALCULATE関数で指定するフィルター条件は、ピボットテーブル内の行ラベルや列ラベルのアイテムごとの集計よりも優先されるので、その行が月ごとのデータを集計しようとしていても無視されてしまうからです。

月ごとに集計されず、各月の行にも前四半期の売上合計が表示される

行ラベル	売上合計	売上合計（前期）
⊟ 2023年度	390,525,836	187,241,573
⊟ Q1	267,177,398	187,241,573
4	103,007,128	187,241,573
5	94,972,333	187,241,573
6	69,197,937	187,241,573
⊟ Q2	123,348,438	267,177,398
7	61,237,846	267,177,398
8	62,110,592	267,177,398
9	0	267,177,398
⊟ Q3	0	123,348,438
10	0	123,348,438
11	0	123,348,438
12	0	123,348,438
⊟ Q4	0	0
1	0	0
2	0	0
3	0	0
総計	390,525,836	187,241,573

LESSON 48

前年同期値を求める
SAMEPERIODLASTYEAR 関数

SAMEPERIODLASTYEAR 関数はピボットテーブルで指定している期間のちょうど1年前の同期間をテーブルとして返す関数です。このLESSONでは、[四半期]、[月]、それぞれの行ラベルのアイテムに合わせて、前年同期の集計結果が返すメジャーを作成します。

練習用ファイル L048_SAMEPERIODLASTYEAR.xlsx

01 | 1年前の同期間を日付の列として持つテーブル抽出する

　SAMEPERIODLASTYEAR関数は基準になる期間のちょうど1年前の同期間のすべての日付の列を含むテーブルを返します。基準になる日付とは、作成されるピボットテーブルによって決まります。このLESSONの例では、ピボットテーブルはスライサーにより「2023年度」に絞り込まれており、さらに行ラベルとして[年度][四半期]と[月]のフィルターが掛かっています。そのため、[売上集計]シートの4行目には「2023年度」、5行目には「2023年 Q1」、6行目には「2023年4月」の集計が行われています。 SAMEPERIODLASTYEAR関数で、それぞれの行で使用されている期間を基準となる期間とし、そのちょうど1年前の同期間を[日付テーブル]から抽出します。それをCALCULATE関数の第2引数として使用すれば行ラベルとして使用する期間を切り替えても、いつでも前年の同期間の集計結果を表示できます。

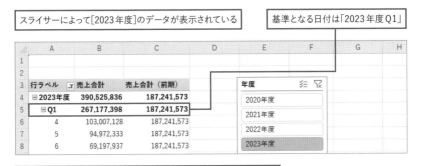

指定された日付の前の年に対応する同じ期間の日付を返す

=SAMEPERIODLASTYEAR(Dates)

Dates .... 日付を含む列を指定する

[売上合計]メジャーの結果を1年前同期の値にするため、CALCULATE関数にテーブルを返す

=CALCULATE('T_売上'[売上合計], SAMEPERIODLASTYEAR ('予定表'[Date]))

フィールドセクションの[T_売上]テーブルを右クリックし、
[メジャーの追加]をクリックしておく

1 メジャーの名前に「売上合計（昨年同期）」と入力   **2** 数式を入力

メジャー

テーブル名(<u>T</u>): 　　T_売上

メジャーの名前(<u>M</u>): 　売上合計（昨年同期）

値の説明(<u>D</u>):

数式(<u>F</u>): 　*fx*　[DAX 式を確認(<u>H</u>)]

=CALCULATE('T_売上'[売上合計], SAMEPERIODLASTYEAR('予定表'[Date]))

カテゴリ(<u>C</u>):

| 標準 |
| 日付 |
| **数値** |
| 通貨 |
| 真¥偽 |

書式(<u>o</u>): 　　　　　　　　　　　　　　10 進数

小数点以下の桁数(<u>e</u>): 　　　　　　　　0

☑ 桁区切り（ , ）を使う

[OK]

3 [カテゴリ]で
[数値]を選択

4 [桁区切り(,)を使う]
にチェックを付ける

5 [書式]が[10進数]、[小数点以下の桁数]
が「0」であることを確認し、[OK]をクリック

Dates .... 各行で集計される期間を抽出するため「'予定表'[Date]」を指定する

6 メジャー［売上合計（昨年同期）］メジャーを［値］ボックスに追加

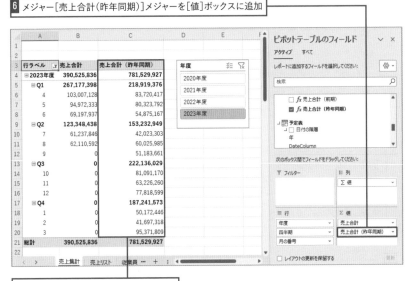

1年前の同期間の売上合計が表示された

ここもポイント！ **前々年同期の値を求めたい時は**

　2年前の同期のテーブルを使って前々年同期の値を求めたい場合は、DATEADD関数を使うと良いでしょう。任意の間隔で時間を前後させた期間を持つテーブルを返せます。このLESSONの例のSAMEPERIODLASTYEAR関数の代わりに「DATEADD(Dates, -2, YEAR)」を使うことで2年前の同期の集計結果を求められます。DATEADD関数の第1引数はSAMEPERIODLASTYEAR関数と同じです。第2引数はどれだけずらすかを整数で表し、第3引数でその単位を表します。単位には「YEAR」の他、「QUARTER」「MONTH」「DAY」を使用できます。

=CALCULATE('T_売上'[売上合計],DATEADD('予定表'[Date],-2,YEAR))
意味 ［売上合計］メジャーの結果を2年前の値にするため、CALCULATE関数にテーブルを返す

引数
Dates .... 各行で集計される期間を抽出する［'予定表[Date]'］を指定する
NumberOfInterval .... スライドさせる期間である「2」を指定する
Interval .... スライドさせる単位が年のため「YEAR」を指定する

前年同月対比を求めるには

　今年度の期間別売上合計と、前年同期の売上合計を求めることができれば、その2つの値を使って簡単に比率を求められます。この例では、DIVIDE関数の第1引数に[売上合計]メジャーを、第2引数に[売上合計（昨年同期）]メジャーを指定することで対比を求めるメジャーを作成しています。

前年対比:=DIVIDE('T_売上'[売上合計],'T_売上'[売上合計（昨年同期）])

意味 [売上合計]を[売上合計（昨年同期）]で割る

[前年対比]メジャーを[値]ボックスに
追加しておく

前年同月対比が
求められた

行ラベル	売上合計	売上合計（昨年同期）	前年対比		年度	
⊟ 2022年度	781,529,927	702,467,713	111.3%		2020年度	
⊟ Q1	218,919,376	218,860,853	100.0%		2021年度	
4	83,720,417	102,611,372	81.6%		2022年度	
5	80,323,792	64,043,215	125.4%		2023年度	
6	54,875,167	52,206,266	105.1%			
⊟ Q2	153,232,949	140,098,205	109.4%			
7	42,023,303	52,930,501	79.4%			
8	60,025,985	36,989,439	162.3%			
9	51,183,661	50,178,265	102.0%			
⊟ Q3	222,136,029	168,320,862	132.0%			
10	81,091,170	46,037,620	176.1%			
11	63,226,260	48,070,282	131.5%			
12	77,818,599	74,212,960	104.9%			
⊟ Q4	187,241,573	175,187,793	106.9%			
1	50,172,446	52,942,683	94.8%			
2	41,697,318	39,561,500	105.4%			
3	95,371,809	82,683,610	115.3%			
総計	781,529,927	702,467,713	111.3%			

以前に作ったメジャーを使ってさらに
複雑な計算をするメジャーを作るように
なると、DAX関数のメリットが実
感できますね。

ここもポイント！ PREVOUSYEAR関数との違い

　LESSON46、47では、それぞれPREVOUSMONTH、PREVOUSQUARTER 関数を紹介しましたが、基準となる日付の前年の日付を持つテーブルを返す PREVOUSYEAR関数や、前日の日付を持つテーブルを返すPREVOUSDAY 関数も存在します。PREVOUSYEAR関数とSAMEPERIODLASTYEAR関数 の違いは、その結果を並べて表示すると一目瞭然です。「PREVOUS」で始ま る4つの関数は行や列のフィルターに左右されることなく、指定した期間の 集計結果を求めることに使われます。一方で、SAMEPERIODLASTYEAR関 数は行や列のフィルターを使用して同期間の1年前の期間の集計を行うた めに使われます。

> 売上合計（前年）:=CALCULATE('T_売上'[売上合計],
> PREVIOUSYEAR('予定表'[Date],"3/31"))
> 意味 3/31を期末日とした前年度の売上合計を求める

行ラベルや列ラベルに配置されているフィールドごとの集計が 行われず、すべての行に前年の売上合計が表示される

行ラベル	売上合計	売上合計（昨年同期）	売上合計（前年）
2023年度	390,525,836	781,529,927	781,529,927
Q1	267,177,398	218,919,376	781,529,927
4	103,007,128	83,720,417	781,529,927
5	94,972,333	80,323,792	781,529,927
6	69,197,937	54,875,167	781,529,927
Q2	123,348,438	153,232,949	781,529,927
7	61,237,846	42,023,303	781,529,927
8	62,110,592	60,025,985	781,529,927
9	0	51,183,661	781,529,927
Q3	0	222,136,029	781,529,927
10	0	81,091,170	781,529,927
11	0	63,226,260	781,529,927
12	0	77,818,599	781,529,927
Q4	0	187,241,573	781,529,927
1	0	50,172,446	781,529,927
2	0	41,697,318	781,529,927
3	0	95,371,809	781,529,927
総計	390,525,836	781,529,927	781,529,927

活用編　第6章　日付テーブルとDAX関数を利用して時系列の分析をする

221

LESSON 49

TOTALYTD関数で
年ごとに売上を累計する

売上の伸びを見たい場合には、その合計を累積する必要がありますが、式の結果を年ごとに累計するためのTOTALYTD関数を使えば実現できます。LESSON49では、作成済みのメジャー[売上合計]を引数に指定し、売上を累計するメジャーを作成します。

練習用ファイル L049_TOTALYTD.xlsx

01 式の結果を年ごとに累計する

TOTALYTD関数は、与えられた式の結果を年度末まで累計します。第1引数には集計結果を返す式を指定します。第2引数には日付を含む列を指定しますが、これは原則として日付テーブルの主キーとなる列を指定します。['T_売上 [売上日]]を指定してしまうと正しく累計されないので注意しましょう。第3引数は必要であれば[フィルター]を指定できますが省略可能です。第4引数には年度末の日付を指定します。**第4引数も省略できますが、その場合は「12月31日」を年度末日として定義します。** このLESSONでは、3月31日を期末日として、そこまでの間の集計結果を累計するメジャーを作成します。作成したメジャーをピボットテーブルで使用すると、年度末として指定した3月までは各年度累計が行われますが、4月になるとリセットされて累計が始まる様子が確認できます。

構文
年初から指定された日付までの累計を求める
=**TOTALYTD**(Expression, Dates, [Filter], [YearEndDate])

引数
Expression.........集計する式を指定する
Dates ....[日付テーブル]の日付列を指定する
Filter.....................(オプション) 設定するフィルター条件を指定する
YearEndDate ....(オプション) 年の終了日を示す文字列を指定する

3月31日を期末日として、それまでの［売上合計］を累積した結果を返す

=**TOTALYTD**('T_売上'[売上合計],'予定表'[Date],"3/31")

フィールドセクションの［T_売上］テーブルを右クリックし、
［メジャーの追加］をクリックしておく

1 メジャーの名前に「売上累計（年度1）」と入力　　　**2** 数式を入力

メジャー

テーブル名(T):　　　　T_売上

メジャーの名前(M):　　売上累計（年度1）

値の説明(D):

数式(F):　f_x　　[DAX 式を確認(H)]

=TOTALYTD('T_売上'[売上合計], '予定表'[Date], "3/31")

✓ この数式にはエラーがありません

カテゴリ(C):

| 標準 |
| 日付 |
| 数値 |
| 通貨 |
| 真¥偽 |

書式(o):　　　　　　　　　　　　　　　10 進数

小数点以下の桁数(e):　　　　　　　　0 ▲▼

☑ 桁区切り（，）を使う

[OK]

3 ［カテゴリ］で
［数値］を選択

4 ［桁区切り(,)を使う］
にチェックを付ける

5 ［書式］が［10進数］、［小数点以下の桁数］
が「0」であることを確認し、［OK］をクリック

Expression………売上の合計を累計するためメジャー［売上合計］を指定する

Dates ……………集計元となる日付列を指定するため「'予定表'[Date]」を指定する

YearEndDate ….期末日である「"3/31"」を指定する

活用編　第6章　日付テーブルとDAX関数を利用して時系列の分析をする

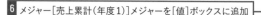

6 メジャー[売上累計(年度1)]メジャーを[値]ボックスに追加

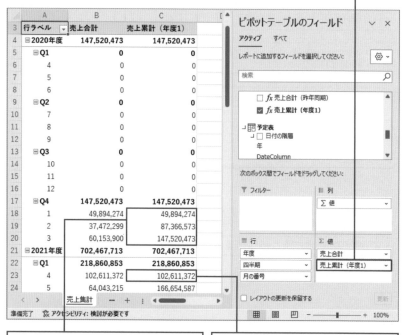

年度末である3/31までの売上合計が累計される

4月になると新たに売上合計が累計され始める

四半期や月の累計を求めるには

　四半期ごと、または月ごとに累計を求める場合に使用できるのが、TOTALQTD関数、TOTALMTD関数です。使い方はTOTALYTD関数とほとんど同じですが、年度末日と違い指定する必要が無いため第3引数はありません。「YTD」や「QTD」の意味は「Year To Date」「Quarter To Date」からきており、それぞれ「年初来の累計」「四半期累計」を表しています。

=TOTALQTD (Expression, Dates, [Filter])
意味 四半期当初から指定日までの累計を求める

=TOTALMTD (Expression, Dates, [Filter])
意味 月初から指定日までの累計を求める

LESSON 50
DATESYTD関数を使って年ごとに売上を累計する

LESSON49ではTOTALYTD関数を使って年度ごとにリセットされる累計を求めました。合計以外の計算も決まった期間で累計するメジャーを作成するため、このLESSONではDATESYTD関数とCALCULATE関数を組み合わせる使い方を学びます。

練習用ファイル L050_DATESYTD.xlsx

01 年ごとの累計を求めるために必要なテーブルとは

　DATESYTD関数は日付の列を含むテーブルを返すのでCALCULATE関数の第2引数であるフィルター条件に指定することができます。DATESYTD関数が返すテーブルは、年初からピボットテーブルの各行、または各列で抽出された日付までの日付の値を持ちます。練習用ファイルでは、例えば14行目に2020年度のQ2、15行目に2022年7月のデータが集計されますが、DATESYTD関数ではそれぞれの行に対し「2022年4月1日からQ2の最終日である2022年9月30日まで」「2020年4月1日から2022年7月31日まで」を抽出したテーブルを返します。そのため、CALCULATE関数の第1引数で指定される計算を、年初から対象となる行または列までの期間にわたって集計できることになります。このLESSONではCALCULATE関数の第1引数にメジャー［売上合計］を使うので、LESSON49と同じ結果を求められます。

構文

年初から指定された日付までの日付の連続したテーブルを返す
=DATESYTD (Dates, [YearEndDate])

引数

Dates .... 日付を含む列を指定する

YearEndDate .... (オプション) 年の終了日を示す文字列を指定する

年初からその行までの日付を持つテーブルをフィルターに使い、[売上合計]メジャーで集計する

=CALCULATE('T_売上'[売上合計], DATESYTD('予定表'[Date],"3/31"))

フィールドセクションの[T_売上]テーブルを右クリックし、
[メジャーの追加]をクリックしておく

1 メジャーの名前に「売上累計(年度2)」と入力   **2** 数式を入力

メジャー

テーブル名(T):	T_売上
メジャーの名前(M):	売上累計(年度2)
値の説明(D):	

数式(F):   _fx_   [DAX 式を確認(H)]

=CALCULATE('T_売上'[売上合計], DATESYTD('予定表'[Date], "3/31"))

この数式にはエラーがありません

カテゴリ(C):

標準
日付
数値
通貨
真¥偽

書式(o):   10 進数

小数点以下の桁数(e):   0

☑ 桁区切り (,) を使う

[OK]

3 [カテゴリ]で
[数値]を選択

4 [桁区切り(,)を使う]
にチェックを付ける

5 [書式]が[10進数]、[小数点以下の桁数]
が「0」であることを確認し、[OK]をクリック

Dates .... 集計基準となる日付列を指定するため「'予定表'[Date]」を指定する

YearEndDate .... 期末日である「"3/31"」を指定する

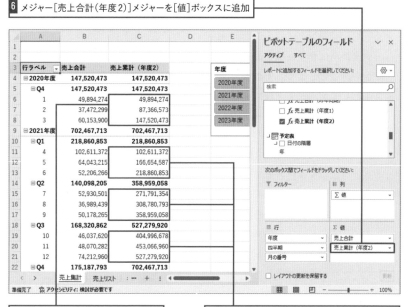

6 メジャー[売上合計（年度2）]メジャーを[値]ボックスに追加

年度末である3/31までの売上合計が累計される

4月（年初）になると新たに3/31まで売上合計が累計され始める

ここもポイント！

四半期や月ごとにリセットされる累計を求めるには

DATESYTD関数と同様の動きをする関数にDATESQTD関数、DATESMTD関数があります。それぞれ「四半期頭から」「月初から」その集計が求められているピボットテーブルの行または列までの期間の日付データを持つテーブルを返します。このLESSONのようにCALCULATE関数と組み合わせて使用すれば四半期ごと、または月ごとにリセットされる累計を求めることができます。またSUMXなどのイテレータ関数やALL関数などと組み合わせて使われることもあります。DATESYTD関数と異なり、引数は[Dates]1つのみです。

予算と実績を同じデータモデルで管理するには

　従業員別に売上目標を設定し、同じピボットテーブル内に表示させたい場合もあるでしょう。その場合は、売上目標のシートを別途作成し、テーブルとしてデータモデルに追加します。これまではスタースキーマと呼ばれるトランザクションテーブルが1つだけのデータモデルを扱ってきましたが、下図のように2つのトランザクションテーブルを持つことも可能です。[T_目標] テーブルには各月の月末を売上日として従業員ごとに毎月の売上目標額を保持させています。それらの列を [予定表] テーブル、[M_従業員] テーブルとリレーションシップを設定することで、データモデルを作成すれば、売上合計と売上目標をピボットテーブルに並べて集計することや、それらの値を求めるメジャーを使って目標達成率を求めることもできます。

各月の月末を売上日として従業員のスタッフIDごとに毎月の売上目標額がまとめられている

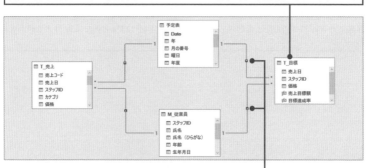

[予定表]テーブルと[M_従業員]テーブルに、それぞれリレーションシップを設定する

[T_目標]テーブルの[価格]列の値を使って売上目標額が集計できる

売上目標額を実際の売上合計で割れば目標の達成率も求められる

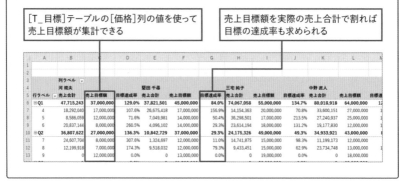

先の日付の集計を行うには

　ここまでのLESSONでは、基準になる日付から時間をさかのぼって過去の期間を集計する関数を紹介してきましたが、時間を進めて先の期間を集計する関数もあります。また、219ページの「ここもポイント！」で紹介したDATEADD関数は、第2引数に正の数を使用することで基準となる日付よりも先の期間を含むテーブルを返すことができます。

関数名	関数の働き
NEXTDAY	PREVIOUSDAYとは逆に、基準となる日の翌日の日付の列を含むテーブルを返す
NEXTMONTH	PREVIOUSMONTHとは逆に、基準となる日の翌月のすべての日付の列を含むテーブルを返す
NEXTQUARTER	PREVIOUSQUATERとは逆に、基準となる日の次の四半期のすべての日付の列を含むテーブルを返す
NEXTYEAR	PREVIOUSYEARとは逆に、基準となる日の翌月のすべての日付の列を含むテーブルを返す

=CALCULATE('T_売上'[売上合計],NEXTMONTH('予定表'[Date]))

意味 [売上合計]メジャーの結果を翌月の値にするため、CALCULATE関数にテーブルを返す

NEXTMONTH関数を使うと次の月の売上合計を求められる

行ラベル	売上合計	売上合計（前月）	売上合計（翌月）
⊟2022年度			
⊟Q1			
4	83,720,417	82,683,610	80,323,792
5	80,323,792	83,720,417	54,875,167
6	54,875,167	80,323,792	42,023,303
⊟Q2			
7	42,023,303	54,875,167	60,025,985
8	60,025,985	42,023,303	51,183,661
9	51,183,661	60,025,985	81,091,170
⊟Q3			

DATESYTD関数なら期間を指定しての平均値も求められる

　売上を積み上げ合計していく「累計」を求めるのであれば、TOTALYTD関数がシンプルで使いやすいでしょう。ただDATESYTD関数をCALCULATE関数の引数として使用すれば、期間を広げながら合計以外の計算も行えます。以下の例では、CALCULATE関数の第1引数として売上平均を求めるメジャーを指定しています。そのため、C列の集計結果が上から下に向かって求められる値が年間の平均値に近くなっています。TOTALYTD関数と比較すると使う場面は多くないかもしれませんが、いざという時のために覚えておくと良いでしょう。

> 売上平均（年度）:=CALCULATE('T_売上'[売上平均],
> DATESYTD('予定表'[Date],"3/31"))
> **意味** 年度初めから各行の集計期間までの売上平均額を求める

上から下に向かって年度の売上平均額に
近い値が各行に表示される

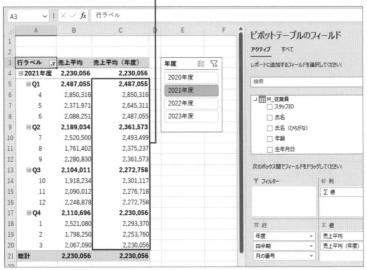

第 7 章

集計の切り口を深める
ピボットテーブルのテクニック

DAX関数を利用して作成したメジャーは、ピボットテーブルの中で集計することでその威力を発揮します。本章では、ピボットテーブルの操作とともに、パワーピボットならではの深い集計を求めるためのテクニックなどを学びます。

51 関連するフィールドを 階層化して分析しやすくする

データモデルを扱っていると、いつも使うフィールドの組み合わせを見つけることがあります。LESSON51では、[M_従業員]テーブルにある[エリア]と[店舗名]フィールドを1つの階層にまとめ、ラベルとして追加しやすくします。

練習用ファイル L051_有給消化.xlsx

01 フィールドを階層化して所属単位ごとに集計する

　組織の「部」と「課」や、このLESSONの[M_従業員]テーブルにある[エリア]と[店舗名]のように、階層を持つフィールドがある場合は一緒にボックスに追加することが多いものです。パワーピボットでは**[階層]に任意の複数のフィールドを追加すれば、一度の操作でエリアセクションの各ボックスに追加できる**ようになります。複数のピボットテーブルを作成するなど、繰り返し使用する可能性が高い場合には積極的に使用しましょう。

「配属」という階層を作成して、[エリア][店舗名]フィールドを
この階層に移動する

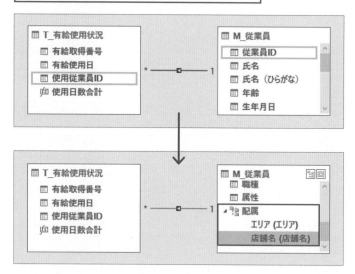

階層を作成すると階層内に移動したフィールドがグループ化される

このLESSONで作成する階層の場合、店舗名がエリアごとに分類されて表示される

02 フィールドの階層化はダイアグラムビューで操作する

　Power Pivot画面を開いたら、表示を［ダイアグラムビュー］に切り替えます。各テーブルの右上にある2つのボタンのうち、左側のものが［階層の作成］ボタンです。作成した階層に名前を付けて、そこに収めたいフィールドをドラッグすることで階層を作成できます。誤って別のフィールドを追加してしまった場合には該当のフィールドを右クリックすることで［階層から削除］を使用できます。**フィールドを階層に追加する際は、上にあるフィールドから順にレベルが設定される**ので順序にも注意してください。このLESSONの例の場合、［エリア］を［店舗名］より下に追加してしまうと、エリアごとにグループ化された集計結果を求められません。

Power Pivot画面を表示し、［ダイアグラムビュー］にしておく

1 ［M_従業員］テーブルにマウスポインターを合わせ、［階層の作成］をクリック

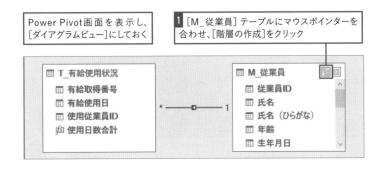

活用編 第7章 集計の切り口を深めるピボットテーブルのテクニック

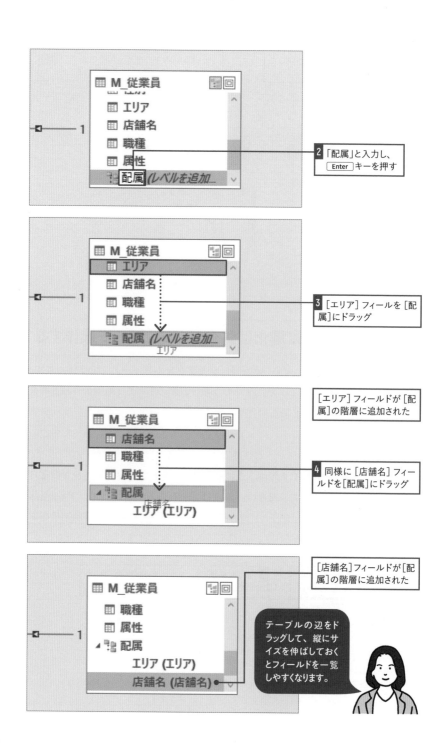

M_従業員

⊞ エリア
⊞ 店舗名
⊞ 職種
⊞ 属性
⊞ 配属 *(レベルを追加...*

2 「配属」と入力し、[Enter]キーを押す

M_従業員

⊞ エリア
⊞ 店舗名
⊞ 職種
⊞ 属性
⊞ 配属 *(レベルを追加...*
　　　　エリア

3 [エリア]フィールを[配属]にドラッグ

M_従業員

⊞ 店舗名
⊞ 職種
⊞ 属性
◢ 配属
　店舗名
　　エリア (エリア)

[エリア]フィールドが[配属]の階層に追加された

4 同様に[店舗名]フィールドを[配属]にドラッグ

M_従業員

⊞ 職種
⊞ 属性
◢ 配属
　エリア (エリア)
　店舗名 (店舗名)

[店舗名]フィールドが[配属]の階層に追加された

テーブルの辺をドラッグして、縦にサイズを伸ばしておくとフィールドを一覧しやすくなります。

階層化したフィールドをピボットテーブルに追加する

　階層が作成されたテーブルは、フィールドセクションのフィールドがまとめて表示されるようになります。このLESSONの例では[配属]と[その他のフィールド]のみとなりました。作成した[配属]という階層以外のフィールドを追加する場合には、[その他のフィールド]から追加します。また、[エリア]は不要で[店舗名]のみ追加したい場合にも、[その他のフィールド]にある[店舗名]を使用します。[配属]に表示された[エリア]や[店舗名]を追加した場合には階層化されて表示されます。

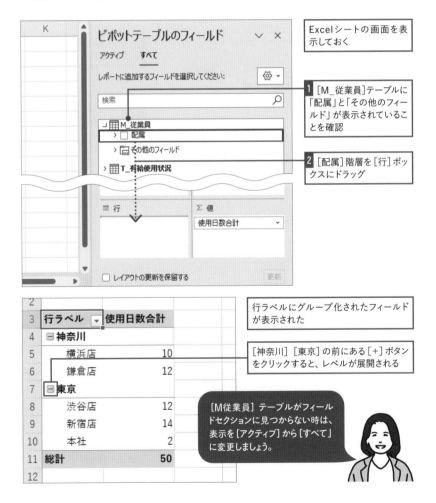

Excelシートの画面を表示しておく

1 [M_従業員]テーブルに「配属」と「その他のフィールド」が表示されていることを確認

2 [配属]階層を[行]ボックスにドラッグ

行ラベルにグループ化されたフィールドが表示された

[神奈川][東京]の前にある[+]ボタンをクリックすると、レベルが展開される

[M従業員]テーブルがフィールドセクションに見つからない時は、表示を[アクティブ]から[すべて]に変更しましょう。

エリアごと行ラベルの位置を入れ替えるには

追加された行ラベルは、「神奈川」が「東京」よりも上になっています。「東京」の方を上に表示したい場合には、「東京」が表示されているセルを選択し、ドラッグすることで順序を入れ替えられます。「東京」エリアとして階層化されている「渋谷店」「新宿店」「本社」も一緒に移動できます。また、「本社」を「渋谷店」の上に表示したいといった場合にも同じ手順で入れ替えができます。ドラッグを始める時はマウスポインターの形が白い十字の形になっていることを確認してください。

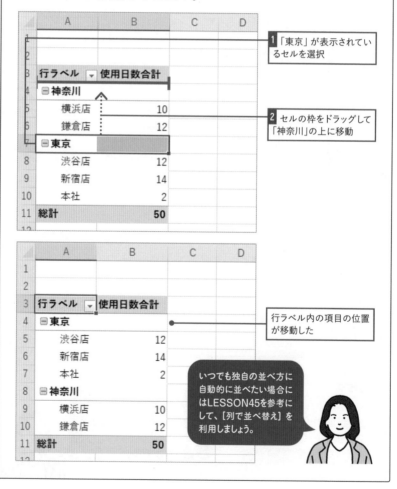

1 「東京」が表示されているセルを選択

2 セルの枠をドラッグして「神奈川」の上に移動

行ラベル内の項目の位置が移動した

いつでも独自の並べ方に自動的に並べたい場合にはLESSON45を参考にして、[列で並べ替え]を利用しましょう。

小計行を表示させて
分かりやすいレポートにする

ピボットテーブルで小計や総計が自動的に表示されるのは便利な反面、メジャーなどを使用して集計結果を思い通りにコントロールしていると不要になる場面も増えてきます。LESSON52では［小計］［総計］の表示をコントロールする方法を学びます。

練習用ファイル L052_売上集計.xlsx

01 小計行の表示／非表示を切り替える

［売上集計］シートにあるピボットテーブルは、既定の表示設定になっています。［総計］は列と行ともに表示されていますが、［小計］は非表示です。これらをコントロールできるのが、［デザイン］タブの［レイアウト］グループにあるボタンです。［小計］をクリックすると、選択肢が表示されます。現在がどの状態なのか分かりにくいですが、［小計］の既定は［小計を表示しない］が適用されています。他のメニューを選んでそれぞれどのように変化するか確認しましょう。**パワーピボットでは小計に対する比率を求めるメジャーを作成することもできます。そんな場面で小計が表示されていると分かりやすいです。**

分類ごとの合計が［小計］として表示される

行や列の合計が右端と下端の［総計］として表示される

行ラベル	河 規夫	堅田 千尋	三宅 純子	中野 直人	島田 良介	総計
⊟2020年度	40,827,839	29,358,077	29,017,899	33,857,810	14,458,848	147,520,473
⊟Q4	40,827,839	29,358,077	29,017,899	33,857,810	14,458,848	147,520,473
1	11,570,411	12,561,748	11,979,852	9,309,939	4,472,324	49,894,274
2	12,216,024	4,658,680	6,550,835	4,956,663	9,090,097	37,472,299
3	17,041,404	12,137,649	10,487,212	19,591,208	896,427	60,153,900
⊞2021年度	109,149,332	129,826,140	180,816,232	235,130,799	47,545,210	702,467,713
⊞2022年度	169,984,845	139,636,293	166,745,431	247,552,206	57,611,152	781,529,927
⊞2023年度	84,522,865	48,664,230	98,242,384	114,952,839	44,143,518	390,525,836
総計	404,484,881	347,484,740	474,821,946	631,493,654	163,758,728	2,022,043,949

（売上合計　列ラベル）

ピボットテーブルの行や列見出し、小計行のレイアウトも変更できる

1 [デザイン]タブ-[小計]-[すべての小計をグループの末尾に表示する]をクリック

![画面上部]

- 自動保存 ● オフ L052_売上集計.xlsx ∨ 検索
- ファイル ホーム 挿入 描画 ページ レイアウト 数式 データ 校閲 表示 ヘルプ Power Pivot ピボットテーブル分析 **デザイン**
- 小計 総計 レポートのレ 空白行 ☑ 行見出し □ 縞模様 (行) ピボットテーブル スタイル
- イアウト ☑ 列見出し □ 縞模様 (列)
- スタイルのオプション ピボットテーブル スタイル

  - 小計を表示しない(D)
  - すべての小計をグループの末尾に表示する(B)
  - すべての小計をグループの先頭に表示する(T)
  - フィルターされたアイテムを合計に含める(I)

各フィールドの下に小計行が表示された

3	売上合計	列ラベル					
4	行ラベル	河 規夫	堅田 千尋	三宅 純子	中野 直人	島田 良介	総計
5	⊟2020年度						
6	⊟Q4						
7	1	11,570,411	12,561,748	11,979,852	9,309,939	4,472,324	49,894,274
8	2	12,216,024	4,658,680	6,550,835	4,956,663	9,090,097	37,472,299
9	3	17,041,404	12,137,649	10,487,212	19,591,208	896,427	60,153,900
10	Q4 集計	40,827,839	29,358,077	29,017,899	33,857,810	14,458,848	147,520,473
11	2020年度 集計	40,827,839	29,358,077	29,017,899	33,857,810	14,458,848	147,520,473
12	⊟2021年度						
13	⊟Q1						
22		4,283,422	54,9 404	82,50	34,08 91	6,613,746	1,372
23	⊟Q3						
24	10	9,249,846	2,528,547	14,057,812	16,246,101	3,955,314	46,037,620

< > 売上集計 売上リスト 従業員リスト +

[小計]-[すべての小計をグループの先頭に表示する]を
クリックすると、小計が分類の先頭に表示される

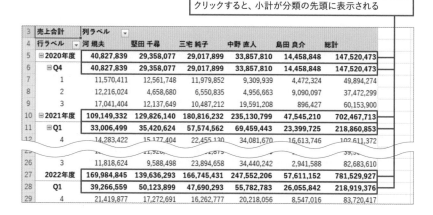

3	売上合計	列ラベル					
4	行ラベル	河 規夫	堅田 千尋	三宅 純子	中野 直人	島田 良介	総計
5	⊟2020年度	40,827,839	29,358,077	29,017,899	33,857,810	14,458,848	147,520,473
6	⊟Q4	40,827,839	29,358,077	29,017,899	33,857,810	14,458,848	147,520,473
7	1	11,570,411	12,561,748	11,979,852	9,309,939	4,472,324	49,894,274
8	2	12,216,024	4,658,680	6,550,835	4,956,663	9,090,097	37,472,299
9	3	17,041,404	12,137,649	10,487,212	19,591,208	896,427	60,153,900
10	⊟2021年度	109,149,332	129,826,140	180,816,232	235,130,799	47,545,210	702,467,713
11	⊟Q1	33,006,499	35,420,624	57,574,562	69,459,443	23,399,725	218,860,853
12	4	14,283,422	15,177,404	22,455,130	34,081,670	16,613,746	102,611,372
26	3	11,818,624	9,588,498	23,894,658	34,440,242	2,941,588	82,683,610
27	2022年度	169,984,845	139,636,293	166,745,431	247,552,206	57,611,152	781,529,927
28	Q1	39,266,559	50,123,899	47,690,293	55,782,783	26,055,842	218,919,376
29	4	21,419,877	17,272,691	16,262,777	20,218,056	8,547,016	83,720,417

02 | 総計行の表示／非表示を切り替える

［総計］は［行と列の集計を行う］が既定の設定で、表の下端に［総計］行、右端に［総計］列があるのが一般的です。これらも不要な場合には［総計］ボタンから非表示にできます。パワーピボットではメジャーを使って前年の値や、前年対比などを列として求める場面が多くあります。その場合［総計］の列は不要なので［行と列の集計を行わない］、または［列のみ集計を行う］としておきましょう。

1 ［デザイン］タブ -［総計］-［行と列の集計を行わない］をクリック

右端列と最下行にあった［総計］が非表示になった

売上合計	列ラベル				
行ラベル	河 規夫	堅田 千尋	三宅 純子	中野 直人	島田 良介
⊞2020年度	40,827,839	29,358,077	29,017,899	33,857,810	14,458,848
⊞2021年度	109,149,332	129,826,140	180,816,232	235,130,799	47,545,210
⊞2022年度	169,984,845	139,636,293	166,745,431	247,552,206	57,611,152
⊞2023年度	84,522,865	48,664,230	98,242,384	114,952,839	44,143,518

［列のみ集計を行う］をクリックすると
最下行に［総計］行が表示される

列のみ集計を行う(C)

売上合計	列ラベル				
行ラベル	河 規夫	堅田 千尋	三宅 純子	中野 直人	島田 良介
⊞2020年度	40,827,839	29,358,077	29,017,899	33,857,810	14,458,848
⊞2021年度	109,149,332	129,826,140	180,816,232	235,130,799	47,545,210
⊞2022年度	169,984,845	139,636,293	166,745,431	247,552,206	57,611,152
⊞2023年度	84,522,865	48,664,230	98,242,384	114,952,839	44,143,518
総計	404,484,881	347,484,740	474,821,946	631,493,654	163,758,728

03 [レポートレイアウト]で表の形式を変更する

[レポートレイアウト]を使うと3種類の表の形式から見やすいものを選択できます。既定値は[コンパクト形式]ですが、[アウトライン形式]を選ぶとレベルを持つアイテムが複数列に表示されるため、行ラベルのレベルを判断しやすくなります。[表形式]も含め、データのボリュームや見せたい切り口によって、集計結果が分かりやすいものを選びましょう。

1 [デザイン]タブ -[レポートのレイアウト]-[アウトライン形式で表示]をクリック

小計行が先頭に表示された

[四半期]と[月の番号]フィールドが別の列で表示された

[表形式で表示]をクリックすると、[四半期]と[月の番号]フィールドが別の列で表示される

表形式で表示(T)

小計行は末尾に表示される

2つの表の見せ方を 1つのスライサーで切り替える

タイムインテリジェンス関数を使って集計を行う場合、スライサーを使って時系列を切り替えて結果を一覧する場面が多くなります。同じシートに複数のピボットテーブルを配置し、1つのスライサーで切り替えるテクニックを学びましょう。

練習用ファイル L053_売上集計.xlsx

01 [レポートの接続] で複数の表をコントロールできる

[売上集計] シートには、従業員別の売上集計が求められている [売上合計] テーブルが作成されています。その隣に [カテゴリ別集計] テーブルを作成しましょう。また、それぞれのテーブルに [売上合計 (前期)] メジャーによる集計結果も追加します。1つのスライサーで年度を切り替えられるように [レポートの接続] を設定しましょう。

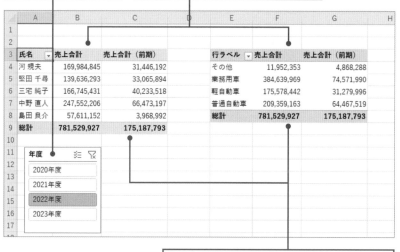

スライサーを挿入して2つの
テーブルに接続する

2つのテーブルがあると、商品と担当者ごとの
売上を見比べやすい

両方のテーブルに接続しているためスライサーのボタンを
クリックすると2つのテーブルの表示が切り替わる

02 複数のテーブルを1つのシートに作成するには

　既存のワークシートにピボットテーブルを追加したい場合は、[既存のワークシート] をオンにした状態で、[場所] に適切なシートとセルを指定します。事前にピボットテーブルを描画したい左上隅の位置となるセルを選択しておくと、自動的に場所が参照されます。位置を指定する場合には、以降の操作で既存のピボットテーブルのサイズが変わる可能性も考慮しましょう。ピボットテーブルのサイズが変わる操作をした時に、他のピボットテーブルのエリアまで届いてしまうとエラーとなり操作が取り消されます。その場合はテーブルの位置を変更するなどしてからやり直しましょう。

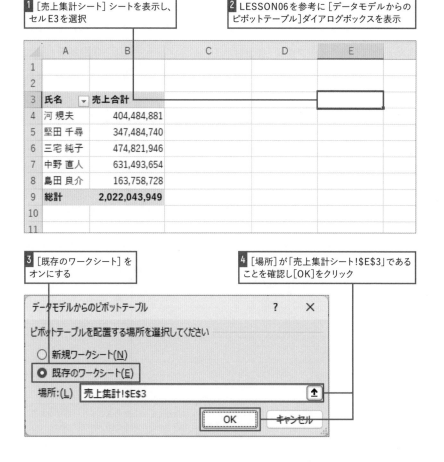

1 [売上集計シート] シートを表示し、セルE3を選択

2 LESSON06を参考に [データモデルからのピボットテーブル]ダイアログボックスを表示

	A	B	C	D	E
1					
2					
3	氏名 ▾	売上合計			
4	河 規夫	404,484,881			
5	堅田 千尋	347,484,740			
6	三宅 純子	474,821,946			
7	中野 直人	631,493,654			
8	島田 良介	163,758,728			
9	総計	2,022,043,949			
10					
11					

3 [既存のワークシート] をオンにする

4 [場所]が「売上集計シート!$E$3」であることを確認し[OK]をクリック

データモデルからのピボットテーブル　?　✕

ピボットテーブルを配置する場所を選択してください

○ 新規ワークシート(N)

● 既存のワークシート(E)

場所:(L)　売上集計シート!$E$3　⬆

OK　　キャンセル

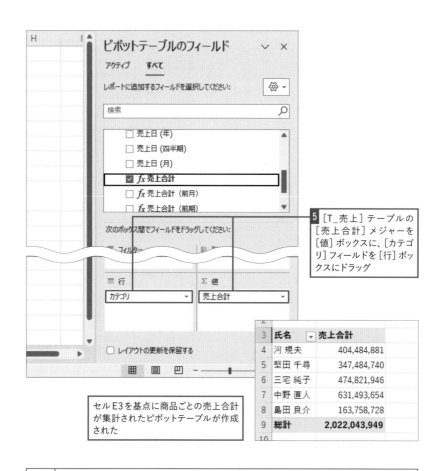

5 [T_売上] テーブルの [売上合計] メジャーを [値] ボックスに、[カテゴリ] フィールドを [行] ボックスにドラッグ

セル E3 を基点に商品ごとの売上合計が集計されたピボットテーブルが作成された

3	氏名	売上合計
4	河 規夫	404,484,881
5	堅田 千尋	347,484,740
6	三宅 純子	474,821,946
7	中野 直人	631,493,654
8	島田 良介	163,758,728
9	総計	2,022,043,949
10		

03 作成したテーブルに分かりやすい名前を付けよう

パワーピボットでは複数の切り口からの分析結果を得るため、1つのデータモデルから複数のピボットテーブルを作る場面がよくあります。その際、それぞれのテーブルに分かりやすい名前を付けておくことでコントロールがしやすくなります。自分が今、どのテーブルに対して何をしようとしているか、常に意識をしておくことも大切です。なお、[担当者別集計] テーブルの「売上合計（前期）」に「0」が表示されるのは、練習用ファイルとして提供する時点で [ピボットテーブルオプション] で [空白セルに表示する値] として「0」を設定しているからです。LESSON 内で作成した [カテゴリ別集計] テーブルは既定の設定のままなので空白セルは「空白」のままとなります。

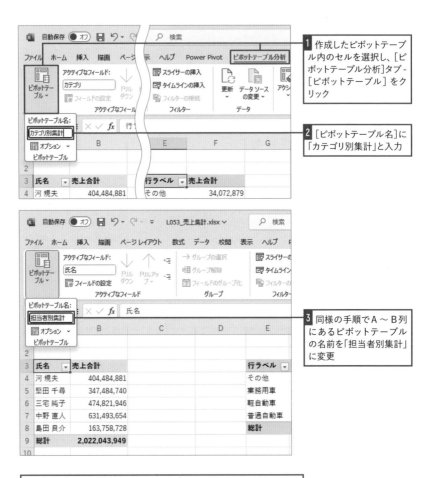

1 作成したピボットテーブル内のセルを選択し、[ピボットテーブル分析]タブ-[ピボットテーブル]をクリック

2 [ピボットテーブル名]に「カテゴリ別集計」と入力

3 同様の手順でA〜B列にあるピボットテーブルの名前を「担当者別集計」に変更

それぞれのピボットテーブルに対し、[値]ボックスに[T_売上]テーブルの[売上合計(前期)]メジャーを追加する

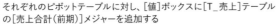

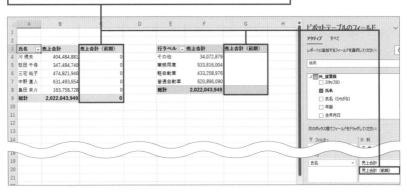

04 | 1つのスライサーで2つの表の「年度」を切り替える

　2つのテーブルには、タイムインテリジェンス関数で作成したメジャー[売上合計（前期）]が値として追加されています。スライサーを作成して、年度ごとに切り替えを行うことで、それぞれ選択した年度と、それに対する「前期」の値を集計できることを確認しましょう。また、[レポートの接続]設定を行うことで、2つのテーブルをコントロールできるようになることも確認してください。

1 [担当者別集計]テーブルを選択した状態で[ピボットテーブル分析]タブ - [スライサーの挿入]をクリック

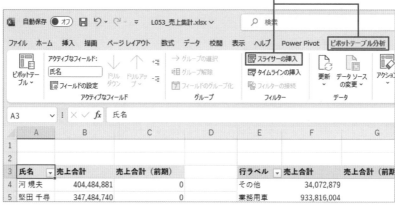

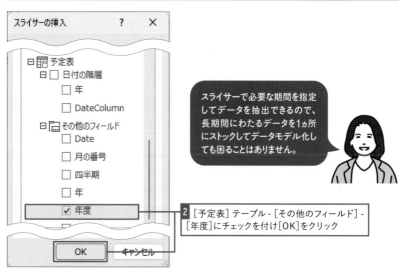

> スライサーで必要な期間を指定してデータを抽出できるので、長期間にわたるデータを1ヵ所にストックしてデータモデル化しても困ることはありません。

2 [予定表]テーブル - [その他のフィールド] - [年度]にチェックを付け[OK]をクリック

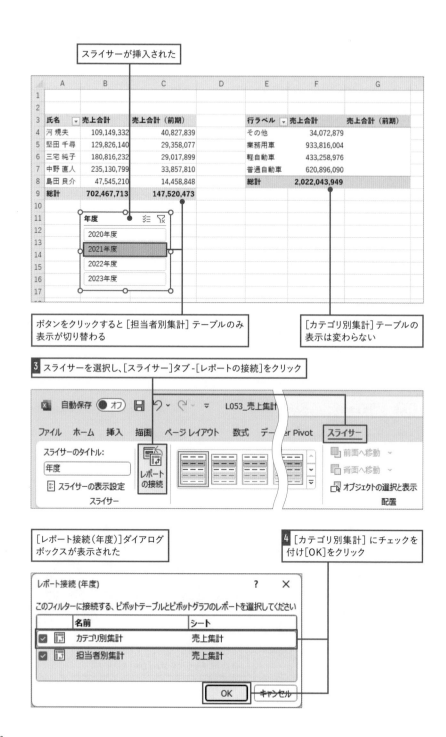

スライサーが挿入された

氏名	売上合計	売上合計（前期）
河 規夫	109,149,332	40,827,839
堅田 千尋	129,826,140	29,358,077
三宅 純子	180,816,232	29,017,899
中野 直人	235,130,799	33,857,810
島田 良介	47,545,210	14,458,848
総計	702,467,713	147,520,473

行ラベル	売上合計	売上合計（前期）
その他	34,072,879	
業務用車	933,816,004	
軽自動車	433,258,976	
普通自動車	620,896,090	
総計	2,022,043,949	

年度

2020年度
2021年度
2022年度
2023年度

ボタンをクリックすると［担当者別集計］テーブルのみ
表示が切り替わる

［カテゴリ別集計］テーブルの
表示は変わらない

3 スライサーを選択し、［スライサー］タブ -［レポートの接続］をクリック

自動保存 ● オフ | L053_売上集計

ファイル　ホーム　挿入　描画　ページ レイアウト　数式　データ　er Pivot　**スライサー**

スライサーのタイトル:
年度
スライサーの表示設定

レポートの接続

前面へ移動
背面へ移動
オブジェクトの選択と表示

スライサー　　　配置

［レポート接続（年度）］ダイアログ
ボックスが表示された

4 ［カテゴリ別集計］にチェックを
付け［OK］をクリック

レポート接続 (年度)　　　　　　　　　　？　×

このフィルターに接続する、ピボットテーブルとピボットグラフのレポートを選択してください

	名前	シート
☑	カテゴリ別集計	売上集計
☑	担当者別集計	売上集計

OK　　キャンセル

スライサーで年度を切り替えると、[カテゴリ別集計]テーブルも表示が切り替わるようになった

	A	B	C	D	E	F	G	H
1								
2								
3	氏名 ▽	売上合計	売上合計（前期）		行ラベル ▽	売上合計	売上合計（前期）	
4	河 規夫	169,984,845	31,446,192		その他	11,952,353	4,868,288	
5	堅田 千尋	139,636,293	33,065,894		業務用車	384,639,969	74,571,990	
6	三宅 純子	166,745,431	40,233,518		軽自動車	175,578,442	31,279,996	
7	中野 直人	247,552,206	66,473,197		普通自動車	209,359,163	64,467,519	
8	島田 良介	57,611,152	3,968,992		総計	781,529,927	175,187,793	
9	総計	781,529,927	175,187,793					
10								
11		年度						
12		2020年度						
13								
14		2021年度						
15		2022年度						
16		2023年度						
17								

練習用ファイル L053_売上集計_さらに上達.xlsx

さらに上達！

複数のスライサーを使うこともできる

　スライサーは複数作成することも可能です。そしてそれぞれのスライサーに対しても、このLESSONで学んだように［レポートの接続］を設定すれば複数のテーブルを切り替えることができます。対象年度の一部の四半期のみ集計するスライサーを作成してみましょう。

［予定表］テーブル -［その他のフィールド］-［四半期］にチェックを付け［OK］をクリックする

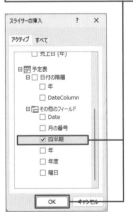

246ページの操作3〜4を参考に2つのテーブルに接続されるように設定する

行ラベル ▽	売上合計	売上合計（前期）
その他	12,923,334	4,754,096
業務用車	302,883,979	64,147,035
軽自動車	141,955,062	37,507,468
普通自動車	244,705,338	41,111,874
総計	702,467,713	147,520,473

四半期
- Q1
- Q2
- Q3
- Q4

月ごとの売上が総計に占める割合を求めるには

集計をしていると、各項目ごとの値が総計に対して占める割合を求めたい場面があります。パワーピボットでは、定められた期間の累計を行うメジャーを作成することで割合を求められます。LESSON54では期間に応じた総計や小計を求めるメジャーを作成します。

練習用ファイル L054_売上集計.xlsx

01 求める割合によって指定する抽出条件が異なる

　練習用ファイルに作成されたピボットテーブルは、スライサーで集計対象年度が絞り込まれた状態です。この [売上合計] 列の各月の値が、総計に対して、また四半期計に対してどのくらいの割合を占めるかを求める場合、CALCULATE関数を使います。第2引数 [Filter] に指定する抽出条件にどんな数式を使うかで必要な結果を求められます。

3	行ラベル ▼	売上合計	年度総計対比	四半期小計対比	目標達成率	年度
4	⊟Q1					2020年度
5	4	83,720,417	10.7%	38.2%	83.7%	2021年度
6	5	80,323,792	10.3%	36.7%	80.3%	2022年度
7	6	54,875,167	7.0%	25.1%	54.9%	2023年度
8	⊟Q2					
9	7	42,023,303	5.4%	27.4%	42.0%	
10	8	60,025,985	7.7%	39.2%	60.0%	
11	9	51,183,661	6.5%	33.4%	51.2%	
12	⊟Q3					
13	10	81,091,170	10.4%	36.5%	81.1%	
14	11	63,226,260	8.1%	28.5%	63.2%	
15	12	77,818,599	10.0%	35.0%	77.8%	

[売上合計] 列に対する様々な比率をメジャーを使って求める

■作成する4つのメジャー

年度総計	年度総計に対する各月の割合を求めるための準備として、すべての行に年度総計を求める
年度総計対比	年度総計に対する各月の売上の割合を求める
四半期小計対比	各四半期の小計に対する各月の売上の割合を求める
目標達成率	各月の売上目標「10,000,000」に対して、実際にはどのくらいの達成率だったかを求める

02 | 総計に対する月ごとの合計の割合を求めるには

　スライサーで指定した年度の売上総計に対する各月の売上の割合を求めたい場合、すべての行にその年度の総計を求めます。その値で各行にある各月の売上合計を割ることができれば、売上総計に対する各月の割合が求められます。**ALLSELECTED関数を使用し、引数として[予定表]テーブルを指定することで行ラベルや列ラベルによる指定を除く、日付に関するすべての抽出条件を解除できます。**練習用ファイルのピボットテーブルでは、元々[四半期]と[月の番号]でアイテムごとに集計が行われるはずですが、メジャー[年度総計]では[予定表]テーブルにあるフィールドではアイテムごとの集計は行えなくなるため、すべての行に今年度の売上合計が求められることになります。

■ [年度総計] メジャーを作成する

使用例

[予定表]テーブル内の列を使った抽出はせずに[売上合計]を求める

=CALCULATE('T_売上'[売上合計],ALLSELECTED('予定表'))

フィールドセクションの[T_売上]テーブルを右クリックし、[メジャーの追加]をクリックしておく

1 メジャーの名前に「年度総計」と入力　　**2** 数式を入力

メジャー	? ☓
テーブル名(T):	T_売上
メジャーの名前(M):	年度総計
値の説明(D):	
数式(F): f_x DAX 式を確認(H)	
=CALCULATE('T_売上'[売上合計], ALLSELECTED('予定表'))	

カテゴリ(C):

標準 日付 **数値** 通貨 真¥偽	書式(O):	10 進数
	小数点以下の桁数(e):	0
	☑ 桁区切り (,) を使う	

6 [OK]をクリック

OK　　キャンセル

3 [カテゴリ]で[数値]を選択　　**4** [桁区切り(,)を使う]にチェックを付ける　　**5** [書式]が[10進数]、[小数点以下の桁数]が「0」であることを確認

[年度総計]メジャーを[値]ボックスに追加

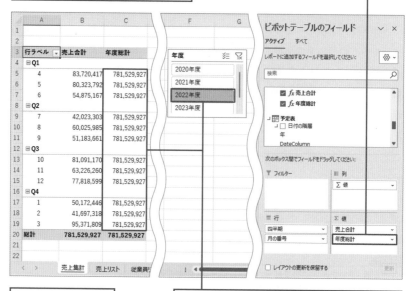

[年度総計]列に年度の
売上合計が表示された

ここではスライサーで[2022年度]が選択されているため
すべての行に2022年度の売上総計が表示されている

スライサーで別の年度(ここでは[2021年度])を選択すると、[年度総計]列の値が
その年度の売上総計に切り替わることが確認できる

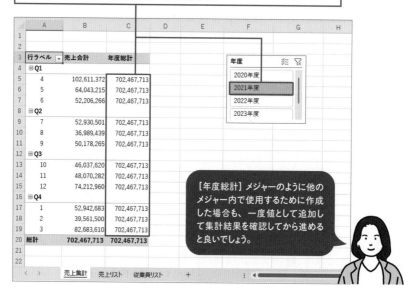

[年度総計]メジャーのように他の
メジャー内で使用するために作成
した場合も、一度値として追加し
て集計結果を確認してから進める
と良いでしょう。

■［年度総計対比］メジャーを作成する

先ほど作成したメジャー［年度総計］を分母とし、［売上合計］を除算することで各月の年度総計に対する比率が求められます。DIVIDE関数を使うことで値が「0」であってもエラーになることを防げます。比率を求めるメジャーのため、書式設定を「パーセンテージ」にしておくことを忘れないようにしましょう。結果の確認後は［年度総計］列は不要なため、［値］ボックスから［年度総計］メジャーを削除します。

> **使用例**
>
> 各行の［年度総計］の値で［売上合計］の値を除算する
>
> = DIVIDE('T_売上'[売上合計],'T_売上'[年度総計])

フィールドセクションの［T_売上］テーブルを右クリックし、［メジャーの追加］をクリックしておく

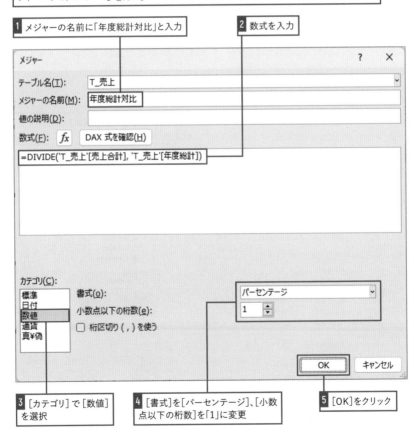

1 メジャーの名前に「年度総計対比」と入力　　**2** 数式を入力

3 ［カテゴリ］で［数値］を選択　　**4** ［書式］を［パーセンテージ］、［小数点以下の桁数］を「1」に変更　　**5** ［OK］をクリック

活用編　第7章　集計の切り口を深めるピボットテーブルのテクニック

6 [年度総計対比]メジャーを[値]ボックスに追加

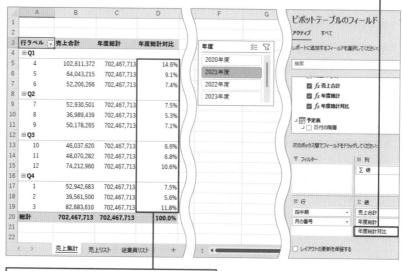

年度の累計売上に対して各月の売上がどのくらいの
割合を占めるのか比率が表示された

[値]ボックスから[年度総計]メジャーを
削除しておく

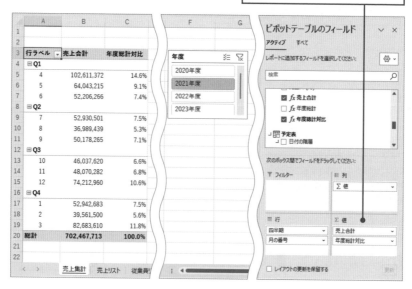

一定期間の累計に対しての割合を求めるには

　このSECTIONでは四半期小計に対する各月の売上合計の割合を求めます。[月の番号]列による抽出のみ解除することで、売上の年度総計を含め四半期ごとの小計も求められます。SECTION02のように一度そのメジャーを作成してから割合を求めるメジャーを作成しても良いのですが、ここでは1つのメジャーで計算を完了させましょう。DIVIDE関数の第1引数には[売上合計]を指定し、第2引数にCALCULATE関数とALLSELECTED関数を組み合わせて[月の番号]による抽出をすべて解除した[売上合計]を求める式を指定します。SECTION02で作成したメジャー[売上総計]とは異なり、[予定表]テーブル内の[月の番号]列のみ抽出を解除するので、四半期ごとの売上合計を各月の行に求めながら、各月の売上合計を割って比率を求めた結果を表示できます。

使用例

[月の番号]では抽出を行わない[売上合計]の値で、各行の[売上合計]の値を除算する

=DIVIDE('T_売上'[売上合計],CALCULATE('T_売上'[売上合計],
　ALLSELECTED('予定表'[月の番号])))

フィールドセクションの[T_売上]テーブルを右クリックし、[メジャーの追加]をクリックしておく

1 メジャーの名前に「四半期小計対比」と入力 　　**2** 数式を入力

メジャー		? ×
テーブル名(T):	T_売上	
メジャーの名前(M):	四半期小計対比	
値の説明(D):		

数式(F): 　f_x 　DAX 式を確認(H)

=DIVIDE('T_売上'[売上合計], CALCULATE('T_売上'[売上合計], ALLSELECTED('予定表'[月の番号])))

カテゴリ(C):

標準	書式(O):		パーセンテージ
日付			
数値	小数点以下の桁数(e):		1
通貨	☐ 桁区切り (,) を使う		
真¥偽			

OK　　キャンセル

3 [カテゴリ]で[数値]を選択　　**4** [書式]を[パーセンテージ]、[小数点以下の桁数]を「1」に変更　　**5** [OK]をクリック

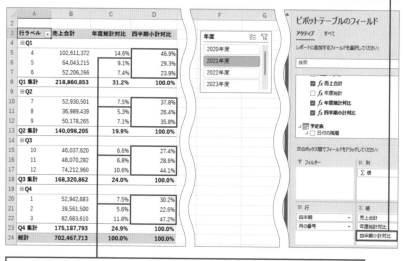

LESSON52のSECTION01を参考に
小計をグループの末尾に表示しておく

[6] [四半期小計対比]メジャーを[値]ボックスに追加

行ラベル	売上合計	年度総計対比	四半期小計対比
⊟Q1			
4	102,611,372	14.6%	46.9%
5	64,043,215	9.1%	29.3%
6	52,206,266	7.4%	23.9%
Q1 集計	218,860,853	31.2%	100.0%
⊟Q2			
7	52,930,501	7.5%	37.8%
8	36,989,439	5.3%	26.4%
9	50,178,265	7.1%	35.8%
Q2 集計	140,098,205	19.9%	100.0%
⊟Q3			
10	46,037,620	6.6%	27.4%
11	48,070,282	6.8%	28.6%
12	74,212,960	10.6%	44.1%
Q3 集計	168,320,862	24.0%	100.0%
⊟Q4			
1	52,942,683	7.5%	30.2%
2	39,561,500	5.6%	22.6%
3	82,683,610	11.8%	47.2%
Q4 集計	175,187,793	24.9%	100.0%
総計	702,467,713	100.0%	100.0%

四半期の累計売上に対して各月の売上がどのくらいの割合を占めるのか比率が表示された

練習用ファイル L054_ALL関数との違い_ここもポイント.xlsx

 ALLSELECTED関数とALL関数の違い

抽出条件を解除するための関数としてはALL関数もあります。ALLSELECTED関数との大きな違いは2点あります。ALL関数は引数を指定せずに使用できること、またスライサーによる抽出の影響を受けないことです。ALL関数は引数を指定しない場合、すべての抽出条件を解除します。「L054_ALL関数との違い.xlsx」には、このLESSONで作成したメジャー[年度総計]と同じ構文のメジャーを、CALCULATE関数を使って作成しています。その違いは第2引数にあり、ALLSELECTED関数とALL関数、その引数としてそれぞれ[列]を指定した場合と[テーブル]を指定した場合の4つのメジャーになっています。この例では[月の番号]列を引数に指定した場合、集計結果はどちらの関数も同じになりますが、[予定表]テーブルを指定した場合には結果が異なります。また[四半期]スライサーで特定のアイテムを選んだ場合にも、ALLSELECTED関数を使って求めた列の結果は変動しますが、ALL関数を使って求めた結果は変わらないことも確認できます。

04 | 目標値に対しての達成率を求めるには

　これまで紹介してきたメジャーは、数式や列などを参照して作成してきましたが、定数を使うことも可能です。各月の売上目標が「100,000,000」だった場合、DVIDE関数の第2引数に「100000000」を使用することで目標達成率を求めることができます。ただし、**売上目標は各月に対しての定数のため、3ヵ月分の売上が合計される四半期行では正しく働きません。**LESSON62では、前年実績に対して一定の割合で増減させた値を目標値として指定する方法も紹介しています。この場合は、目標値自体も四半期ごとの小計になるので達成率も正しい結果が表示されます。実務では定数ではなく、前年実績などを基に予算設定する場面もあるので確認してみてください。

使用例

「100,000,000」で各行の［売上合計］の値を除算する

=DIVIDE('T_売上'[売上合計],100000000)

フィールドセクションの［T_売上］テーブルを右クリックし、［メジャーの追加］をクリックしておく

1 メジャーの名前に「目標達成率」と入力 　　 2 数式を入力

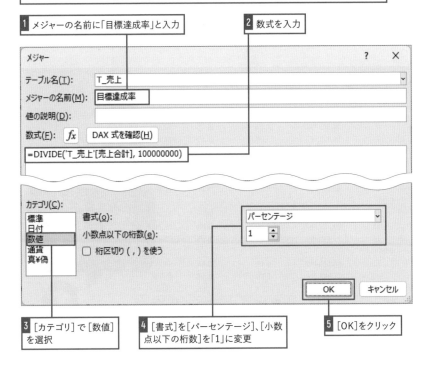

3 ［カテゴリ］で［数値］を選択

4 ［書式］を［パーセンテージ］、［小数点以下の桁数］を「1」に変更

5 ［OK］をクリック

6 [目標達成率]メジャーを[値]ボックスに追加

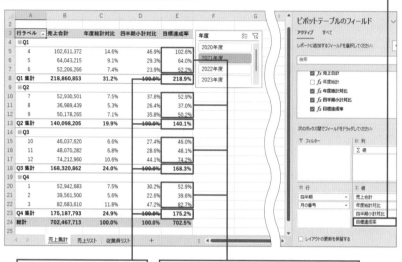

四半期小計の比率は正しくない

各月の売上目標に対して実際の売上がどのくらい
達成したのかその比率が表示された

LESSON52のSECTION01を参考に
小計を非表示にしておく

スライサーで別の年度（ここでは［2022年度］）を
選択すると、表示が切り替わることが確認できる

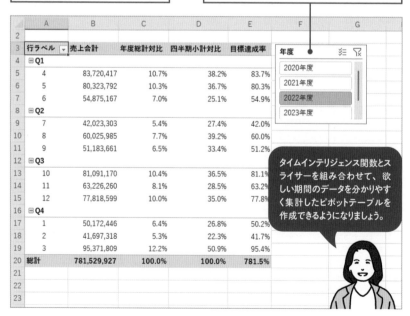

タイムインテリジェンス関数とス
ライサーを組み合わせて、欲
しい期間のデータを分かりやす
く集計したピボットテーブルを
作成できるようになりましょう。

第 8 章

多角的に分析する
ピボットグラフの便利技

パワーピボットで集計するデータは、グラフ化することにより視覚的かつ直感的に、データの推移や傾向を読み取ることができるようになります。本章では集計結果を見る人により分かりやすく伝えるための、ピボットグラフのテクニックを学びます。

分析結果を切り替えながら視覚化するピボットグラフ

ピボットグラフは、基本操作は一般的なExcelグラフと同様ですが、集計結果をグラフ化するという性質から独自の機能も追加されています。パワーピボットで集計したデータはそれらの独自機能を利用することで活用の幅が広がります。

練習用ファイル L055_売上集計.xlsx

01 売上データを視覚化して傾向を読み取る

　このLESSONでは売上データ集計のピボットテーブルを基にシンプルな縦棒グラフを作成します。その後、系列を変更したり、フィールドを展開したりして、データを切り取る視点を変える方法を紹介します。各部位の名称は以下の通りです。今あるデータから何を読み取りたいかを意識しながら、どんなグラフを見たいか、そのためにどんな操作が必要かを考えていきましょう。

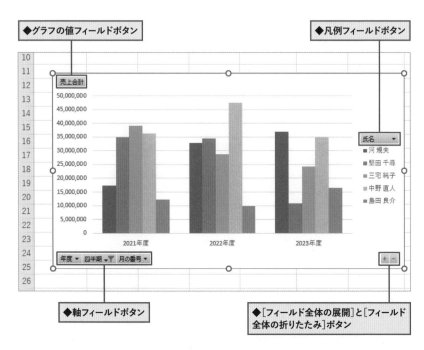

◆グラフの値フィールドボタン

◆凡例フィールドボタン

◆軸フィールドボタン

◆[フィールド全体の展開]と[フィールド全体の折りたたみ]ボタン

名称	説明
凡例フィールドボタン	系列として使われているフィールド名が表示される。クリックするとフィルターメニューが表示される
軸フィールドボタン	軸として指定されているフィールド名が表示される。クリックするとフィルターメニューが表示される
グラフの値フィールドボタン	値として集計されているフィールド名が表示される
[フィールド全体の展開] [フィールド全体の折りたたみ] ボタン	レベルのあるフィールドを集計している場合、[+] ボタンをクリックすると折りたたまれているフィールドを展開してドリルダウンできる。[-] ボタンをクリックすると、フィールドが折りたたまれドリルアップできる

02 ピボットテーブルを基にグラフを作成する

　ピボットテーブルからピボットグラフを作成する手順は、一般的なグラフと同じです。対象となるテーブル内を選択し、グラフの種類を選びます。ここではシンプルに縦棒グラフを使っていますが、実務ではデータの内容やデータから読み取りたいものに合わせて適切な種類のグラフを選びましょう。グラフを選択している間は作業ウィンドウが [ピボットグラフのフィールド] になり、エリアセクションのボックス名が変わります。ピボットテーブルを選択すると[ピボットテーブルのフィールド]作業ウィンドウに戻ります。

ピボットテーブル内のセルを選択しておく

1 [挿入]タブ -[縦棒 /横棒グラフの挿入]-[集合縦棒]をクリック

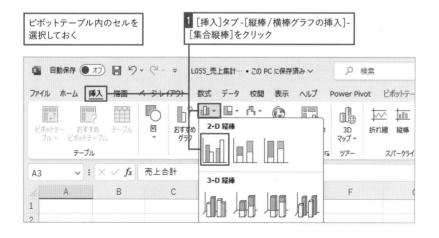

集計結果を基にした集合
縦棒グラフが挿入された

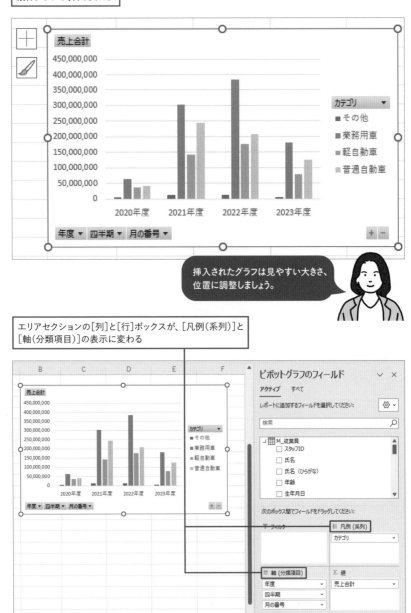

挿入されたグラフは見やすい大きさ、
位置に調整しましょう。

エリアセクションの[列]と[行]ボックスが、[凡例(系列)]と
[軸(分類項目)]の表示に変わる

データモデルから直接ピボットグラフを作るには

　基となるピボットテーブルが無くても、データモデルから直接ピボット
テーブルを挿入できます。以下はPower Pivot画面にあるボタンからの挿
入方法ですが、Excelシートの画面にある[挿入]タブ-[ピボットテーブル
▼]ボタンから[データモデルから]を選ぶことでも作成できます。グラフ
だけあれば良い場合にはこれらの方法が便利です。

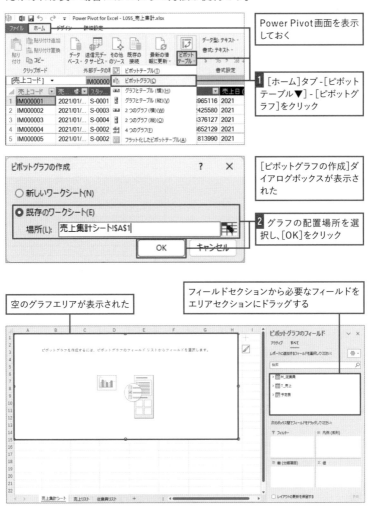

Power Pivot画面を表示
しておく

1 [ホーム]タブ-[ピボット
テーブル▼]-[ピボットグ
ラフ]をクリック

[ピボットグラフの作成]ダ
イアログボックスが表示さ
れた

2 グラフの配置場所を選
択し、[OK]をクリック

空のグラフエリアが表示された

フィールドセクションから必要なフィールドを
エリアセクションにドラッグする

03 グラフの系列を変更して別の視点で読み解く

　ピボットグラフもピボットテーブル同様、データの切り口を簡単に変更できます。現在のグラフは[カテゴリ]フィールドを系列としていますが、担当者別の売上集計を視覚化するために[氏名]フィールドに切り替えてみましょう。データモデルを基にしたグラフなので、テーブルをまたいだ集計結果をグラフとして描画することも簡単に行えます。合わせてピボットテーブルも変更されたことを確認しましょう。また、**レベルのある行ラベルの場合、グラフエリアのボタンを使ってドリルアップやドリルダウンも簡単に行えます。**「もっと詳細な情報が見たい」「全体の概要を理解したい」といったニーズに応じて簡単に視点を切り替えられるので、大量のデータから必要な情報を読み取りやすくなります。

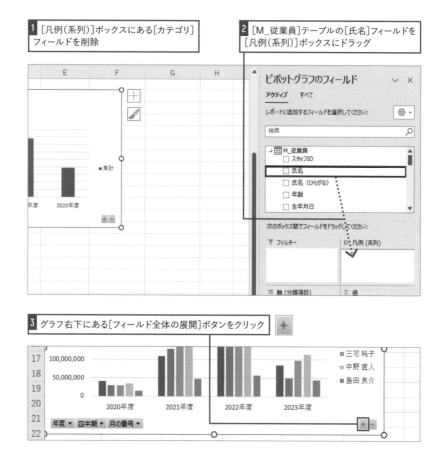

1 [凡例(系列)]ボックスにある[カテゴリ]フィールドを削除

2 [M_従業員]テーブルの[氏名]フィールドを[凡例(系列)]ボックスにドラッグ

3 グラフ右下にある[フィールド全体の展開]ボタンをクリック

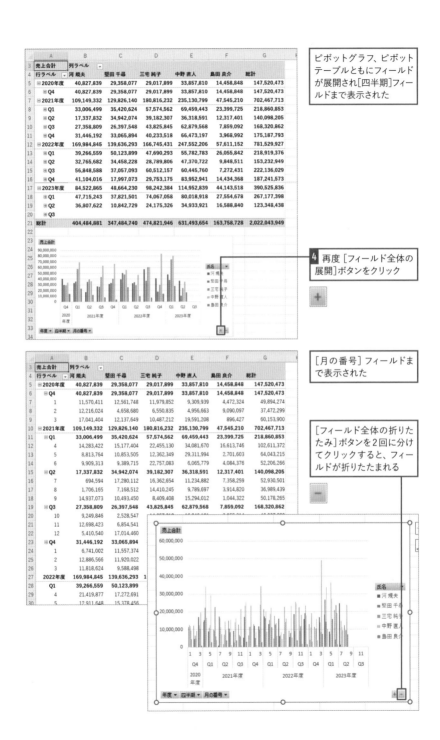

ピボットグラフ、ピボットテーブルともにフィールドが展開され[四半期]フィールドまで表示された

4 再度[フィールド全体の展開]ボタンをクリック

[月の番号]フィールドまで表示された

[フィールド全体の折りたたみ]ボタンを2回に分けてクリックすると、フィールドが折りたたまれる

ピボットグラフの種類を変更するには?

　どんなグラフの種類を選ぶかで、データから得られる情報も変わります。グラフ要素の変更とともに、[グラフの種類の変更]ボタンで種類をどんどん切り替えながら、そのデータから何が読み取れるかを考えてみましょう。データモデルの規模が大きくなればなるほど、様々な切り口や見方が出てきます。推移や傾向から将来を予測する、結果の詳細な分析から要因を見つけ出すなど、データ活用につながります。

グラフを選択し[デザイン]タブ-[グラフの種類の変更]をクリックする

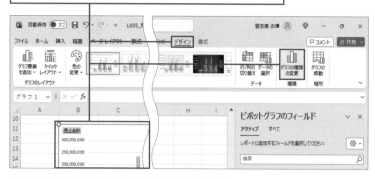

[グラフの種類の変更]ダイアログボックスが表示される

将来の売上が「0」として描画されるのを防ぐには?

　LESSON17で、[ピボットテーブルオプション]から[空白セルに表示する値]に「0」を指定することで、データが無い集計結果にも「0」を表示させることを紹介しました。グラフにした場合、これが視覚的に誤った印象を与える結果になることがあります。例えば、当期の売上集計を月次に行っている集計結果を基に折れ線グラフを挿入すると、まだデータが無い将来の値が「0」となります。これによって、データのある月からデータの無い月に向けて急な下降線が描かれてしまいます。これを避けるためには、[ピボットテーブルオプション]の上記設定を解除することで不要な線が描画されなくなります。

04 スライサーで分析するフィールドを絞り込む

ピボットテーブル同様、ピボットグラフもスライサーで結果を絞り込むことができます。ここでは、スライサーの［複数選択］機能を使って、年度の途中からしかデータが無い2020年度の表示をしないことで、年間を通じてデータがある年度と、期の途中である2023年度のデータを対比しやすくなります。基になるピボットテーブルにもスライサーによるフィルターが適用されていることを確認しましょう。

1 ピボットグラフを選択し、［ピボットグラフ分析］タブ -[スライサーの挿入]ダイアログボックスを表示

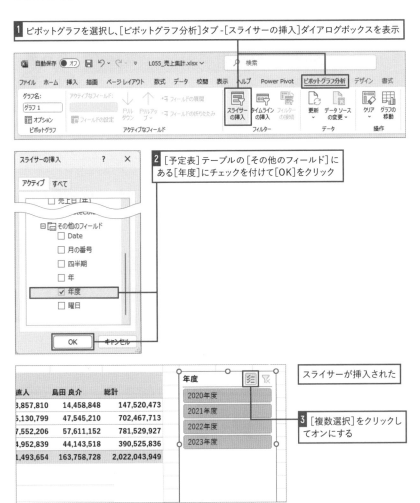

2 ［予定表］テーブルの［その他のフィールド］にある［年度］にチェックを付けて［OK］をクリック

スライサーが挿入された

3 ［複数選択］をクリックしてオンにする

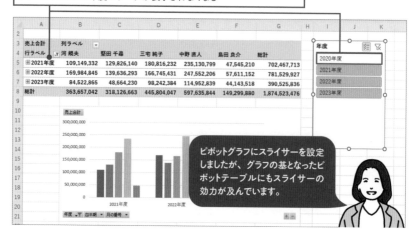

[2020年度] をクリックするとピボットグラフの系列とピボットテーブルの
フィールドに 2020 年度のデータが表示されなくなる

ピボットグラフにスライサーを設定
しましたが、グラフの基となったピ
ボットテーブルにもスライサーの
効力が及んでいます。

ここもポイント!

グラフ内のフィールドでもフィルターできる

　さらに特定の四半期のみ、あるいは特定の月のみのデータを比較したい
場合、それらのフィールドに対してスライサーを追加することも可能です
が、[軸フィールドボタン] のフィルター機能を使うと便利です。ただし、
ドリルアップされた状態で下位のレベルのフィールドで特定のフィールド
にフィルターを行うと、どんなデータを基に抽出が行われているか分かり
にくくなります。その場合は、ピボットテーブルのフィールドを展開した
り、グラフタイトルで描画対象のデータが何を表しているのか明記したり
して、分かりやすくしましょう。

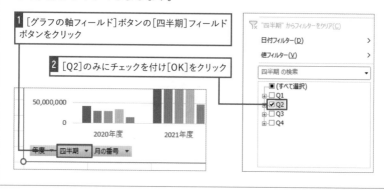

1 [グラフの軸フィールド]ボタンの[四半期]フィールド
ボタンをクリック

2 [Q2]のみにチェックを付け[OK]をクリック

大きな値から順に値が並ぶ円グラフを作成するには

円グラフは割合を理解しやすいグラフです。既定の設定のままではデータの系列が元の表の通りに並ぶため、大きな値の順に見せるには変更が必要です。スライサーなどの影響でデータの値が変わっても、常に大きな値の順に描画される円グラフを作成してみましょう。

練習用ファイル L056_売上集計_円グラフ.xlsx

01 | 販売割合の大きな順に値を並べる

　練習用ファイルにある円グラフは、同じシート上にあるピボットテーブルを基に作成されており、ピボットテーブルの行ラベルの順に系列が並んでいます。値の大小に関係無く系列が表示されるため、分かりにくいと感じられる場合もあります。一般的なグラフであれば、テーブルの売上合計列を降順に並べ替えれば良いのですが、ピボットグラフはスライサーの操作などにより集計の値自体が変わります。いつでも大きな値の順にグラフが描画されるようにする操作を知っておきましょう。

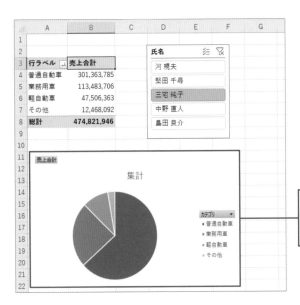

スライサーで表示を切り替えても、常に値が大きい順に円グラフの系列が並ぶようにする

02 基準値を基にテーブルを自動的に並べ替えるには

　基となるピボットテーブルの［行ラベル］の［その他の並べ替えオプション］から、基準となる列と「昇順」「降順」を指定することでいつでも指定した通りに系列を並べられます。今回は大きな順から並べたいので[売上合計]に対して[降順]を指定します。その際、[その他のオプション]へ進んで[レポートが更新されるたびに自動的に並べ替える]にチェックが付いていることを確認しましょう。このチェックが外れていると、データを切り替えた時に自動で並べ替えを行ってくれません。スライサーでデータを切り替えて、どんな時にも値の大きな順にグラフが描画されることを確認しましょう。

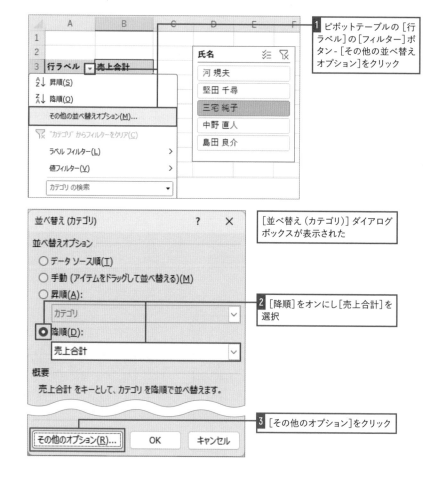

1 ピボットテーブルの［行ラベル］の［フィルター］ボタン-［その他の並べ替えオプション］をクリック

［並べ替え（カテゴリ）］ダイアログボックスが表示された

2 ［降順］をオンにし［売上合計］を選択

3 ［その他のオプション］をクリック

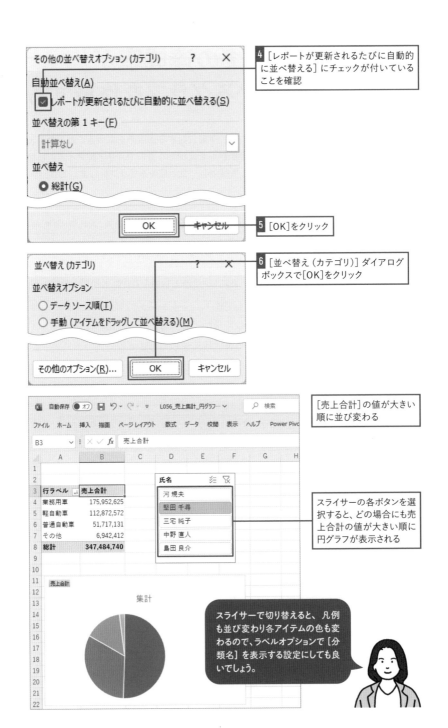

4 [レポートが更新されるたびに自動的に並べ替える]にチェックが付いていることを確認

5 [OK]をクリック

6 [並べ替え(カテゴリ)]ダイアログボックスで[OK]をクリック

[売上合計]の値が大きい順に並び変わる

スライサーの各ボタンを選択すると、どの場合にも売上合計の値が大きい順に円グラフが表示される

スライサーで切り替えると、凡例も並び変わり各アイテムの色も変わるので、ラベルオプションで[分類名]を表示する設定にしても良いでしょう。

57

予算に対しての達成率が
一目で分かるグラフを作成する

パワーピボットで売上データを集計すれば、予算に対する達成率を求めることもできます。パワーピボットなら日々データの更新状況を反映できるので、リアルタイムに目標達成への進捗を確認できます。視覚化して誰でも一目で分かるグラフにしましょう。

練習用ファイル L057_売上集計_売上目標.xlsx

01 | 目標に対しての進捗率をグラフで表す

　練習用ファイルの［売上目標］シートには、［売上合計］と［売上目標］の集計結果が表示されたテーブルが作成されています。このままでも現在の売上合計と目標値との比較はできますが、一工夫して目標までの達成状況がもっと分かりやすい表示に変えてみましょう。グラフの書式設定を調整し、インジケーターバーのように、目標に到達するまで徐々にバーが伸びていくような見せ方に変えていきます。

売上目標に対して年度全体の売上合計がどのくらい達成しているのか、グラフで可視化する

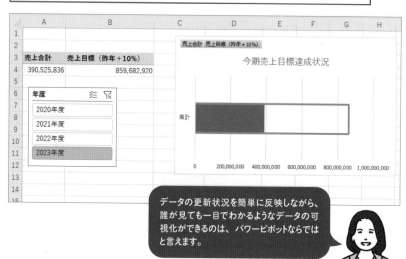

データの更新状況を簡単に反映しながら、誰が見ても一目でわかるようなデータの可視化ができるのは、パワーピボットならではと言えます。

02 データ系列を重ねて表示し、見せ方を整える

　グラフを扱う際は、グラフ全体を構成する要素のうち、今はどの要素を選択しているのかを確認しながら操作することがポイントです。作業ウィンドウの名前や、[書式] タブにある [現在の選択範囲] グループで表示される名前を確認しましょう。作業ウィンドウが選択している要素に対するものに切り替わらない場合には、[選択対象の書式設定] ボタンをクリックすると表示されます。グラフで**比較する2つのデータに差が無い場合、軸の書式設定が既定値のままでは、軸の最小値が自動的に集計結果に近い値になります。** このままでは正しい比較が行えないため、必ず「0」が開始値になるように指定します。

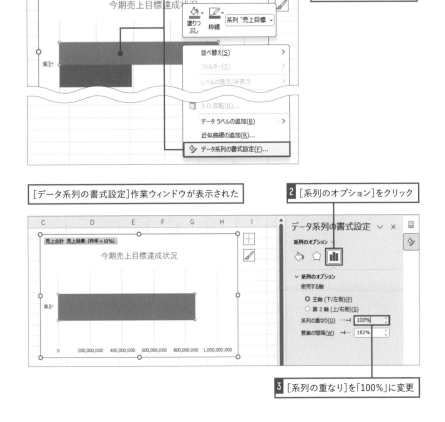

1 データ系列を右クリックし、[データ系列の書式設定]をクリック

[データ系列の書式設定]作業ウィンドウが表示された

2 [系列のオプション]をクリック

3 [系列の重なり]を「100%」に変更

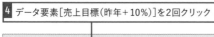

4 データ要素[売上目標(昨年＋10%)]を2回クリック

5 作業ウィンドウが[データ要素の書式設定]になったことを確認

6 [塗りつぶしと線]をクリック

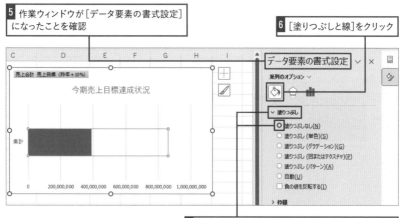

7 [塗りつぶし]をクリックして[塗りつぶしなし]を選択

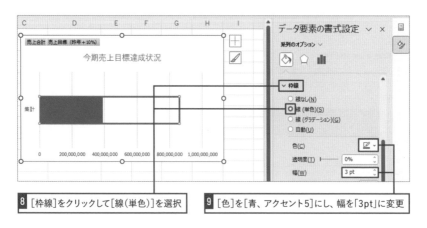

8 [枠線]をクリックして[線(単色)]を選択

9 [色]を[青、アクセント5]にし、幅を「3pt」に変更

10 [横(値)軸]をクリック

11 作業ウィンドウが[軸の書式設定]になったことを確認

12 [軸のオプション]をクリック

13 [軸のオプション]をクリックして[最小値]を「0」と入力し Enter キーを押す

横にあるボタンが「自動」から「リセット」に変わった

書式設定のためにグラフ要素を上手く選ぶには

　訴求力の高いグラフを作るにはグラフの各要素を見極め、対象となる要素を正しく選択して書式設定することが必要です。グラフ要素の選択がうまく行かない場合には、作業ウィンドウ上部に表示される[○○○のオプション☑]の部分をクリックして対象を切り替えることもできます。設定したい項目が見当たらない時は、その下にあるアイコンをクリックして表示を切り替えます。また、文字列に対しての書式設定を行う場合は[文字のオプション]を使います。グラフ要素のための書式設定用の作業ウィンドウはメニューがとても細かく分かれているので、落ち着いて設定箇所を探しましょう。

「KPI」を使って
現在の進捗状況を判断する

パワーピボットならではの機能の一つに「KPI」があります。KPIを使うことで、メジャーで集計された結果が、目標値に対してどのような状態かを視覚的に判別できるようになります。ここでは［売上合計］の［売上目標（昨年＋10%）］に対するKPIを作成します。

練習用ファイル L058_KPI.xlsx

01 目標に対する達成状況をアイコンの色で確認する

　一般的なビジネス用語としてのKPIは、業績評価のために設定された定量的な指標のことです。**パワーピボットで扱う「KPI」は、その指標に対しての達成度合いをアイコンの色で表示し、一目で判別できるようにする機能**です。KPIを作成すると、［KPIベースフィールド］として選択したメジャーのアイコンがKPIのアイコンに変化してフィールドセクションに表示されます。これをメジャーと同様に［値］ボックスに追加することでピボットテーブル内に達成度を示すアイコンを表示できるようになります。また、Power Pivot画面の計算領域を見ると、KPIに指定したメジャーにはKPIのアイコンが付いて表示されます。

KPIを作成すると目標とする値に対する評価が
アイコンで表示される

	A	B	C	D
1				
2				
3	売上合計	売上目標（昨年＋10%）	売上合計 状態	
4	390,525,836	859,682,920	●	
5				
6				

正常、注意、警告とする値の範囲を、
それぞれどう設定するかがKPI作成
時のポイントです。

■ ［主要業績評価指標(KPI)］ダイアログボックス

［KPIベースフィールド］に評価したい値を
求めるメジャーを選択する

［対象の値の定義］に目標とする値を指定する。
メジャーまたは絶対値を指定できる

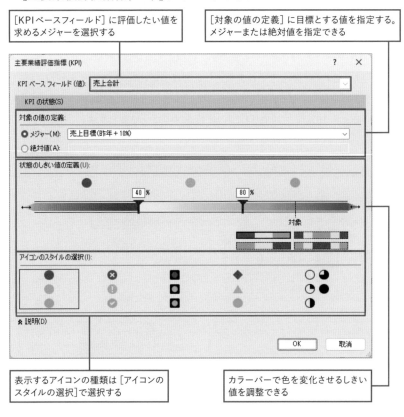

表示するアイコンの種類は［アイコンの
スタイルの選択］で選択する

カラーバーで色を変化させるしきい
値を調整できる

Power Pivot画面では計算領域にKPIの
アイコンが表示される

2021/01/...	S-0003	業務用車	1069077	2021
2021/01/...	S-0005	その他	823654	2021
2021/01/...	S-0003	普通自...	1412921	2021
2021/01/...	S-0005	軽自動車	1636774	2021
2021/01/...	S-0001	普通自...	2244516	2021
2021/01/...	S-0005	軽自動車	1385955	2021
2021/01/...	S-0001	普通自...	3565513	2021
			売上合計: 2,022,043,949	

02 KPIを作成して売上の評価を視覚化する

[主要業績評価指標（KPI）]ダイアログボックスで指定するのは、評価したい値を求めるメジャーと、目標とする値です。目標とする値は「対象の値」として、「メジャー」か「絶対値」を指定できます。ここでは[KPIベースフィールド]に[売上合計]を、対象値に[売上目標（昨年＋10%）]を指定し、現在の[売上合計]の[売上目標（昨年＋10%）]に対する比率の状態をアイコンで表します。

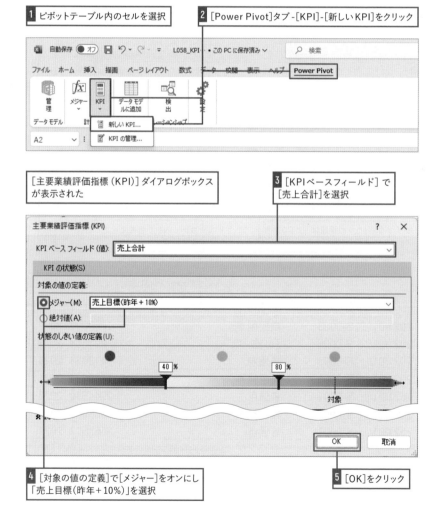

1 ピボットテーブル内のセルを選択

2 [Power Pivot]タブ-[KPI]-[新しいKPI]をクリック

[主要業績評価指標（KPI）]ダイアログボックスが表示された

3 [KPIベースフィールド]で[売上合計]を選択

4 [対象の値の定義]で[メジャー]をオンにし「売上目標（昨年＋10%）」を選択

5 [OK]をクリック

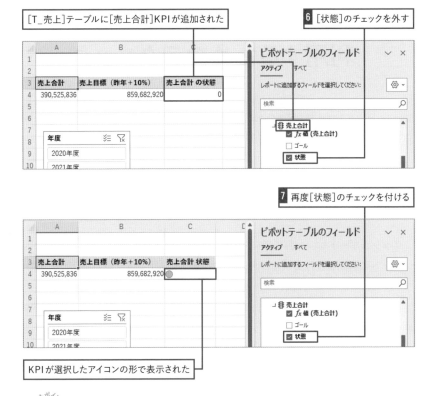

[T_売上]テーブルに[売上合計]KPIが追加された

6 [状態]のチェックを外す

売上合計　売上目標（昨年＋10%）　売上合計 の状態
390,525,836　859,682,920　0

ピボットテーブルのフィールド

アクティブ　すべて

レポートに追加するフィールドを選択してください：

検索

▷田 売上合計
　☑ *fx* 値（売上合計）
　☐ ゴール
　☑ 状態

年度

2020年度
2021年度

7 再度[状態]のチェックを付ける

売上合計　売上目標（昨年＋10%）　売上合計 状態
390,525,836　859,682,920

ピボットテーブルのフィールド

アクティブ　すべて

レポートに追加するフィールドを選択してください：

検索

▷田 売上合計
　☑ *fx* 値（売上合計）
　☐ ゴール
　☑ 状態

年度

2020年度
2021年度

KPIが選択したアイコンの形で表示された

KPIのスタイルをコントロールするには

ここもポイント！

　KPIの表示の仕方は、ダイアログボックス内のツールを使ってコントロールができます。カラーバーの中にあるマーカーを左右にドラッグ、またはパーセンテージを直接入力することによって、色が切り替わる位置を指定できます。また、その右下にある4つのカラーバーのサンプルは、対象の値をどう捉えるかで使い方が変わります。デフォルトで設定されている左上のものは、売上などのように目標に向かって値が大きくなればなるほど良い場合に使用します。左下のものは逆に、値が大きくなった場合にアラートを表示したい場合に使用します。右上のものは正常値を中央に置いてそこからのブレが大きくなった場合にアラートを表示したい場合に使用し、右下のものはその逆になります。アイコンのスタイルは好みのものを選択でき、一番右端はモノクロ表示の場合に使用できるタイプのものです。

LESSON 59

ダッシュボードとして利用するためのテクニック

ダッシュボードは、1つの画面に、表やグラフなどの様々なデータやその集計結果を表示して、データの様子を一目で分かるようにしたものです。LESSON59では、Excelシートをダッシュボードとして使用するため、見やすく表示するテクニックを紹介します。

練習用ファイル L059_売上集計_ダッシュボード.xlsx

01 「ダッシュボード」で複数の分析結果を確認しよう

ダッシュボードは、一目でデータの傾向や分析結果を確認できる、経営やマネジメントの判断に使用されるツールです。 ダッシュボードを作成するための BI ツールもありますが、Excelであればほぼすべてのパソコンユーザーが手軽に使用できるため、パワーピボットを利用して作成すれば共有範囲が広がります。関係者で共有することでパワーピボットのスキルが無い人でも、データから情報を読み取ることができます。ダッシュボードを作成する際は、「誰でも活用しやすいか」「第三者が見ても分かりやすいか」といったことを考慮しながら進めましょう。

> ［ピボットテーブル］シートにある表やグラフ、スライサーを
> ［ダッシュボード］シートにまとめて見やすくする

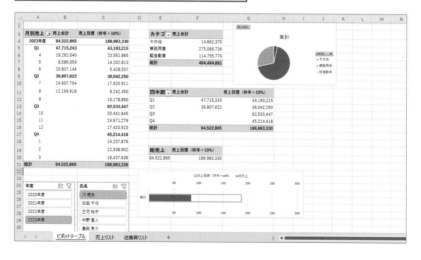

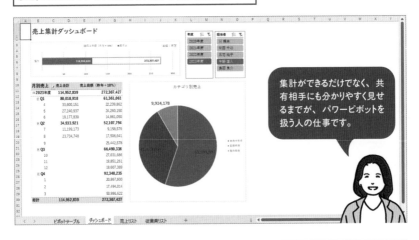

1つのシートにまとめることで、複数のデータから分析できる。また、Excelのファイルを共有すれば、手軽に見られる

集計ができるだけでなく、共有相手にも分かりやすく見せるまでが、パワーピボットを扱う人の仕事です。

02 新たなシートに必要なテーブルやグラフを並べる

　ダッシュボードを作成する時は、いきなりそのシートにピボットテーブルやグラフを作成するのではなく、いったん別のシートに作成したものを素材として活用し、新しいシートに貼り付けながら配置することで全体のバランスを整えやすくなります。ピボットテーブルは、[リンクされた図]として貼り付けることで、動的な性質を保ったまま図としてサイズや配置の調整を自在に行えるようになります。グラフは元々オブジェクトとして挿入されているため、切り取って貼り付ければ自在に配置ができます。**スライサーも配置は自在に行えますが、元のシートにあるものを切り取ろうとするとエラーになります。**このため、コピーして貼り付けましょう。セルの枠線を利用して各オブジェクトの位置を調整したい場合は、Alt キーを押しながらドラッグするとスナップが効いてきれいに揃えられます。

活用編 第8章 多角的に分析するピボットグラフの便利技

1 新規シートを作成しシート名を「ダッシュボード」に変更

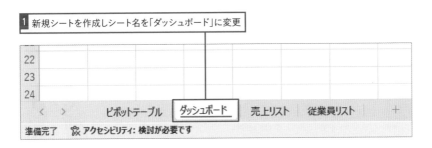

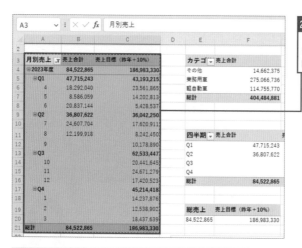

2 [ピボットテーブル]シートの [月別売上] テーブル全体を範囲選択し Ctrl + C キーを押す

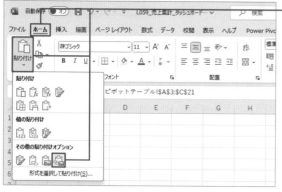

3 [ダッシュボード] シートのセルA10を選択し [ホーム] タブ - [貼り付け▼] から [リンクされた図] をクリック

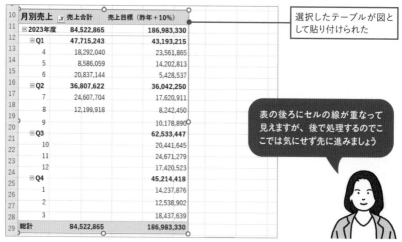

選択したテーブルが図として貼り付けられた

表の後ろにセルの線が重なって見えますが、後で処理するのでここでは気にせず先に進みましょう

280

続けて、円グラフと横棒グラフを[ダッシュボード]シートに貼り付ける

4 [ピボットテーブル]シートの[売上目標グラフ]を `Ctrl`+`X`キーで切り取り、セル A3 を選択し `Ctrl`+`V`キーを押す

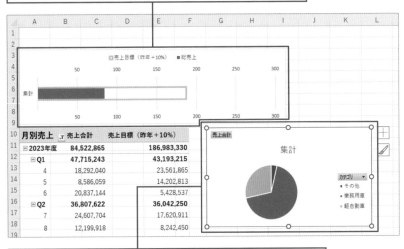

5 [ピボットテーブル] シートの [カテゴリ別売上グラフ] を選択し `Ctrl`+`X`キーで切り取り[ダッシュボード]シートのセル G10 を選択し `Ctrl`+`V`キーを押す

6 [ピボットテーブル] シートのスライサー 2つを選択し `Ctrl`+`C`キーを押し、[ダッシュボード]シートのセル J2 を選択し `Ctrl`+`V`キーを押す

グラフやスライサーの位置やサイズを見やすいように調整しておく

03 タイトルや値、単位などを配置する

　第三者が見ることを前提に、書式設定を行います。人は見慣れないものがあると、そこに視線と意識が集中してしまう傾向があり、肝心なデータの分析結果が印象に残りにくくなってしまうからです。タイトルを付けてそれぞれが何を表しているかを分かりやすくすることはもちろん、グラフの[フィールドボタン]のような不要なものはできるだけ非表示にしてすっきりさせることも分かりやすさにつながります。このLESSONで作成するダッシュボードには次の表の通り書式設定を行っています。また、[第8章]フォルダーの[完成]フォルダーにある練習用ファイルには、完成例がありダッシュボードの様子を確認できます。これはあくまで一例ですので、ご自身で「見やすい」「分かりやすい」と感じられるダッシュボードになるように調整してください。

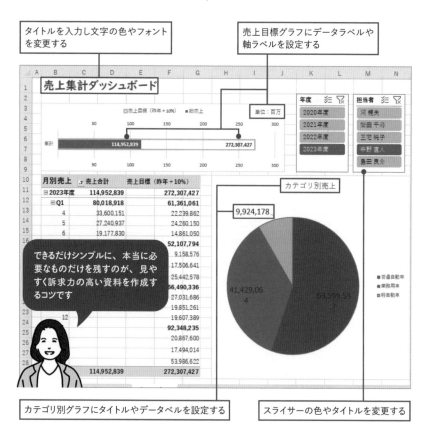

■ タイトルの入力と設定

機能	設定内容
文字	セルB1に「売上集計ダッシュボード」と入力
フォント	[UDデジタル教科書体 N-B] に変更
フォントサイズ	「22」に変更
フォントの色	[青、アクセント1、黒＋基本色25%] に変更

■ 売上目標グラフの設定

機能	設定内容
データラベル	[グラフ要素] ボタンをクリックし [データラベル] にチェックを付け、[>] - [内側] をクリック。表示されたデータラベルのフォントサイズを「10」にし [太字] に変更
軸ラベル	[グラフ要素] をクリックし [軸ラベル] にチェックを付け、[>] - [第1横軸] にチェックを付ける。表示された [軸ラベル] のテキストボックスをグラフ右上に移動し「単位：百万」と入力

■ カテゴリ別グラフの設定

機能	設定内容
フィールドボタン	[ピボットグラフのフィールド] 作業ウィンドウで [軸] ボックスにある [カテゴリ] フィールドをクリックして [グラフの全てのフィールドボタンを非表示にする] をクリック
グラフタイトル	グラフタイトルを「カテゴリ別売上」に変更
データラベル	[グラフ要素] ボタンをクリックし [データラベル] にチェックを付ける。表示されたデータラベルのフォントサイズを「16」に変更

■ スライサーの設定

機能	設定内容
タイトル	[氏名] スライサーを選択して [スライサー] タブをクリックし [スライサーのタイトル] を「担当者」に変更
スタイル	[スライサースタイル] の [クイックスタイル] をクリックし、一覧から [薄い青、スライサースタイル（濃色1）] をクリック

04 枠線を非表示にしてすっきりとした表示にする

　最後に、シートの枠線や数式バーなどを非表示にしましょう。図として貼り付けたピボットテーブルの背景として見えていた枠線も無くなり、一気に全体がすっきりとします。このLESSONではスライサーは配置しただけですが、**操作に慣れない人が共有相手である場合には、スライサーの使い方のメモをそばに入力するなどの配慮があっても良いでしょう。**

1 ［表示］タブをクリックし、［目盛線］［数式バー］のチェックを外す

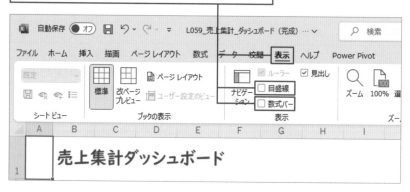

目盛線と数式バーが非表示になった

スライサーで年度や担当者を切り替えるとダッシュボード内のグラフや表の値が切り替わる

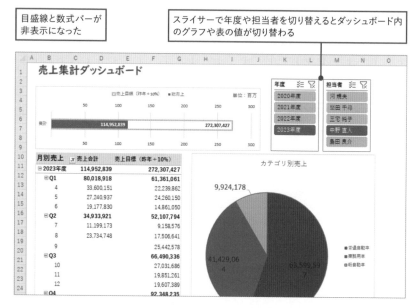

第 9 章

月次試算表を基に
販売管理費を可視化する

これまで学んできたことを活用して、会計ソフトから
出力したと仮定した残高試算表を基に、販売管理
費の集計を行ってどのように経費が使われているか
を可視化していきます。月々のデータが可視化され
ることで、今後の予測を立てながら経営に活かすこ
とができます。

月次試算表の内容を確認し
見たいイメージを具体化する

経費の使用状況を月次で把握しておきたい場合、会計ツールから出力される月次残高試
算表のデータを取り込んで集計できます。会計ツール自体にも可視化機能が付いている
場合もありますが、パワーピボットを使えば自在に見たいデータを可視化できます。

練習用ファイル [shisanhyou] フォルダー／[追加試算表] フォルダー

01 | どんなデータが収められているか確認する

　パワーピボットを使ってデータを集計・分析する際は、データモデルの基とな
るデータが「利用しているシステムやアプリからどのような形式で、どんなタイ
ミングで取得できるか」「事前に加工が必要か」などの把握が最初に必要です。一
般的にデータは**CSVやPDFなど、Excelファイル以外の形式で出力されることが
多いため、その場合はパワークエリを使ってデータの取得や加工が必要**となります。

　このLESSONの元データは会計ツールから出力されたと仮定した月次残高試
算表です。[shisanhyou] フォルダーには2020年4月から2022年10月までの残高
試算表が、それぞれ月ごとに1つのPDFファイルとして納められています。2022
年4月から2023年3月までの2022年度を今期と仮定し、現在はその10月までの
データを取得できるタイミングである場面を想定してこの先の操作を進めます。

[shisanhyou] フォルダーには2020年4月〜2022年10月までの
残高試算表のPDFが格納されている

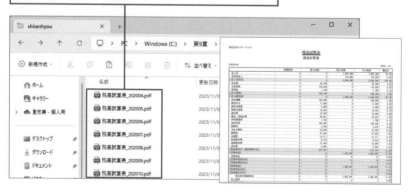

また［追加試算表］フォルダーには2022年11月から期末である2023年3月までの残高試算表が納められています。集計操作を行った後、データを追加しながら結果の更新が正しく行われるかを確認するために使用できます。今後紹介する操作手順の中での案内はしていませんが、更新結果を確認したい時に利用してください。

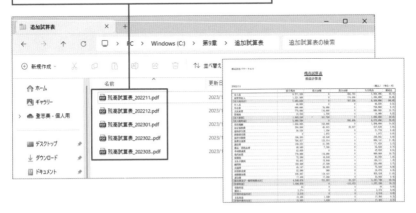

［追加試算表］フォルダーには2022年11月〜2023年3月までの
残高試算表のPDFが格納されている

応用編　第9章　月次試算表を基に販売管理費を可視化する

02　どんな集計・分析結果が欲しいのかイメージする

　どんな集計・分析結果を見たいのかも具体的にイメージしておきましょう。実務で利用するのであれば、誰がこの結果を見るのかによって、どんな結果が必要か、あるいはどんな見せ方が必要となるかを検討します。同じデータを基にしても、立場によっては必要とする情報が異なる場合もあります。正確な結果であることはもちろんですが、見る人がデータを読み取りやすく、次の判断につなげやすい集計結果を表示できるように心掛けましょう。

　このLESSONでは、**ピボットテーブルの操作にあまり慣れていない、販売管理費を管理する責任者が見ることを想定して「販管費集計」と、「販管費予算管理」の2つのシートを作成します**。［販管費集計］シートは今期のデータを過去のデータと比較するもので、実績を細かく把握できます。［販管費予算管理］シートは、予算に対する消化率を一目で把握するためのもので、今後の経費利用をコントロールするための材料として使用します。

◆[販管費集計]シート

費目ごとの集計結果を前期と比較する表と、月ごとの費目の推移を
確認できる表を作成する

行ラベル	費用合計	費用合計（前期）	前期比	総計比
	2022年度			
運賃				
会議費	45,147	121,430	37%	1%
給料手当		75,000		
研修採用費		5,400		
減価償却費	836,087	1,656,401	50%	18%
顧問料	192,500	462,000	42%	4%
雑費		15,220		
支払手数料	93,463	412,800	23%	2%
車両関連費	42,020	315,345	13%	1%
修繕費		199,320		
諸会費	17,400	193,860	9%	0%
図書教育費	22,090	63,677	35%	0%
水道光熱費				
接待交際費	186,393	356,506	52%	4%
租税公課		53,150		
地代家賃	770,000	1,320,000	58%	17%
通信費	150,233	287,112	52%	3%
備品・消耗品費	48,560	359,899	13%	1%
福利厚生費	30,528	29,846	102%	1%
保険料	72,580	141,130	51%	2%
法定福利費	204,850	241,224	85%	5%
役員報酬	1,050,000	1,700,000	62%	23%
旅費交通費	786,827	970,020	81%	17%
総計	4,548,678	8,979,548	51%	100%

行ラベル	費用合計	年度累計	年度累計（前期）
Q1			
4月	662,170	662,170	393,017
5月	607,002	1,269,172	759,283
6月	644,770	1,913,942	1,279,120
Q2			
7月	576,963	2,490,905	1,765,019
8月	612,813	3,103,718	2,964,310
9月	857,813	3,961,531	3,787,332
Q3			
10月	587,147	4,548,678	4,500,946
11月		4,548,678	5,127,426
12月		4,548,678	6,154,757
Q4			
1月		4,548,678	6,882,568
2月		4,548,678	7,762,026
3月		4,548,678	8,979,548
総計	4,548,678	4,548,678	8,979,548

年度		
2020年度		
2021年度		
2022年度		

◆[販管費予算管理]シート

予算を設定し、予算に対して消化率を可視化した表と
表示する費目を5つに絞ったグラフを作成する

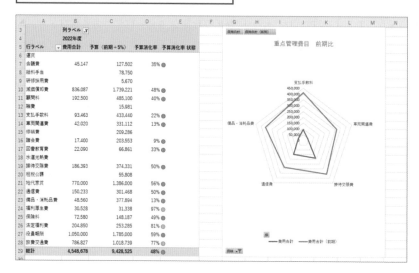

行ラベル	費用合計	予算（前期＋5%）	予算消化率	予算消化率 状態
	2022年度			
運賃				
会議費	45,147	127,502	35%	
給料手当		78,750		
研修採用費		5,670		
減価償却費	836,087	1,739,221	48%	
顧問料	192,500	485,100	40%	
雑費		15,981		
支払手数料	93,463	433,440	22%	
車両関連費	42,020	331,112	13%	
修繕費		209,286		
諸会費	17,400	203,553	9%	
図書教育費	22,090	66,861	33%	
水道光熱費				
接待交際費	186,393	374,331	50%	
租税公課		55,808		
地代家賃	770,000	1,386,000	56%	
通信費	150,233	301,468	50%	
備品・消耗品費	48,560	377,894	13%	
福利厚生費	30,528	31,338	97%	
保険料	72,580	148,187	49%	
法定福利費	204,850	253,285	81%	
役員報酬	1,050,000	1,785,000	59%	
旅費交通費	786,827	1,018,739	77%	
総計	4,548,678	9,428,525	48%	

重点管理費目　前期比

支払手数料

備品・消耗品費　　　　　　　　車両関連費

通信費　　　　　　接待交際費

——費用合計　——費用合計（前期）

03 クエリを使えば必要なデータのみ抽出できる

この章で使用する練習用ファイルには、[第9章] フォルダーの中にある [shisanhyou] フォルダーをデータソースとして指定したクエリによってデータモデルを作成しています。このクエリでは、指定した [shisanhyou] フォルダー内のPDFファイルを取得し、この後の集計に必要な「販売管理費」に属するデータだけを取り出し、データモデルに読み込む操作を行っています。クエリは絶対パスでデータを参照するため、[第9章] フォルダーは使用するパソコンの「Cドライブ」直下に移動またはコピーして使ってください。他の場所に置かれたままでは新たな月の試算表を [shisanhyou] フォルダーに追加してもデータの更新が正しく行われません。

[第9章]フォルダーをCドライブの直下に保存しておく

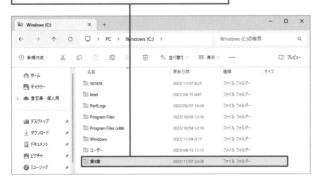

[データ]タブ-[データの取得]-[Power Query エディターの起動] をクリックするとクエリが確認できる

クエリによって[shisanhyou]フォルダー内のPDFのデータが取得・整形されていることが確認できる

販売管理費の変動を
年度ごとに確認しよう

ここでは [販管費集計] シートを作成します。このシートには、費目ごとの集計結果を前期と比較する表と、月ごとの推移を確認できる表を作成します。スライサーで以前の年度に切り替え、これまでの経緯も含めた販売管理費の使い方を俯瞰することを目的としています。

練習用ファイル L061_販管費集計 .xlsx

01 [日付テーブル] を追加しデータモデルを作成する

「L061_販管費集計.xlsx」には、クエリを使って読み込んだ [試算表整形] テーブルがデータモデルに追加されています。[日付テーブル] を作成し、タイムインテリジェンス関数を使った集計を行う準備をしましょう。[日付テーブルの範囲] は [試算表整形] テーブルの日付を読んで最も大きな日付である「2022/10/01」を含む年の最終日である「2022/12/31」までが自動的に設定されます。年度末までの日付を扱えるようにするために [日付テーブルの範囲] の調整をしてください。**日付テーブルの範囲は、新年度を迎えるごとにその期の期末までの日付に変更する必要があります。** その後、集計に必要な [年度] [四半期] [月] [並べ替え用] の列を作成し並べ替え設定を行います。最後にリレーションシップを設定することも忘れないようにしましょう。

```
┌──────────────────────┐  ┌──────────────────────┐
│ [予定表] テーブルを追加して、    │  │ DAX関数を使って [年度] [四半期] │
│ 不要な列を削除する           │  │ [月] 列を作成する          │
└──────────────────────┘  └──────────────────────┘
```

▲	Date ꜛ▼	年 ▼	月の番号 ▼	年度 ▼	四半期 ▼	月 ▼	並べ替え用 ▼	列の追加
1	2020/01/0...	2020		2019年度	Q4	1月	10	
2	2020/01/0...	2020		2019年度	Q4	1月	10	
3	2020/01/0...	2020		2019年度	Q4	1月	10	
4	2020/01/0...	2020		2019年度	Q4	1月	10	
5	2020/01/0...	2020		2019年度	Q4	1月	10	

試算表整形 **予定表**

レコード: 1/1,186

```
┌─────────────────────────────────────────────────┐
│ ピボットテーブルで使わない [年] [月の番号] [並べ替え用] 列を非表示に設定する │
└─────────────────────────────────────────────────┘
```

1 LESSON41のSECTION03を参考に、[日付テーブル]を新規作成しておく

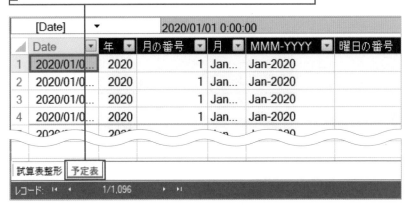

2 LESSON41のSECTION03を参考に、日付テーブルの範囲の[終了日]を「2023/03/31」に変更

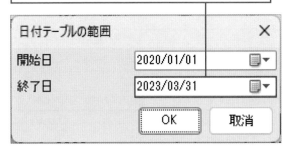

3 [予定表]テーブルの[月][MMM-YYY][曜日の番号][曜日]列を選択し右クリックして[列の削除]をクリック

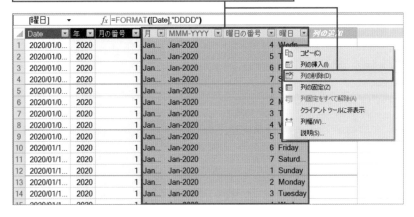

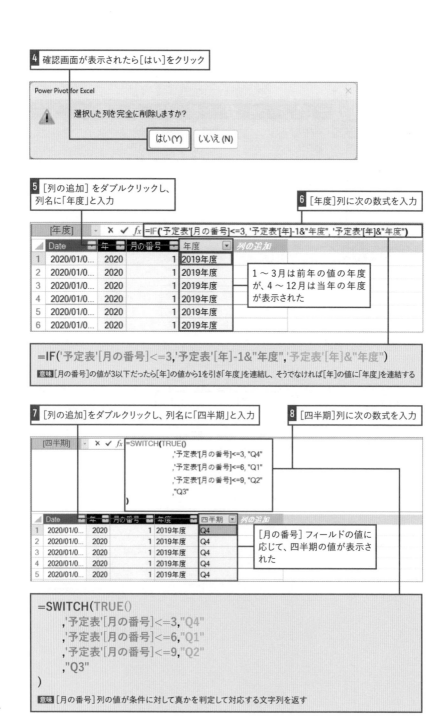

4 確認画面が表示されたら[はい]をクリック

Power Pivot for Excel

⚠ 選択した列を完全に削除しますか？

[はい(Y)] [いいえ (N)]

5 [列の追加]をダブルクリックし、
列名に「年度」と入力

6 [年度]列に次の数式を入力

| | [年度] | × ✓ fx | =IF('予定表'[月の番号]<=3, '予定表'[年]-1&"年度", '予定表'[年]&"年度") |
| | | |

	Date	年	月の番号	年度	列の追加
1	2020/01/0...	2020	1	2019年度	
2	2020/01/0...	2020	1	2019年度	
3	2020/01/0...	2020	1	2019年度	
4	2020/01/0...	2020	1	2019年度	
5	2020/01/0...	2020	1	2019年度	
6	2020/01/0...	2020	1	2019年度	

1 ～ 3月は前年の値の年度
が、4 ～ 12月は当年の年度
が表示された

=IF('予定表'[月の番号]<=3,'予定表'[年]-1&"年度",'予定表'[年]&"年度")

意味 [月の番号]の値が3以下だったら[年]の値から1を引き「年度」を連結し、そうでなければ[年]の値に「年度」を連結する

7 [列の追加]をダブルクリックし、列名に「四半期」と入力

8 [四半期]列に次の数式を入力

	[四半期]	× ✓ fx	=SWITCH(TRUE()
			,'予定表'[月の番号]<=3, "Q4"
			,'予定表'[月の番号]<=6, "Q1"
			,'予定表'[月の番号]<=9, "Q2"
			,"Q3"
			)

	Date	年	月の番号	年度	四半期	列の追加
1	2020/01/0...	2020	1	2019年度	Q4	
2	2020/01/0...	2020	1	2019年度	Q4	
3	2020/01/0...	2020	1	2019年度	Q4	
4	2020/01/0...	2020	1	2019年度	Q4	
5	2020/01/0...	2020	1	2019年度	Q4	

[月の番号]フィールドの値に
応じて、四半期の値が表示さ
れた

```
=SWITCH(TRUE()
    ,'予定表'[月の番号]<=3,"Q4"
    ,'予定表'[月の番号]<=6,"Q1"
    ,'予定表'[月の番号]<=9,"Q2"
    ,"Q3"
)
```

意味 [月の番号]列の値が条件に対して真かを判定して対応する文字列を返す

	[月] ▼		fx ='予定表'[月の番号]&"月"				
	Date	年	月の番号	年度	四半期	月 ▼	列の追加
1	2020/01/0...	2020	1	2019年度	Q4	1月	
2	2020/01/0...	2020	1	2019年度	Q4	1月	
3	2020/01/0...	2020	1	2019年度	Q4	1月	
4	2020/01/0...	2020	1	2019年度	Q4	1月	
5	2020/01/0...	2020	1	2019年度	Q4	1月	
6	2020/01/0...	2020	1	2019年度	Q4	1月	
86	2020/2...	20...	3	...度	Q...	3月	
87	2020/03/2...	2020	3	2019年度	Q4	3月	
88	2020/03/2...	2020	3	2019年度	Q4	3月	
89	2020/03/2...	2020	3	2019年度	Q4	3月	
90	2020/03/3...	2020	3	2019年度	Q4	3月	

[月の番号]列の値に「月」が連結された

='予定表'[月の番号]&"月"

意味 [月の番号]列の値に「月」を連結する

	[並べ替え用] ▼ × ✓		fx =IF('予定表'[月の番号]<=3,'予定表'[月の番号]+9,'予定表'[月の番号]-3)					
	D...	年 ▼	月の番号	年度	四半期	月	並べ替え用 ▼	列の追加
1	2020/0...	2020	1	2019年度	Q4	1月	10	
2	2020/0...	2020	1	2019年度	Q4	1月	10	
3	2020/0...	2020	1	2019年度	Q4	1月	10	
4	2020/0...	2020	1	2019年度	Q4	1月	10	
5	2020/0...	2020	1	2019年度	Q4	1月	10	
6	2020/0...	2020	1	2019年度	Q4	1月	10	
7	2020/0...	2020	1	2019年度	Q4	1月	10	
8	2020/0...	2020	1	2019年度	Q4	1月	10	
9	2020/0...	2020	1	2019年度	Q4	1月	10	
10	2020/0...	2020	1	2019年度	Q4	1月	10	
11	2020/0...	2020	1	2019年度	Q4	1月	10	
12	2020/0...	2020	1	2019年度	Q4	1月	10	
13	2020/0...	2020	1	2019年度	Q4	1月	10	
14	2020/0...	2020	1	2019年度	Q4	1月	10	
15	2020/0...	2020	1	2019年度	Q4	1月	10	
16	2020/0...	2020	1	2019年度	Q4	1月	10	

[月の番号]列の値に応じて並べ替えのための値が表示された

=IF('予定表'[月の番号]<=3,'予定表'[月の番号]+9,'予定表'[月の番号]-3)

意味 [月の番号]列の値が3以下だったらその値に9足した数を、そうでなければ3引いた数を表示する

LESSON45のSECTION02を参考に[列で並べ替え]ダイアログボックスを表示しておく

13 [並べ替え]の列で[月]を選択

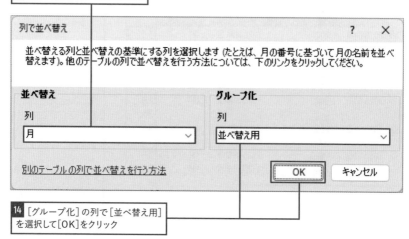

14 [グループ化]の列で[並べ替え用]
を選択して[OK]をクリック

15 LESSON15のSECTION02を参考に[年][月の番号]
[並べ替え用]列を[クライアントツールに非表示]に設定

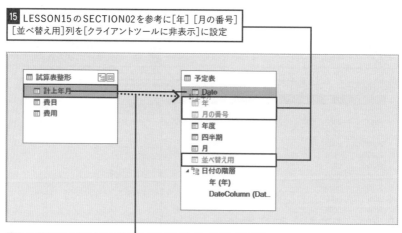

16 [試算表整形]テーブルの[計上年月]から[予定表]テーブルの
[Date]までをドラッグしリレーションシップを設定

日付テーブルを作成すると、テーブル
名や列名が英語表記になることがありま
すが、使い方は変わりません。必要に
応じて日本語に修正してください。

294

これまでの販売管理費の使われ方を確認する［販管費集計］シートを作成していきますが、パワーピボットやメジャーに慣れないうちは、どんな表を作成すれば良いか、初めからはっきりイメージできることばかりではありません。そんな時はメジャーを利用せずにまず一度シンプルなピボットテーブルを作成し、どんな集計結果があると分かりやすいか検討しましょう。作成したピボットテーブルには管理のため、その都度名前を付けておきます。

［費用合計］メジャーを作成して2020〜2022年度の費目ごとの費用合計を表示する

スライサーを挿入して表示を切り替えられるようにする

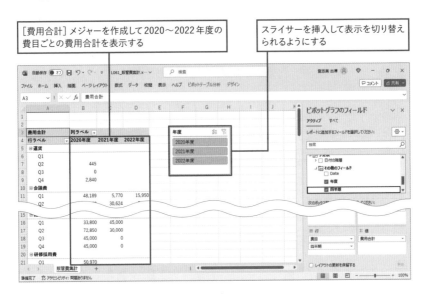

■ ピボットテーブルで費目ごとに集計

メジャーは利用せずに、費目ごとかつ四半期ごとの費用合計を前年度分一覧表示する表を作成してみましょう。これまでの販売管理費の使われ方が年度ごとに確認できるようになります。しかし、**作成された表を見ると注目すべき今期のデータも他の年度と並列に処理されてしまい、一目で読み取りやすいとは言いにくい**状態です。今はまだ3期分のデータのみですが、次年度、次々年度と日が進むにつれて列も増加し、どんどん読み取りにくくなることが想定されます。さらに毎月変わる使用状況を把握するために、前年比率なども求めたいところです。これらを解決するために以降の操作でメジャーを使って必要な集計結果を求めていきます。

また、ピボットテーブル全体の見せ方も調整しておきましょう。ここではピボットテーブルオプションで［データのないアイテムを行に表示する］をオンにして、すべての費目にQ1～Q4までの行を表示させています。全年度の総計は不要なため、［総計］列は非表示にしておきます。

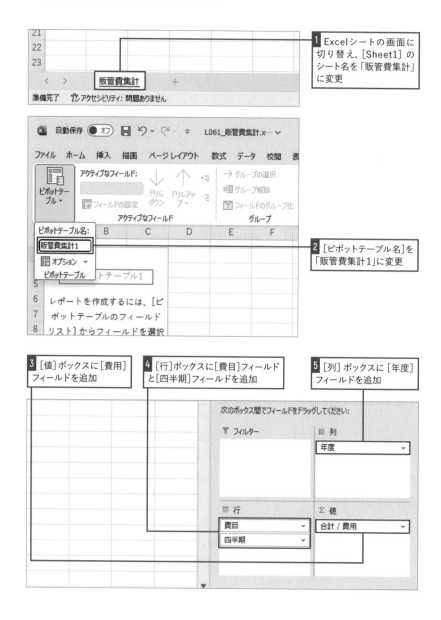

1 Excelシートの画面に切り替え、[Sheet1]のシート名を「販管費集計」に変更

2 ［ピボットテーブル名］を「販管費集計1」に変更

3 ［値］ボックスに［費用］フィールドを追加

4 ［行］ボックスに［費目］フィールドと［四半期］フィールドを追加

5 ［列］ボックスに［年度］フィールドを追加

6 LESSON17のSECTION02を参考に [データのないアイテムを行に表示する]にチェックを付けて[OK]をクリック

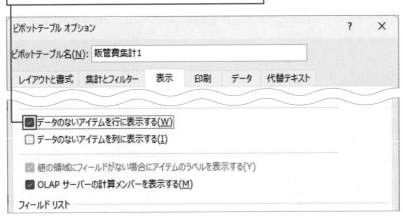

7 [デザイン]タブ-[総計]-[列のみ集計を行う]をクリック

[総計]列が非表示になった

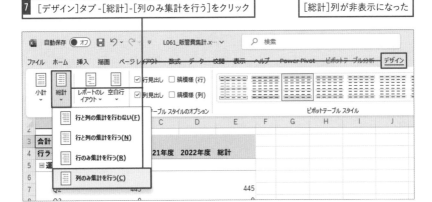

2020～2022年度の費目ごとかつ四半期ごとの費用合計が一覧できる表が作成された

	A	B	C	D	E	F	G	H	I	J
3	合計 / 費用	列ラベル ▾								
4	行ラベル ▾	2020年度	2021年度	2022年度						
5	⊟運賃									
6	Q1									
7	Q2	445								
8	Q3	0								
9	Q4	2840								
10	⊟会議費									
11	Q1	48189	5770	15950						
12	Q2	25263	30624	7725						

■「費用合計」メジャーを作成

さらに詳細な集計結果を求めるために、メジャーを活用します。他のメジャーで使用することも踏まえて、まず費用を合計するメジャー［費用合計］を作成しましょう。

> フィールドセクションの［試算表整形］テーブルを右クリックし、
> ［メジャーの追加］をクリックしておく

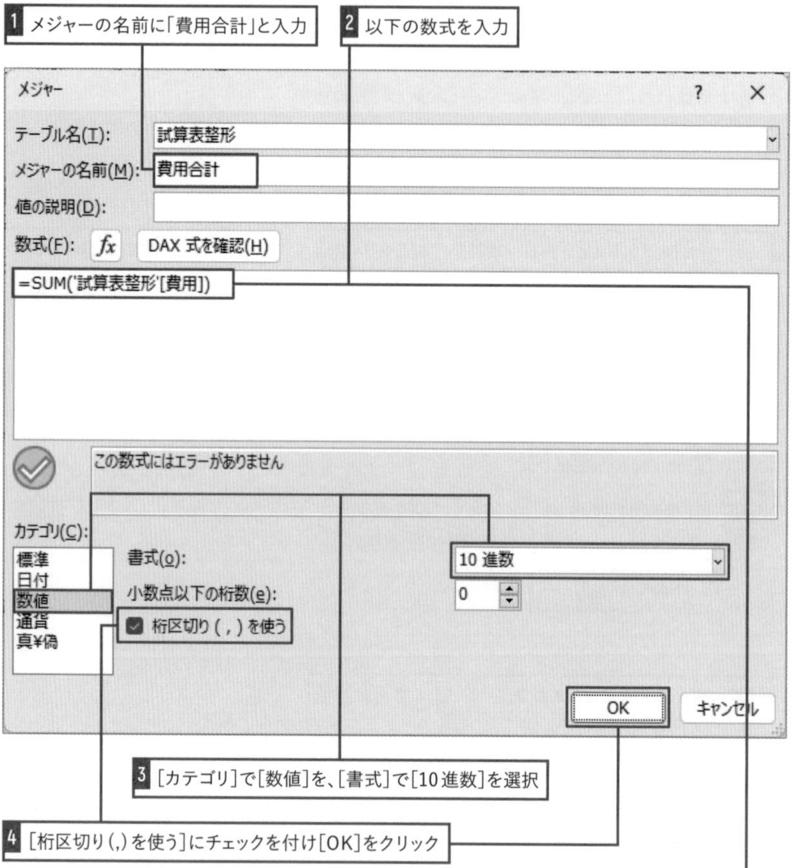

1 メジャーの名前に「費用合計」と入力   **2** 以下の数式を入力

メジャー	? ✕

テーブル名(T): 試算表整形

メジャーの名前(M): 費用合計

値の説明(D):

数式(F): f_x ［DAX 式を確認(H)］

```
=SUM('試算表整形'[費用])
```

ⓥ この数式にはエラーがありません

カテゴリ(C):

標準
日付
数値
通貨
真¥偽

書式(o): 10 進数

小数点以下の桁数(e): 0

☑ 桁区切り (,) を使う

［ OK ］ ［ キャンセル ］

3 ［カテゴリ］で［数値］を、［書式］で［10進数］を選択

4 ［桁区切り(,)を使う］にチェックを付け［OK］をクリック

```
=SUM('試算表整形'[費用])
```
意味 ［費用］フィールドの値を合計するメジャーを作成する

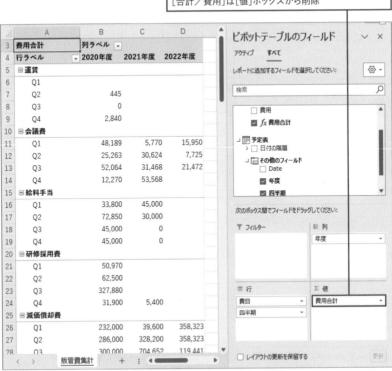

5 作成したメジャー[費用合計]を[値]ボックスに追加し、
[合計／費用]は[値]ボックスから削除

他のメジャーの中で使用するメジャーには
分かりやすい名前を付けましょう。他の人
と共有して使用する場合には命名ルール
を決めるとより良いです。

■年度を切り替えるスライサーを追加

　必要な年度を抽出しながら集計を行うためにスライサーを追加します。日付テーブルの範囲が「2020/01/01」から始まるため、日付テーブルには「2019年度」というアイテムがありますが、[試算表整形]テーブルには2019年度にあたるデータは無いため、スライサーで「2019年度」を選ぶことはありません。[スライサーの設定]で不要な項目を非表示にし、ピボットテーブルに慣れない利用者が無駄な操作をすることが無いようにしておきましょう。

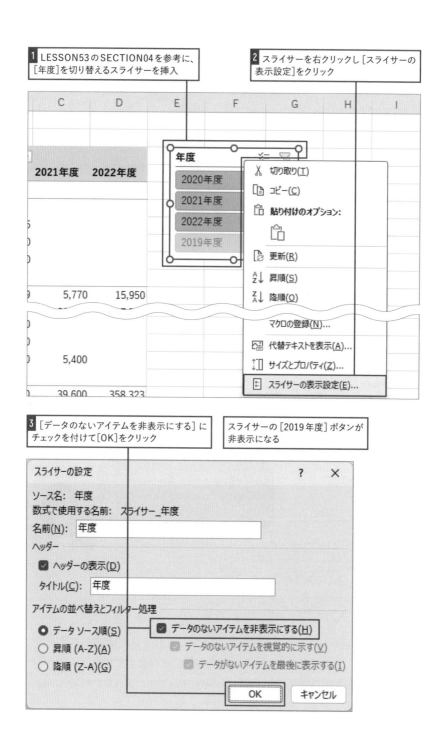

1 LESSON53のSECTION04を参考に、[年度]を切り替えるスライサーを挿入

2 スライサーを右クリックし[スライサーの表示設定]をクリック

	C	D	E	F	G	H	I
	2021年度	**2022年度**					

年度

2020年度
2021年度
2022年度
2019年度

- ✂ 切り取り(<u>T</u>)
- 🗐 コピー(<u>C</u>)
- 📋 貼り付けのオプション:
- 🗋
- 🗐 更新(<u>R</u>)
- A↓ 昇順(<u>S</u>)
- Z↓ 降順(<u>O</u>)

5,770　15,950

マクロの登録(<u>N</u>)...

- ⊡ 代替テキストを表示(<u>A</u>)...
- ↕ サイズとプロパティ(<u>Z</u>)...

5,400

- ⊞ スライサーの表示設定(<u>E</u>)...

39,600　358,323

3 [データのないアイテムを非表示にする]にチェックを付けて[OK]をクリック

スライサーの[2019年度]ボタンが非表示になる

スライサーの設定 ? ✕

ソース名: 年度
数式で使用する名前: スライサー_年度
名前(<u>N</u>): 年度

ヘッダー

☑ ヘッダーの表示(<u>D</u>)

タイトル(<u>C</u>): 年度

アイテムの並べ替えとフィルター処理

◉ データ ソース順(<u>S</u>)
○ 昇順 (A-Z)(<u>A</u>)
○ 降順 (Z-A)(<u>G</u>)

☑ データのないアイテムを非表示にする(<u>H</u>)
　☑ データのないアイテムを視覚的に示す(<u>V</u>)
　☑ データがないアイテムを最後に表示する(<u>I</u>)

[OK]　[キャンセル]

03 費目ごとに前期比を表示しよう

　ここからはタイムインテリジェンス関数を使って、前年のデータを集計するメジャーを作成していきます。この章では今期を2022年度と仮定しているため、このデータを基準に集計を進めていくために、スライサーで「2022年度」のみ表示させるようにしておきます。

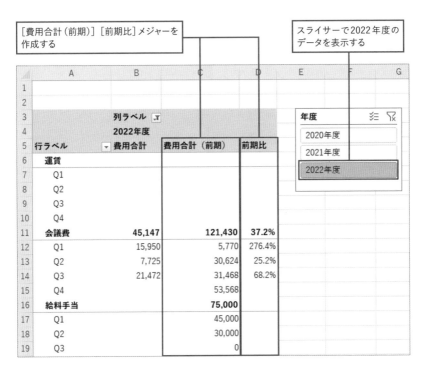

[費用合計（前期）][前期比]メジャーを作成する

スライサーで2022年度のデータを表示する

行ラベル	費用合計	費用合計（前期）	前期比
運賃			
Q1			
Q2			
Q3			
Q4			
会議費	45,147	121,430	37.2%
Q1	15,950	5,770	276.4%
Q2	7,725	30,624	25.2%
Q3	21,472	31,468	68.2%
Q4		53,568	
給料手当		75,000	
Q1		45,000	
Q2		30,000	
Q3		0	

年度
- 2020年度
- 2021年度
- **2022年度**

■「費用合計(前期)」メジャーを作成

　作成するメジャー[費用合計（前期）]は、スライサーや行ラベルのアイテムで抽出した期間の1年前同期間の費用合計を集計するためのメジャーです。作成後は[値]ボックスに追加し、正しい集計結果が求められているか確認しておきます。作成される表は、最初に作成した[年度]を[列]ラベルとして持つ表の直近2年分と集計結果は変わりませんが、スライサーで基準とする年度を選択し、自在に集計結果を切り替えられます。これにより、**月日が進んで何年経ったとしても、いつでも今期と前期のデータを容易に比較できる**ようになります。

応用編　第9章　月次試算表を基に販売管理費を可視化する

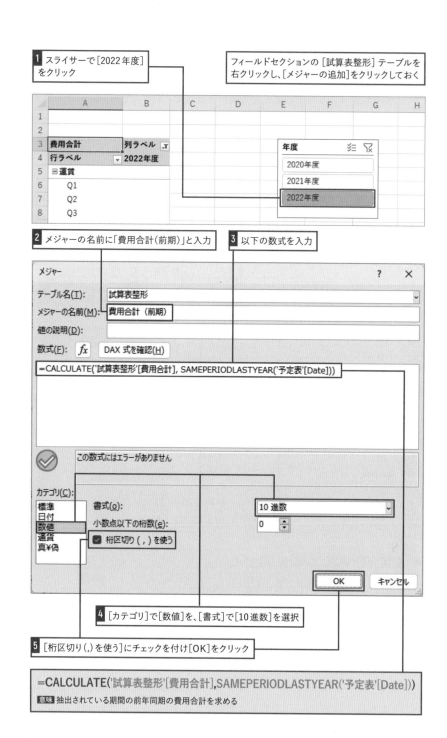

1 スライサーで[2022年度]をクリック

フィールドセクションの[試算表整形]テーブルを右クリックし、[メジャーの追加]をクリックしておく

	A	B	C	D	E	F	G	H
1								
2								
3	費用合計	列ラベル						
4	行ラベル	2022年度			年度			
5	⊟運賃							
6	Q1				2020年度			
7	Q2				2021年度			
8	Q3				2022年度			

2 メジャーの名前に「費用合計（前期）」と入力

3 以下の数式を入力

メジャー ? ✕

テーブル名(T): 試算表整形

メジャーの名前(M): 費用合計（前期）

値の説明(D):

数式(F): *fx* [DAX 式を確認(H)]

=CALCULATE('試算表整形'[費用合計], SAMEPERIODLASTYEAR('予定表'[Date]))

✓ この数式にはエラーがありません

カテゴリ(C):
標準
日付
数値
通貨
真¥偽

書式(o): 10 進数

小数点以下の桁数(e): 0

☑ 桁区切り(,)を使う

[OK] [キャンセル]

4 [カテゴリ]で[数値]を、[書式]で[10進数]を選択

5 [桁区切り(,)を使う]にチェックを付け[OK]をクリック

=CALCULATE('試算表整形'[費用合計],SAMEPERIODLASTYEAR('予定表'[Date]))
意味 抽出されている期間の前年同期の費用合計を求める

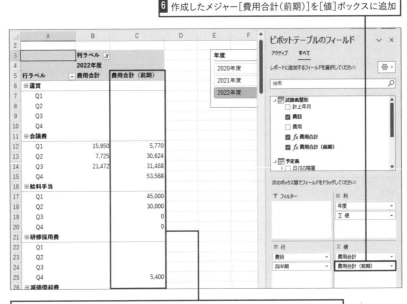

6 作成したメジャー[費用合計（前期）]を[値]ボックスに追加

スライサーで2022年度の値を抽出しているため、ここでは[費用合計（前期）]列には2021年度の費用合計が集計される

■「前期比」メジャーを作成

作成した2つのメジャーを利用して、前期の集計結果に対し今期の集計結果の割合を求めるメジャー[前期比]を作成します。[値]ボックスに追加して集計結果を確認しながら、スライサーで切り替えて結果が変わることも確認しておきましょう。また、ここまでは費目ごとの各四半期における費用の集計結果のみを表示していましたが、それぞれの費目に対しても費用の合計を表示させるため[小計]の設定を行っています。

1 フィールドセクションの[試算表整形]テーブルを右クリックし、[メジャーの追加]をクリック

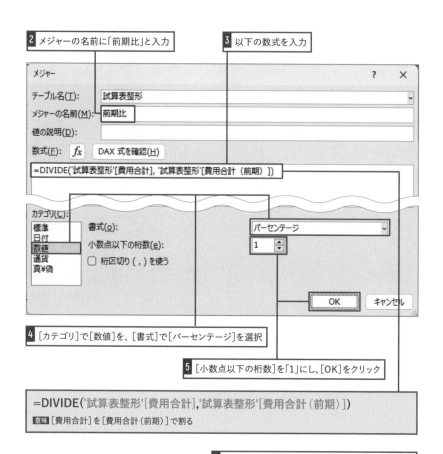

2 メジャーの名前に「前期比」と入力

3 以下の数式を入力

4 [カテゴリ]で[数値]を、[書式]で[パーセンテージ]を選択

5 [小数点以下の桁数]を「1」にし、[OK]をクリック

=DIVIDE('試算表整形'[費用合計],'試算表整形'[費用合計（前期）])

意味 [費用合計]を[費用合計（前期）]で割る

6 作成した[前期比]メジャーを[値]ボックスに追加

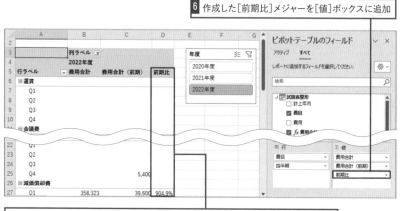

スライサーで2022年度の値を抽出しているため、[前期比]列には前の期である
2021年度の費用合計と比較した割合が集計される

7 [デザイン]タブ-[小計]-[すべての小計をグループの先頭に表示する]をクリック

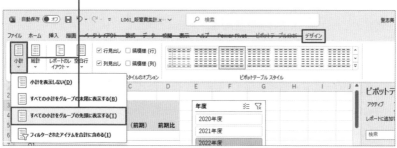

各費目の先頭に小計が表示された

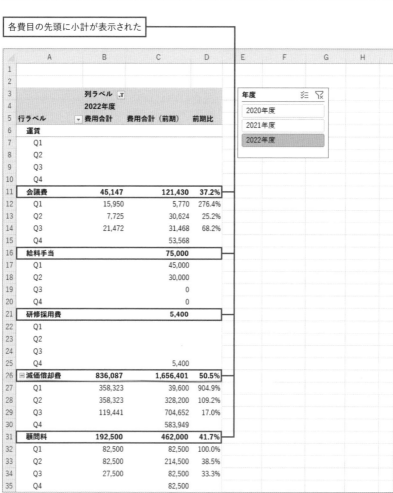

行ラベル	費用合計	費用合計（前期）	前期比
運賃			
Q1			
Q2			
Q3			
Q4			
会議費	45,147	121,430	37.2%
Q1	15,950	5,770	276.4%
Q2	7,725	30,624	25.2%
Q3	21,472	31,468	68.2%
Q4		53,568	
給料手当		75,000	
Q1		45,000	
Q2		30,000	
Q3		0	
Q4		0	
研修採用費		5,400	
Q1			
Q2			
Q3			
Q4		5,400	
⊟減価償却費	836,087	1,656,401	50.5%
Q1	358,323	39,600	904.9%
Q2	358,323	328,200	109.2%
Q3	119,441	704,652	17.0%
Q4		583,949	
顧問料	192,500	462,000	41.7%
Q1	82,500	82,500	100.0%
Q2	82,500	214,500	38.5%
Q3	27,500	82,500	33.3%
Q4		82,500	

04 費目ごとの総計に対する比率を求めよう

　費目ごとに、さらに四半期ごとの集計を求めてきましたが、テーブルが長くなりすぎて一覧性が低くなっています。費目ごとの集計結果と時系列の結果を1つの表で確認するのは難しいと判断し、2つの表に分けることとします。次のSECTION05で販売管理費を月別に集計した表を作成することとして、現在作成中の表は費目だけに絞りましょう。

　［行］ボックスから［四半期］フィールドを削除すると、表がすっきり見やすくなります。最初の設計にこだわりすぎず、ピボットテーブルの柔軟性を活かして、見る人にとって分かりやすいシートになるように調整していくことも重要です。**さらに費用の総計に対する費目ごとの比率を求めて、それぞれの費目が販売管理費全体の中でどのくらいの割合を占めているかが分かる**ようにしておきます。

> 2022年度全体の費用合計額「4,548,678」に対して、各費目がどのくらいの割合を占めているのか［総計比］メジャーを使って求める

	A	B	C	D	E
1					
2					
3		列ラベル ▼			
4		2022年度			
5	行ラベル ▼	費用合計	費用合計（前期）	前期比	総計比
6	運賃				
7	会議費	45,147	121,430	37.2%	1.0%
8	給料手当		75,000		
9	研修採用費		5,400		
10	減価償却費	836,087	1,656,401	50.5%	18.4%
11	顧問料	192,500	462,000	41.7%	4.2%
12	雑費		15,220		
13	支払手数料	93,463	412,800	22.6%	2.1%

■［総計］［総計比］メジャーを作成

　費用の総計に対する各費目の比率を求めるために［総計］メジャーをいったん作成します。ALLSELECTED関数を使用することで、スライサーによる抽出は保ったまま、それ以外の抽出を解除した結果を求められます。作成した**［総計］メジャーとすでに作成済みの［費用合計］メジャーで総計比を求めるメジャーを作成できます。**［値］ボックスに追加し、集計結果を確認しましょう。

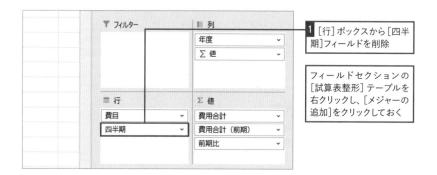

1 [行]ボックスから[四半期]フィールドを削除

フィールドセクションの[試算表整形]テーブルを右クリックし、[メジャーの追加]をクリックしておく

2 メジャーの名前に「総計」と入力

3 以下の数式を入力

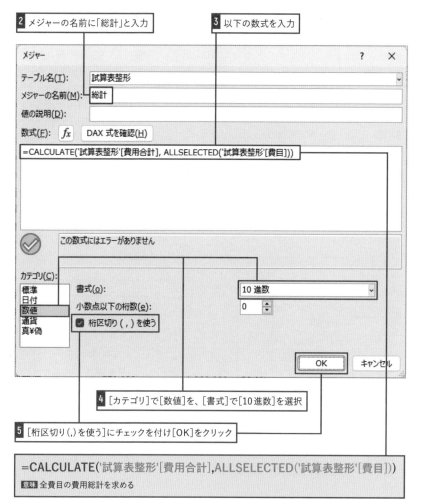

メジャー

テーブル名(T): 試算表整形

メジャーの名前(M): 総計

値の説明(D):

数式(F): f_x DAX 式を確認(H)

=CALCULATE('試算表整形'[費用合計], ALLSELECTED('試算表整形'[費目]))

✓ この数式にはエラーがありません

カテゴリ(C):

標準
日付
数値
通貨
真\偽

書式(o): 10 進数

小数点以下の桁数(e): 0

✓ 桁区切り (,) を使う

OK　　キャンセル

4 [カテゴリ]で[数値]を、[書式]で[10進数]を選択

5 [桁区切り(,)を使う]にチェックを付け[OK]をクリック

=CALCULATE('試算表整形'[費用合計],ALLSELECTED('試算表整形'[費目]))

意味 全費目の費用総計を求める

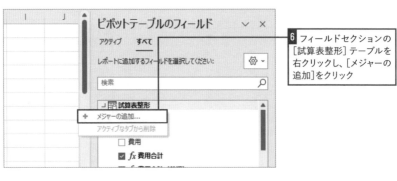

6 フィールドセクションの[試算表整形]テーブルを右クリックし、[メジャーの追加]をクリック

7 メジャーの名前に「総計比」と入力　　**8** 以下の数式を入力

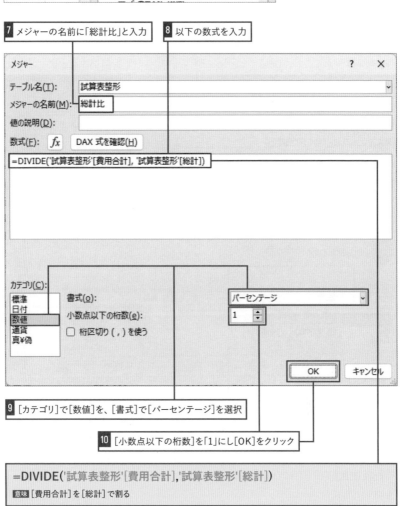

9 [カテゴリ]で[数値]を、[書式]で[パーセンテージ]を選択

10 [小数点以下の桁数]を「1」にし[OK]をクリック

=DIVIDE('試算表整形'[費用合計],'試算表整形'[総計])

意味 [費用合計]を[総計]で割る

11 作成した[総計比]メジャーを[値]ボックスに追加

総計比が求められた

05 今期累計を前年同月累計と比較するテーブルを作成する

　時系列の集計は費用ごとの集計と別のテーブルで確認することとしたので、ピボットテーブルを同じシートにもう1つ作成しましょう。この表では、月別の費用合計がどのように年間の費用として積み上がっていくかを確認できるようにします。このため、費用の累計の列と、前年の累計列も求めます。どちらのピボットテーブルも1つのスライサーで指定した年度を基準とした集計結果に切り替わるようにします。

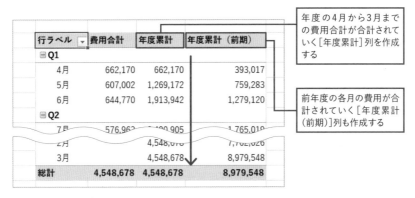

年度の4月から3月までの費用合計が合計されていく[年度累計]列を作成する

前年度の各月の費用が合計されていく[年度累計（前期）]列も作成する

応用編 第9章 月次試算表を基に販売管理費を可視化する

■年度累計を比較するピボットテーブルを作成

　同じシート上に、月別の費用集計を求めるピボットテーブルを作成します。分かりやすいテーブル名を付けること、このテーブルも元からあるスライサーで切り替えができるように［レポートの接続］を忘れないようにしましょう。

1	［販管費集計］シートのセルG3を選択し、LESSON06を参考にデータモデルからピボットテーブルを作成

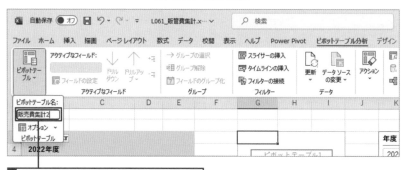

2	［ピボットテーブル名］を「販管費集計2」に変更

3	［値］ボックスに［費用合計］メジャーを追加

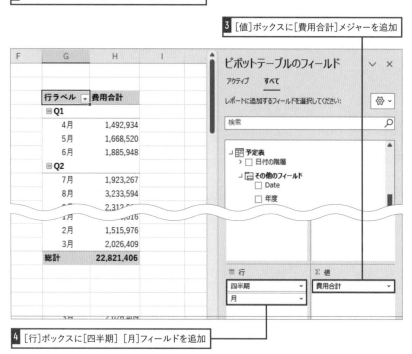

4	［行］ボックスに［四半期］［月］フィールドを追加

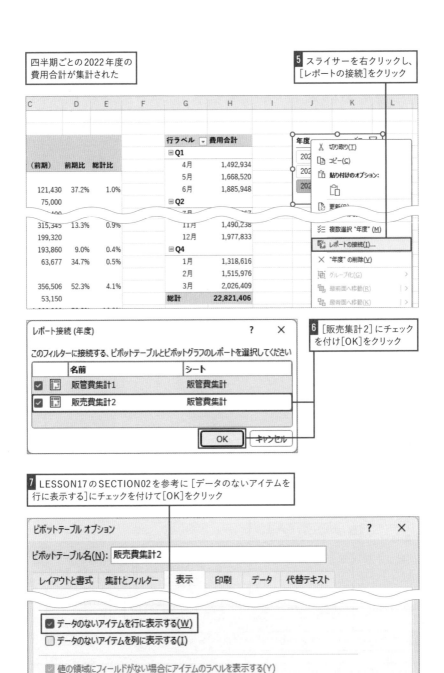

四半期ごとの2022年度の
費用合計が集計された

5 スライサーを右クリックし、
[レポートの接続]をクリック

行ラベル ▼	費用合計
⊟Q1	
4月	1,492,934
5月	1,668,520
6月	1,885,948
⊟Q2	
11月	1,490,238
12月	1,977,833
⊟Q4	
1月	1,318,616
2月	1,515,976
3月	2,026,409
総計	22,821,406

（前期） 前期比 総計比

121,430	37.2%	1.0%
75,000		
315,345	13.3%	0.9%
199,320		
193,860	9.0%	0.4%
63,677	34.7%	0.5%
356,506	52.3%	4.1%
53,150		

年度

右クリックメニュー:
- ✂ 切り取り(T)
- 📋 コピー(C)
- 📋 貼り付けのオプション:
- 📋
- 🔲 更新(R)
- ⋮≡ 複数選択 "年度" (M)
- 🔲 レポートの接続(I)...
- ✕ "年度" の削除(V)
- 🔲 グループ化(G)
- 🔲 最前面へ移動(R)
- 🔲 最背面へ移動(K)

6 [販売集計2]にチェック
を付け[OK]をクリック

レポート接続 (年度) ？ ✕

このフィルターに接続する、ピボットテーブルとピボットグラフのレポートを選択してください

	名前	シート
☑ 🔲	販管費集計1	販管費集計
☑ 🔲	販売費集計2	販管費集計

OK キャンセル

---

7 LESSON17のSECTION02を参考に[データのないアイテムを
行に表示する]にチェックを付けて[OK]をクリック

ピボットテーブル オプション ？ ✕

ピボットテーブル名(N): 販売費集計2

レイアウトと書式　集計とフィルター　**表示**　印刷　データ　代替テキスト

☑ データのないアイテムを行に表示する(W)
☐ データのないアイテムを列に表示する(I)

☑ 値の領域にフィールドがない場合にアイテムのラベルを表示する(Y)
☑ OLAP サーバーの計算メンバーを表示する(M)

フィールド リスト

■「年度累計」メジャーを作成

　スライサーで選択している年度の費用合計を累計するメジャー[年度累計]を作成します。LESSON49で紹介したTOTALYTD関数を使うことで、指定した年度末までの累計を求めることができます。ここで扱う例では、年度末が3月31日ですので、第3引数として指定します。日付は「"3/31"」のようにダブルクォーテーションで囲むことを忘れないようにしましょう。

フィールドセクションの[試算表整形]テーブルを右クリックし、[メジャーの追加]をクリックしておく

1 メジャーの名前に「年度累計」と入力　　　　　　　**2** 以下の数式を入力

メジャー	? ✕
テーブル名(T):	試算表整形
メジャーの名前(M):	年度累計
値の説明(D):	
数式(F): *fx*　DAX 式を確認(H)	

=TOTALYTD('試算表整形'[費用合計], '予定表'[Date], "3/31")

⊘ この数式にはエラーがありません

カテゴリ(C):	書式(o):	10 進数
標準 日付 **数値** 通貨 真¥偽	小数点以下の桁数(e):　0 ⇅ ☑ 桁区切り (,) を使う	

[OK]　[キャンセル]

3 [カテゴリ]で[数値]を、[書式]で[10進数]を選択

4 [桁区切り(,)を使う]にチェックを付け[OK]をクリック

=TOTALYTD('試算表整形'[費用合計],'予定表'[Date],"3/31")
意味 3月31日までの[費用合計]の累計を求める

■「年度累計（前期）」メジャーを作成

さらに、前期の年度累計を求めるメジャー［年度累計（前期）］も作成し、［年度累計］とともに［値］ボックスに追加します。これによって、今期と前期の費用累計を並べて、年間で費用が積み上がっていく様子を一目で確認できます。時系列のデータは累計を使って積み上がり方を見せることがよくありますが、SAMEPERIODLASTYEAR関数を使えばさらに前年の値と並べて見せることもできるので、合わせて覚えておきましょう。

フィールドセクションの［試算表整形］テーブルを右クリックし、［メジャーの追加］をクリックしておく

1 メジャーの名前に「年度累計（前期）」と入力 　　　　**2** 以下の数式を入力

メジャー		? ✕
テーブル名(T):	試算表整形	
メジャーの名前(M):	年度累計（前期）	
値の説明(D):		

数式(F):　f_x　DAX 式を確認(H)

=CALCULATE('試算表整形'[年度累計], SAMEPERIODLASTYEAR('予定表'[Date]))

カテゴリ(C):
標準
日付
数値
通貨
真¥偽

書式(O):　　　　　　　　　　　　　10 進数

小数点以下の桁数(e):　　0

☑ 桁区切り(,)を使う

OK　　　キャンセル

3 ［カテゴリ］で［数値］を、［書式］で［10進数］を選択

4 ［桁区切り(,)を使う］にチェックを付け［OK］をクリック

=CALCULATE('試算表整形'[年度累計],**SAMEPERIODLASTYEAR**('予定表'[Date]))

意味 昨年同期の費用累計を求める

5 [値]ボックスに[年度累計][年度累計(前期)]メジャーを追加

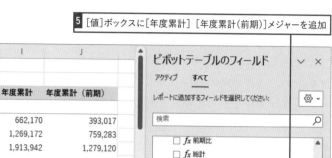

費目ごとに掛かった費用と前期と比べた割合も見ながら確認できる

各月の費用が4月～3月に向かって合計される列が作成された

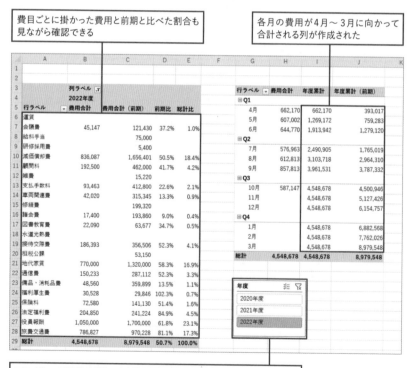

スライサーで年度のボタンをクリックすると、2つの表の表示が切り替わる

62

予算を設定し
消化率を表示させよう

適正な経費の利用につなげるため、費用に対して予算を設定することがあります。
LESSON62では昨年の費用を基準にした予算を設定し、それに対して現在の消化率がどのようになっているかを一目で確認できる[販管費予算管理]シートを作成します。

練習用ファイル L062_販管費集計.xlsx

01 予算を設定するメジャーを作成する

　新たに作成したシートに、費目ごとの予算やその消化率を表示するピボットテーブルを作成します。このシートでは、予算を意識しながら販売管理費を使っていくために、判断材料となるデータを見せることを目的としています。このLESSONでは、前期の費目それぞれに対し5%増加した値を今期の予算とすることとします。

[予算(前期+5%)]メジャーを作成して費目ごとの予算が分かるようにする

	A	B	C	D
1				
2				
3		列ラベル ☂		
4		2022年度		
5	行ラベル ▾	費用合計	予算(前期+5%)	
6	運賃			
7	会議費	45,147	127,502	
8	給料手当		78,750	
9	研修採用費		5,670	
10	減価償却費	836,087	1,739,221	
11	顧問料	192,500	485,100	
12	雑費		15,981	
13	支払手数料	93,463	433,440	
14	車両関連費	42,020	331,112	
15	修繕費		209,286	

前年の値を加減して予算などに使用することは実務でもよくありますので、メジャーの作成方法を覚えておきましょう。

■コピーしてピボットテーブルを作成

効率良くピボットテーブルを作成するため、[販管費集計] シートにある [販管費集計1] テーブルを範囲選択してコピーし、新たに作成した [販管費予算管理] シートに貼り付けます。テーブル名を分かりやすいものに変更しておきましょう。不要なフィールドを [値] ボックスから削除すれば、新たな集計結果を求める準備完了です。コピーして作成されたピボットテーブルは、**ピボットテーブルオプションの設定や、スライサーの [レポートの接続] 設定も含めてコピーされており**、[販管費集計] シートにある [年度] スライサーで切り替えられます。

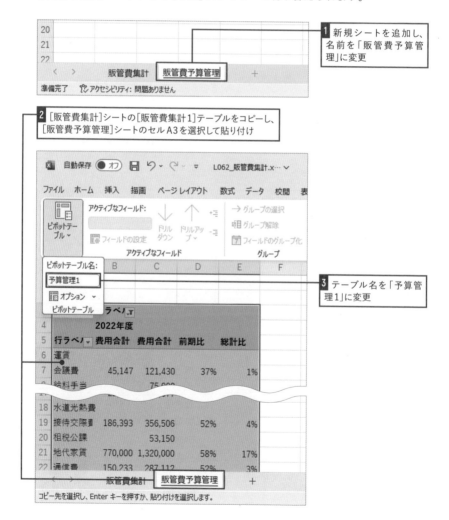

1 新規シートを追加し、名前を「販管費予算管理」に変更

2 [販管費集計]シートの[販管費集計1]テーブルをコピーし、[販管費予算管理]シートのセルA3を選択して貼り付け

3 テーブル名を「予算管理1」に変更

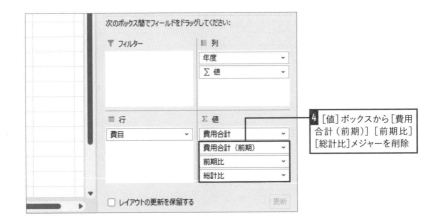

4 [値]ボックスから[費用合計（前期）]［前期比］［総計比］メジャーを削除

■ [予算(前期＋5%)]メジャーを作成

まず予算を求めるメジャー［予算（前期＋5%）］を作成します。昨年同期の費用合計を1.05倍にするにはどんなメジャーを作れば良いかを考えてみましょう。作成したメジャーを［値］ボックスに追加したら、［販管費集計］シートにある［費用合計（前期）］の値と見比べて、集計結果が正しいか確認すると良いでしょう。

1 フィールドセクションの[試算表整形]テーブルを右クリックし、[メジャーの追加]をクリック

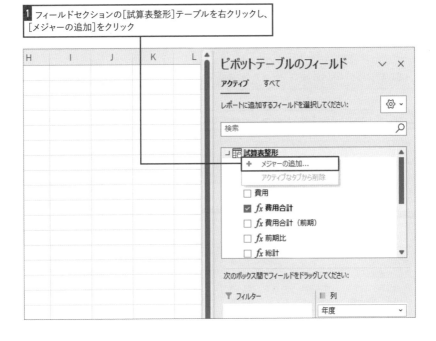

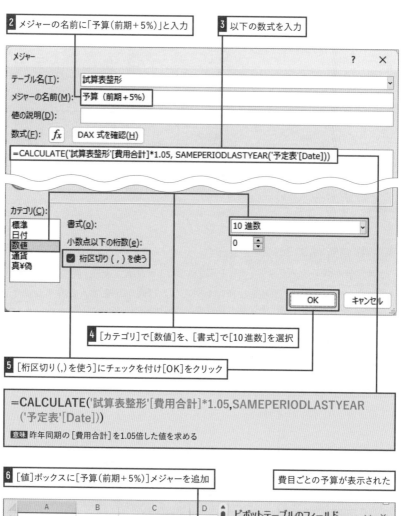

2 メジャーの名前に「予算（前期＋5%）」と入力

3 以下の数式を入力

メジャー		? ×
テーブル名(T):	試算表整形	
メジャーの名前(M):	予算（前期＋5%）	
値の説明(D):		

数式(F): f_x DAX 式を確認(H)

=CALCULATE('試算表整形'[費用合計]*1.05, SAMEPERIODLASTYEAR('予定表'[Date]))

カテゴリ(C):
標準
日付
数値
通貨
真¥偽

書式(o):
小数点以下の桁数(e):
☑ 桁区切り (,) を使う

10 進数
0

OK   キャンセル

4 [カテゴリ]で[数値]を、[書式]で[10進数]を選択

5 [桁区切り(,)を使う]にチェックを付け[OK]をクリック

=CALCULATE('試算表整形'[費用合計]*1.05,SAMEPERIODLASTYEAR ('予定表'[Date]))

意味 昨年同期の [費用合計] を1.05倍した値を求める

6 [値]ボックスに[予算（前期＋5%）]メジャーを追加

費目ごとの予算が表示された

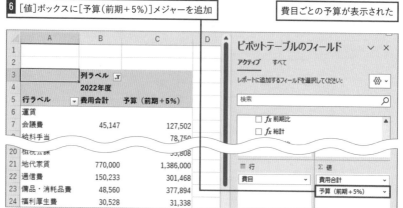

	A	B	C	D
1				
2				
3		列ラベル		
4		2022年度		
5	行ラベル	費用合計	予算（前期＋5%）	
6	運賃			
7	会議費	45,147	127,502	
8	給料手当		78,750	
20	租税公課		55,808	
21	地代家賃	770,000	1,386,000	
22	通信費	150,233	301,468	
23	備品・消耗品費	48,560	377,894	
24	福利厚生費	30,528	31,338	

ピボットテーブルのフィールド ∨ ×

アクティブ すべて

レポートに追加するフィールドを選択してください：

検索

☐ f_x 前期比
☐ f_x 総計

■ 行
費目

Σ 値
費用合計
予算（前期＋5%）

318

02 今期の費目別に予算消化率を表示しよう

作成した [予算 (前期＋5%)] を使って、予算消化率を求めるメジャー [予算消化率] を作成しましょう。[値] ボックスに追加することで、今現在の予算消化率が一目で分かるようになります。今後、新たな月次試算表がフォルダーに追加された場合には、ピボットテーブルを更新することで、この消化率が進捗していく様子を確認できるようになります。

フィールドセクションの[試算表整形]テーブルを右クリックし、[メジャーの追加]をクリックしておく

1 メジャーの名前に「予算(前期＋5%)」と入力　　**2** 以下の数式を入力

メジャー	? ✕
テーブル名(T):	試算表整形
メジャーの名前(M):	予算消化率
値の説明(D):	

数式(F):　*fx*　[DAX 式を確認(H)]

=DIVIDE('試算表整形'[費用合計],'試算表整形'[予算 (前期＋5%)])

〜〜〜〜〜〜〜〜〜〜〜〜〜〜〜〜〜〜〜〜〜〜〜〜〜〜〜〜〜

✓ この数式にはエラーがありません

カテゴリ(C):

	書式(O):		パーセンテージ
標準			
日付	小数点以下の桁数(e):	1	
数値			
通貨	☐ 桁区切り (,) を使う		
真¥偽			

[OK]　[キャンセル]

3 [カテゴリ]で[数値]を、[書式]で[パーセンテージ]を選択

4 [小数点以下の桁数]を「1」にし[OK]をクリック

=DIVIDE('試算表整形'[費用合計],'試算表整形'[予算 (前期＋5%)])
意味 [費用合計]を[予算 (前期＋5%)]で割る

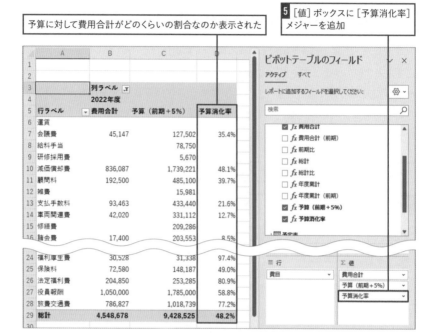

予算に対して費用合計がどのくらいの割合なのか表示された

5 [値] ボックスに [予算消化率] メジャーを追加

パワーピボットとパワークエリの使い分けは?

　この章の例のように、パワーピボットはパワークエリと合わせて使用することで活用範囲が広がり、より強力なツールとなります。この2つのツールにはそれぞれの機能に重なる部分もあり、どう使い分けたら良いか迷う方もいるようです。パワークエリはデータを取得し、テーブルとして整形することを目的に作られています。既存のテーブルを使ってデータモデルを作成し、集計するためにあるのがパワーピボットです。例えば、Power Pivot画面でテーブルに計算列を追加することもできますが、できるならパワークエリの [列の追加] 機能で事前に処理する方が良いでしょう。逆にパワークエリでも行を条件に応じて抽出する、アイテムごとに集計する、といった機能もありますが、これらはパワーピボットに任せた方がデータモデルを管理する側面からも効果的です。それぞれのツールの役割に沿った形で使うことを原則としながら、状況に応じて臨機応変に使えるようになることを目指しましょう。

グラフを使って予算の消化状況を可視化しよう

視覚的に現状を把握しやすくするためにグラフとKPIを利用しましょう。重点的に確認したい費目のみ前期値と比較できるレーダーチャートを作成します。また各費目に対しては、予算消化率の様子を視覚化するためにKPIを設定します。

練習用ファイル L063_販管費集計.xlsx

01 | レーダーチャートで2期分のデータを比較する

　ピボットグラフを使うことで、さらに視覚的に予算消化状況を把握できるようにします。この例のように集計するフィールドのアイテムが多い場合、**グラフに表示するアイテムは特に注目している項目で絞り込むと分かりやすい**です。このLESSONでは販売管理費のうち、管理責任者が重点的に管理したいと考えている5つの費目、[支払手数料][車両関連費][接待交際費][通信費][備品・消耗品費]のそれぞれの合計だけを、レーダーチャートを使って今年度と前年度の2期分表示させ一目で比較できるようにします。

> グラフに表示する費目を5つに絞り、スライサーで選択されている年度と、その前の年度の費用合計を比較できるようにする

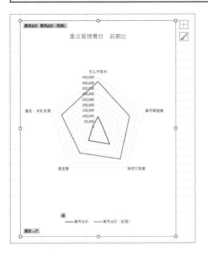

「本当に見たいものが何か」をデータを共有する関係者間で事前に確認しておきましょう

■ピボットグラフを挿入する

これからレーダーチャートとして描きたいデータは、ピボットテーブルとしては用意しておらず、表として表示する必要も無いため、直接グラフとしてシートに挿入します。まずはシンプルにグラフを作成して、その後見たい形になるように整えていきます。新たに作成されたグラフはそのままではスライサーによるデータの抽出が行われないことに注意しましょう。

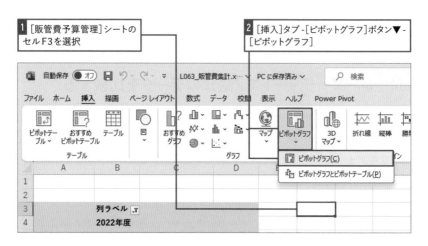

1 [販管費予算管理]シートのセルF3を選択

2 [挿入]タブ-[ピボットグラフ]ボタン▼-[ピボットグラフ]

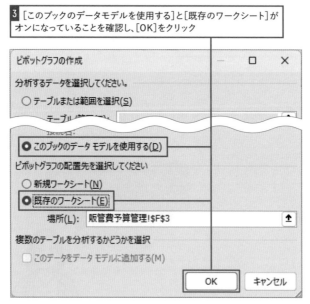

3 [このブックのデータモデルを使用する]と[既存のワークシート]がオンになっていることを確認し、[OK]をクリック

4 フィールドセクションの[試算表整形]テーブルにある[費目]フィールドを
[軸]ボックスに、[費用合計]メジャーを[値]ボックスへ追加

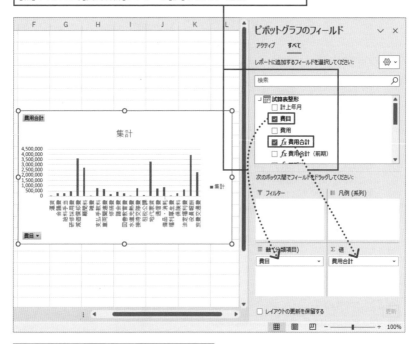

費目ごとに全年度の費用の合計がグラフ化された

5 [ピボットグラフ分析]タブ-[グラフ名]を「重点管理費目」に変更

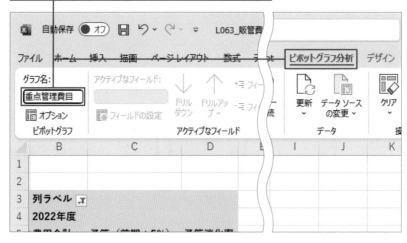

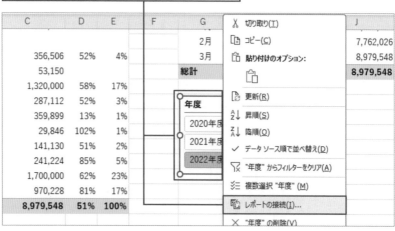

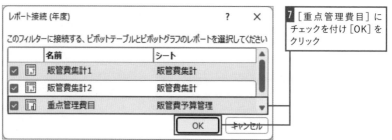

グラフの表示が切り替わった

[年度]スライサーで選択されている年度の費用合計が費目ごとに表示されている

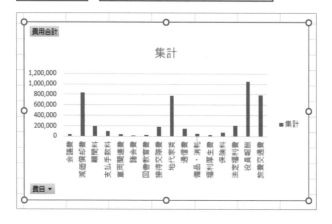

■レーダーチャートに変更して見せ方を整える

　グラフは、予算ではなく前期の費用合計と比較をするために作成しています。すでに同じシートに作成済みのピボットテーブルとは異なることを明確にするため、グラフタイトルを設定し、前期比であることを明示しましょう。

264ページの「ここもポイント!」を参考に
[グラフの種類]を[レーダー]に変更

1 [軸フィールドボタン]をクリック

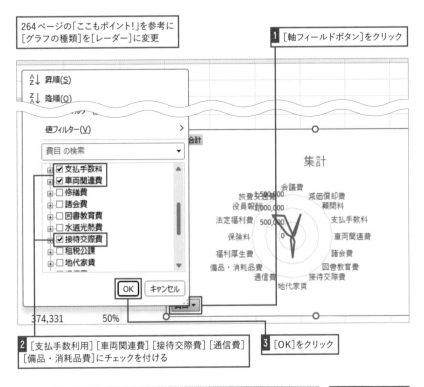

2 [支払手数料利用][車両関連費][接待交際費][通信費]
[備品・消耗品費]にチェックを付ける

3 [OK]をクリック

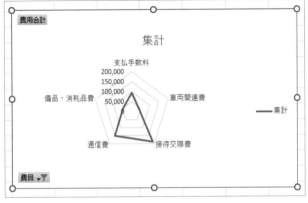

費用合計を表示する費目が5つに絞られた

4 [試算表整形] テーブルの [費用合計 (前期)] メジャーを [値] ボックスに追加

5 [デザイン]タブをクリック

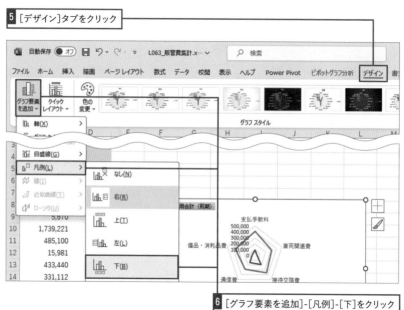

6 [グラフ要素を追加]-[凡例]-[下]をクリック

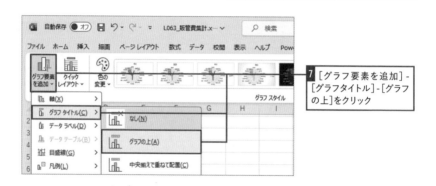

7 [グラフ要素を追加] - [グラフタイトル]-[グラフの上]をクリック

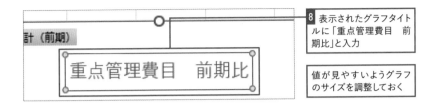

計（前期）

重点管理費目　前期比

8 表示されたグラフタイトルに「重点管理費目　前期比」と入力

値が見やすいようグラフのサイズを調整しておく

02 KPIを使って消化状況を費目ごとに確認する

　最後にKPIを使用して費目ごとの予算消化状況を視覚的に表示しましょう。このLESSONの例では、予算を超えてしまった場合は「赤」、予算の70％を消化して以降は「黄」、それまでは「緑」となるように設定しています。100％は絶対値では「1」となることにも注意しましょう。一通り完成した後は、［追加試算表］フォルダーにあるPDFファイルを新たに作成された月次残高試算表だと想定して、［shisanhyou］フォルダーに追加し、更新ボタンをクリックするだけで、自動的に集計が行われることを確認しましょう。

1 ［予算管理1］テーブルを選択し、LESSON58を参考に［主要業績評価指標（KPI）］ダイアログボックスを表示

2 ［KPIベースフィールド］を［予算消化率］に変更

3 ［絶対値］をオンにして、「1」を入力

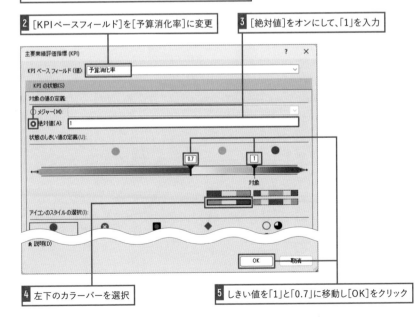

4 左下のカラーバーを選択

5 しきい値を「1」と「0.7」に移動し［OK］をクリック

フィールドセクションに追加された[予算消化率]の[fx値（予算消化率）]と
[状態]のチェックを一度外し、再度チェックを付ける

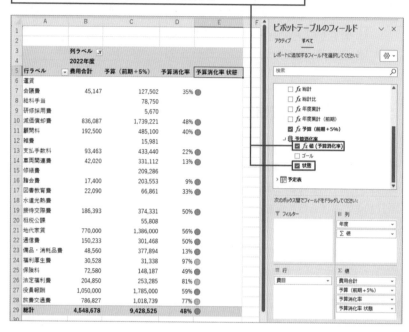

［追加試算表]フォルダーのPDFを[shisanhyou]フォルダーに移動し、
LESSON07を参考に[更新]するとデータが更新される

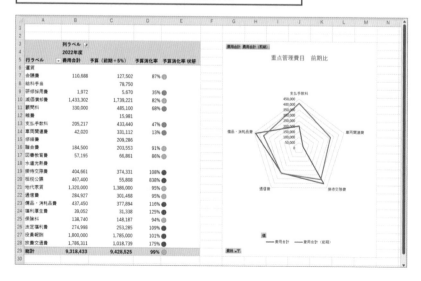

KEYWORD

DAX

Excelパワーピボットや、Power BIなどで使用される数式表現言語。データモデルから新しい情報を計算して取り出すための関数、演算子、定数を含む。Data Analysis Expressionsを略してDAXと呼ばれている。

DAX関数

DAXで使用される関数のこと。パワーピボットではメジャーや計算列として使用できる。列やテーブルを計算対象として扱う。

暗黙のメジャー

ピボットテーブルで、何らかのフィールドを［値］ボックスに追加し、集計を行う際に自動的に作成されるメジャー。ユーザーが作成するメジャーと同じようにテーブルの計算領域に保持されるが、数式を直接編集することはできない。

演算子

数式やプログラミング言語などで各種の演算を表す記号。DAXでは「+」「-」といった算術演算子の他、「=」「>」「<」といった比較演算子、論理演算子などを利用できる。

外部キー

テーブル間にリレーションを設定する際に使用される列のうちの1つ。スタースキーマの場合、中心に置かれるトランザクションテーブルに含まれる。一般的に同じ値が繰り返し使用されている。対になる列は「主キー」として設定される。

クエリ

クエリ（Query）は「質問」「問い」といった意味を持つ英単語であるが、IT分野ではデータベースに対して条件に当てはまるデータを求める命令を指す。パワークエリでは、データの取得から整形など一連の操作を「クエリ」として作成、保存する。

クロス集計

2つの列の値をそれぞれ縦軸・横軸として指定し、交点に集計値を求めるもの。「ピボット集計」とも呼ばれる。

計算列

データモデルにあるテーブル上で、新たに列を作成する際に使用する。DAXを使った数式で、他の列にある値を呼び出したり、計算結果を求めたりして、各行の値を決定する。

主キー

テーブル間にリレーションを設定する際に使用される列のうちの1つ。主キーを持つテーブルはマスタテーブルとして利用されていることが多く、スタースキーマでは外側に配置されている。主キーとなる列には一意の値が格納されている。対になる列は「外部キー」。

小計

一部分の合計のこと。ピボットテーブルの中では、フィールドがネストされレベルを持っている場合に、上のレベルに当たるアイテムの集計結果を指す。

総計

全体の合計のこと。ピボットテーブルの中では、該当のフィールド全ての値を集計した結果。

定数

定まった数、変化しない値を指す。

データベース

一定のルールに基づいて作成されたデータの集まりのこと。一般的には条件に当てはまるデータを取り出すことを目的として作成される。Excelでもテーブルを作成することでシンプルなデータベース機能を利用できる。

データモデル

データの全体像を把握するため、データの項目や図、それらの構成や関係性を整理して視覚化したもの。一般的には図として表すことも含むが、パワーピボットにおいては、Power Pivot for Excelを使って作成するテーブルやクエリなどの他、さらにそれらの関係性などを指す。

テーブル

データがルールに則って納められた表。Excelの中では、シート上にある表の範囲を「テーブル」に変換することでデータの並べ替えや抽出などの機能を使える。またそのテーブルをデータモデルに取り込んだ場合、Power Pivot画面で表示されるものも「テーブル」と呼ぶ。

トランザクションデータ

データベースに積み上げられる、1つ1つの事実をデータとしたもの。またそれらを集めたテーブルやファイルのこと。時間の経過とともにデータ量が増加するのが一般的。1件ごとの売上に関する情報や、1件ごとの顧客の動きに関する情報など。対義語は「マスタデータ」。

ネスト

入れ子になること。ある構造の中に同じ構造が繰り返し含まれていること。関数の引数に関数が含まれていれば「関数がネストされている」と表現する。

パス

小道、道筋、などの意味を持つ英単語だが、IT分野ではコンピューター内で特定のファイルがどの場所にあるかを文字列で表したものを指す。ドライブ名から目的のファイルまでを表す「絶対パス」、操作中のファイルがあるフォルダーからの道筋を表す「相対パス」がある。

パワークエリ

Excelに搭載されているETLツール。ソースからデータを取得し整形した上で、シートやデータモデルに読み込める。それらの操作自体をクエリとしてブック内に保持できるため、必要なタイミングで繰り返し利用できる。

日付テーブル

集計するデータが扱われる期間の全ての日付を一意に持つテーブル。日付テーブルがあることでタイムインテリジェンス関数を使って期間を指定した複雑な計算が行えるようになる。

ピボットグラフ

ピボットテーブルをグラフ化したもの。ピボットテーブルと同様、集計する軸をマウス操作で切り替えながら描画されたグラフを変化させることができるため、視点を変えながらの分析が容易に行える。

ピボットテーブル

リスト形式の表からクロス集計表を作成するExcelの機能、またその機能で作成された表。縦軸や横軸、また集計する値として指定する項目を随時変更できるため、切り口を変えながら素早く大量のデータを集計、分析できる。

表示形式

データの見せ方を決めるもの。Excelの表示形式はセルの書式設定の一種で「標準」「数値」「通貨」「日付」「時刻」など多くの種類があり、さらにその中で詳細な形式を選択できる。例えば日付の表示形式を変更すると「1900/01/01」を「1900年1月1日」「明治33年1月1日」など異なった形式に見せられる。

マスタデータ

基本となるデータであり、それらをまとめたテーブルやファイルのこと。「商品マスタ」「顧客マスタ」のように、データベースの中で種類ごとに1つのテーブルとして保持される場合が多い。商品マスタであれば、個々の商品に関する情報を持つ。一般的に一意の値を持つ列によって1件ごとのデータが識別できる必要がある。対義語は「トランザクションデータ」。

メジャー

DAXで使用できる数式の一形式。パワーピボットの中では、ピボットテーブルのフィールドに使用することで、動的な集計結果を求められる。

リレーションシップ

複数のテーブルの関係性を設定すること。それぞれのテーブルの主キーと外部キーを指定することで、外部キーが設定されたテーブルから主キーのあるテーブルの値を参照できる。また主キーのあるテーブルで指定したフィルターにより、外部キーのあるテーブルのデータを抽出できるようになる。

INDEX

おわりに

　DXに至る3段階をご存じでしょうか。経済産業省のDXレポート2によると、1段階目は「デジタイゼーション」で、アナログの情報をデジタル化することです。2段階目は、「デジタライゼーション」で、個別の業務や製造工程をデジタル化することです。3段階目が「デジタルトランスフォーメーション」つまりDXで、「企業がビジネス環境の激しい変化に対応し、データとデジタル技術を活用して、顧客や社会のニーズを基に、製品やサービス、ビジネスモデルを変革するとともに、業務そのものや、組織、プロセス、企業文化・風土を変革し、競争上の優位性を確立すること」と定義されています。

　パワーピボットはDXに至る3段階のうち2段階目、3段階目で威力を発揮します。これまで手作業が多く発生していた複雑なデータ集計を簡単に行えるようになるため、個別の業務をデジタル化することができます。そして大量のデータを集計・分析することで、全社横断的な業務の改革や新たな価値を創出するヒントを見つけることもできるようになるはずです。

　私は普段、中小企業診断士として、またITコーディネータとして、中小企業のDX推進をお手伝いしています。今はデジタイゼーションが進んで、様々な業務でデータの取得ができるようになりましたが、それを経営に活かすための集計や分析にご苦労をされている現場もあることを拝見しています。パワーピボットを使えば、それらのデータで明日からの指針になるような情報を見つけられるかもしれません。ぜひ多くの方に、特に経営判断に携わるようなお立場の方、あるいは経営判断のための情報を整理する役割をお持ちの方に、このスキルを身に付けていただきたいと願っています。そして事業の価値を高め、組織を変革し、競争優位を確立するために役立ててください。

　本書を執筆するにあたっては、本当に多くの方のご協力をいただきました。執筆にあたって「伝え方」の試行錯誤にお付き合いくださった皆様、活用事例に関するヒントをくれた皆様、前著から応援し続けてくれている皆様、夜中の執筆にオンライン越しに付き合ってくれた友人たち、励ましてくれる家族、私の周りにいるすべての人、そしていつも的確なアドバイスをくださる編集の高橋さん、心からの感謝を申し上げます。本当にありがとうございました。

2023年11月　古澤登志美

■著者

古澤登志美（ふるさわ としみ）

株式会社ワンズ・ワン代表取締役。中小企業診断士・ITコーディネータ。
高校中退後様々な職と主婦生活を経て、2001年に起業。個人・法人問わ
ずユーザー向けのITサポートと研修講師としてのスキルを重ねてきた。現
在は「ITで仕事を楽に楽しく」をモットーに、小規模事業者に向けた生産
性向上のための支援や、各種研修などを全国各地で行っている。特に「IT
が苦手」な人に喜んでいただけるお手伝いをすることが一番の幸せ。

https://wans-one.co.jp

本書のご感想をぜひお寄せください
https://book.impress.co.jp/books/1123101073

読者登録サービス
CLUB impress

アンケート回答者の中から、抽選で図書カード（1,000円分）
などを毎月プレゼント。
当選者の発表は賞品の発送をもって代えさせていただきます。
※プレゼントの賞品は変更になる場合があります。

STAFF

カバー・本文デザイン	吉村朋子
カバー・本文イラスト	北構まゆ
校正	株式会社トップスタジオ
デザイン制作室	今津幸弘
制作担当デスク	柏倉真理子
編集協力・DTP制作	澤田竹洋（浦辺制作所）
編集	高橋優海
編集長	藤原泰之

■商品に関する問い合わせ先

このたびは弊社商品をご購入いただきありがとうございます。本書の内容などに関するお問い合わせは、下記のURLまたは二次元バーコードにある問い合わせフォームからお送りください。

https://book.impress.co.jp/info/

上記フォームがご利用いただけない場合のメールでの問い合わせ先
info@impress.co.jp

※お問い合わせの際は、書名、ISBN、お名前、お電話番号、メールアドレス に加えて、「該当するページ」と「具体的なご質問内容」「お使いの動作環境」を必ずご明記ください。なお、本書の範囲を超えるご質問にはお答えできないのでご了承ください。

● 電話やFAXでのご質問には対応しておりません。また、封書でのお問い合わせは回答までに日数をいただく場合があります。あらかじめご了承ください。
● インプレスブックスの本書情報ページ　https://book.impress.co.jp/books/1123101073 では、本書のサポート情報や正誤表・訂正情報などを提供しています。あわせてご確認ください。
● 本書の奥付に記載されている初版発行日から3年が経過した場合、もしくは本書で紹介している製品やサービスについて提供会社によるサポートが終了した場合はご質問にお答えできない場合があります。

■落丁・乱丁本などの問い合わせ先

FAX　03-6837-5023
service@impress.co.jp
※古書店で購入された商品はお取り替えできません。

Excelパワーピボットで極める一歩先の集計・分析
（できるエキスパート）

2023年12月21日　初版発行

著者　　古澤登志美
発行人　高橋隆志
発行所　株式会社インプレス
　　　　〒101-0051　東京都千代田区神田神保町一丁目105番地
　　　　ホームページ　https://book.impress.co.jp

印刷所　　株式会社暁印刷

ISBN978-4-295-01830-8　C3055

Printed in Japan